ANSYS 14.5 机械与结构分析实例详解

李万全 等编著

机械工业出版社

本书通过大量典型实例，深入浅出地介绍了 ANSYS 14.5 机械与结构有限元分析技术和实际应用。全书共 10 章，其中第 1~5 章为基础知识，介绍了 ANSYS 软件的组成和功能、ANSYS 实体建模技术、网格划分技术、加载和求解技术及后处理技术，读者通过学习，将对 ANSYS 常用分析技术和操作有所熟悉；第 6~10 章介绍了 ANSYS 机械与结构分析实例，内容包括结构静力学分析实例、结构动力学分析实例、结构热分析实例、结构非线性分析实例、流体动力学分析实例。这些实例典型丰富，由浅入深，涉及面广，全部来自于工程项目，代表性和实践性强。读者学习后举一反三，可以实现快速入门和提高，并达到熟练应用和掌握。

本书含光盘一张，包括书中所有实例素材文件和视频操作演示，方便读者使用。本书可作为有限元分析人员用书，同时也可作为高校相关专业教材。

图书在版编目（CIP）数据

ANSYS 14.5 机械与结构分析实例详解/李万全等编著. —北京：机械工业出版社，2014.10
ISBN 978-7-111-48016-7

Ⅰ. ①A… Ⅱ. ①李… Ⅲ. ①机械设计—有限分析—应用软件 Ⅳ. ①TH122-39

中国版本图书馆 CIP 数据核字（2014）第 216545 号

机械工业出版社（北京市百万庄大街 22 号　邮政编码 100037）
策划编辑：周国萍　　责任编辑：周国萍　武　晋
版式设计：霍永明　　责任校对：张　薇
封面设计：马精明　　责任印制：李　洋
北京振兴源印务有限公司印刷
2014 年 11 月第 1 版第 1 次印刷
184mm×260mm ・ 25.75 印张 ・ 629 千字
0001—3000 册
标准书号：ISBN 978-7-111-48016-7
　　　　　ISBN 978-7-89405-546-0（光盘）
定价：69.00 元（含 1DVD）

凡购本书，如有缺页、倒页、脱页，由本社发行部调换

电话服务　　　　　　　　　　　　　网络服务
社服务中心：（010）88361066　　　策划编辑：（010）88379733
销售一部：（010）68326294　　　　教材网：http://www.cmpedu.com
销售二部：（010）88379649　　　　机工官网：http://www.cmpbook.com
读者购书热线：（010）88379203　　机工官博：http://weibo.com/cmp1952
　　　　　　　　　　　　　　　　　封面无防伪标均为盗版

前　言

ANSYS 是美国 ANSYS 公司开发的融结构、流体、电场、磁场、声场分析于一体的大型通用有限元分析软件。它能与多数 CAD 软件接口，实现数据的共享和交换，是现代产品设计中高级 CAE 工具之一。ANSYS 在机械与结构分析中应用十分普遍，因此出版 ANSYS 机械与结构分析教程很有必要。

为了保证本书的实用性，本书以最新的 ANSYS 14.5 为写作平台，以应用为纲，通过大量实例来讲解 ANSYS 机械与结构有限元分析原理、方法和操作事项。本书共 10 章，具体内容如下：

第 1 章为 ANSYS 14.5 概述，简要介绍了 ANSYS 14.5 的组成和功能、系统配置、工作界面以及基本操作。读者通过学习，将对 ANSYS 14.5 有一入门性的了解。

第 2 章介绍了 ANSYS 实体建模技术，包括自底向上建模、自顶向下建模、从 CAD 系统导入实体模型。读者通过学习，将对 ANSYS 实体建模技术有所熟悉和掌握。

第 3 章介绍了 ANSYS 网格划分技术，包括单元属性设定、控制网格密度、网格拉伸与扫掠。读者学习的时候，应重点掌握控制网格密度的方法。

第 4 章介绍了加载和求解技术，包括载荷初始设置、施加载荷、求解类型和求解设置。其中，求解技术是学习的难点。

第 5 章讲解了后处理技术，包括通用后处理器 POST1、时间历程后处理器 POST26。读者学习的时候，应比较两者的异同点。

第 6 章为 ANSYS 14.5 结构静力学分析实例，首先介绍了结构静力学分析理论和步骤，然后介绍了 3 个结构静力学分析实例，包括入门实例——带孔板应力分析，提高实例——扳手弯曲分析，经典实例——固定支架受力分析。

第 7 章为 ANSYS14.5 结构动力学分析实例，主要介绍了模态分析实例、谐响应分析实例、结构瞬态动力学分析实例。

第 8 章为 ANSYS 14.5 结构热分析实例，首先介绍了热分析理论基础，然后介绍了稳态热分析实例和瞬态热分析实例。

第 9 章为 ANSYS14.5 结构非线性分析实例，介绍了入门实例——悬臂梁几何非线性分析，提高实例——圆盘结构非线性分析，经典实例——轴盘接触分析实例。

第 10 章为 ANSYS 14.5 流体动力学分析实例。读者通过学习，将掌握流体动力学分析理论基础及流体动力学分析的步骤、方法和操作技巧。

为方便读者学习，本书含光盘一张，包括书中所有实例素材文件和视频操作演示。本书适合有限元分析人员使用，同时也可作为高校相关专业学生的教材。

本书由李万全、高长银、黎胜容、黎双玉、邱大伟、马龙梅、涂志涛、刘红霞、刘铁军、何文斌、邓力、王乐、杨学围、张秋冬、闫延超、董延、郭志强、毕晓勤、贺红霞、史丽萍、袁丽娟、刘汝芳、夏劲松、赵汶编写。

由于时间有限，书中难免会有一些错误和不足之处，欢迎广大读者及业内人士批评指正。

作　者
2014 年 9 月

目　录

前言
第1章　ANSYS 14.5 概述 ... 1
1.1　ANSYS 14.5 的组成和功能 ... 1
1.1.1　ANSYS 软件的组成 ... 1
1.1.2　ANSYS 软件的功能 ... 1
1.2　ANSYS 14.5 用户界面 ... 3
1.2.1　ANSYS 14.5 的启动 ... 3
1.2.2　ANSYS 14.5 的工作界面 ... 4
1.2.3　ANSYS 14.5 的退出 ... 10
1.3　ANSYS 14.5 的常用操作 ... 11
1.3.1　对话框可见/隐藏操作 ... 11
1.3.2　拾取操作 ... 11
1.3.3　选取操作 ... 13
1.3.4　显示操作 ... 16
1.4　本章小结 ... 21

第2章　实体建模技术 ... 22
2.1　工作平面 ... 22
2.1.1　工作平面概述 ... 22
2.1.2　显示和设置工作平面 ... 23
2.1.3　定义工作平面 ... 24
2.1.4　平移和旋转工作平面 ... 26
2.2　ANSYS 实体建模 ... 28
2.2.1　自底向上建模 ... 28
2.2.2　自顶向下建模 ... 39
2.2.3　布尔运算 ... 52
2.3　从外部 CAD 导入实体模型 ... 58
2.3.1　通用图形交换格式 ... 59
2.3.2　CAD 程序接口 ... 60
2.4　本章小结 ... 62

第3章　网格划分技术 ... 63
3.1　设定单元属性 ... 63
3.1.1　定义单元类型 ... 63
3.1.2　定义实常数 ... 65
3.1.3　定义材料属性 ... 66
3.1.4　分配单元属性 ... 67

3.2　网格划分控制 ... 69
3.2.1　单元属性控制 ... 70
3.2.2　智能网格划分控制 ... 70
3.2.3　单元尺寸控制 ... 73
3.2.4　单元形状控制 ... 76
3.2.5　网格划分方法控制 ... 79
3.2.6　局部细化网格控制 ... 84
3.3　网格拉伸与扫掠 ... 85
3.3.1　拉伸网格划分 ... 86
3.3.2　扫掠网格划分 ... 88
3.4　本章小结 ... 91

第4章　加载和求解技术 ... 92
4.1　载荷概述 ... 92
4.1.1　载荷类型 ... 92
4.1.2　施加载荷方式 ... 93
4.1.3　载荷步、子步和平衡迭代 ... 94
4.2　载荷初始设置 ... 95
4.2.1　施加初始均匀温度 ... 95
4.2.2　施加参考温度 ... 95
4.2.3　面载荷梯度 ... 96
4.2.4　重复加载方式 ... 96
4.3　施加载荷 ... 97
4.3.1　施加自由度约束 ... 97
4.3.2　施加集中载荷 ... 100
4.3.3　施加表面载荷 ... 101
4.3.4　施加体载荷 ... 104
4.4　求解类型和求解设置 ... 106
4.4.1　求解类型 ... 106
4.4.2　求解设置 ... 107
4.5　求解 ... 109
4.5.1　求解当前载荷步 ... 109
4.5.2　根据载荷步文件求解 ... 109
4.6　本章小结 ... 110

第5章　后处理技术 ... 111
5.1　后处理概述 ... 111

5.1.1 结果文件类型 111
5.1.2 求解结果类型 111
5.2 通用后处理器 POST1 112
5.2.1 读入结果文件到通用后处理器 112
5.2.2 浏览结果数据集信息 112
5.2.3 设置结果输出控制 113
5.2.4 读取结果数据集 114
5.2.5 图形显示计算结果 116
5.2.6 路径的创建和使用 119
5.2.7 单元表的创建和使用 122
5.3 时间历程后处理器 POST26 123
5.3.1 环境设置 123
5.3.2 定义和保存变量 125
5.3.3 查看变量 129
5.4 本章小结 130

第6章 ANSYS 14.5 结构静力学分析实例 131

6.1 结构静力学分析概述 131
6.1.1 线性结构静力学分析简介 131
6.1.2 结构静力学分析步骤 131
6.2 结构静力学分析实例 133
6.2.1 入门实例——带孔板应力分析 133
6.2.2 提高实例——扳手弯曲分析 144
6.2.3 经典实例——固定支架受力分析 158
6.3 本章小结 170

第7章 ANSYS 14.5 结构动力学分析实例 171

7.1 结构动力学分析概述 171
7.1.1 结构动力学分析简介 171
7.1.2 结构动力学分析类型 172
7.1.3 结构动力学分析步骤 175
7.2 模态分析实例 177
7.2.1 入门实例——音叉模态分析 177
7.2.2 提高实例——旋转轮盘模态分析 182
7.3 谐响应分析实例 195
7.3.1 入门实例——弹簧质点谐响应分析 196
7.3.2 提高实例——连杆谐响应分析 208
7.4 结构瞬态动力学分析实例 225

7.4.1 入门实例——弯管瞬态动力学分析 226
7.4.2 提高实例——从动件瞬态动力学分析 240
7.5 本章小结 257

第8章 ANSYS 14.5 结构热分析实例 258

8.1 热分析理论基础 258
8.1.1 热力学第一定律（热传学经典理论） 258
8.1.2 热传递方式 259
8.2 ANSYS 14.5 热分析概述 261
8.2.1 ANSYS 14.5 热力学符号和单位 261
8.2.2 ANSYS 14.5 热分析类型 262
8.2.3 结构热分析步骤 262
8.3 稳态热分析实例 266
8.3.1 入门实例——锅炉炉墙热分析 266
8.3.2 提高实例——蒸汽管道热分析 277
8.3.3 经典实例——混凝土空心砌砖热分析 288
8.4 瞬态热分析实例 297
8.4.1 入门实例——钢球测量淬火冷却热分析 297
8.4.2 提高实例——火箭发动机喷管热分析 306
8.5 本章小结 314

第9章 ANSYS 14.5 结构非线性分析实例 315

9.1 结构非线性分析概述 315
9.1.1 结构非线性分析简介 315
9.1.2 结构非线性分类 315
9.1.3 结构非线性分析步骤 317
9.2 结构非线性分析实例 320
9.2.1 入门实例——悬臂梁几何非线性分析 320
9.2.2 提高实例——圆盘结构非线性分析 327
9.2.3 经典实例——轴盘接触分析实例 344
9.3 本章小结 358

第 10 章 ANSYS 14.5 流体动力学分析实例 359

10.1 流体动力学分析概述 359
10.1.1 流体动力学分析简介 359
10.1.2 流体动力学基本理论 360
10.1.3 FLOTRAN CFD 分析类型 363
10.1.4 FLOTRAN CFD 分析步骤 364
10.1.5 FLOTRAN CFD 分析设置 365

10.2 流体动力学分析实例 370
10.2.1 入门实例——薄壁小孔流动分析 370
10.2.2 提高实例——三通流动分析（温度）......... 381
10.2.3 经典实例——圆柱绕流三维流场分析 393

10.3 本章小结 402

参考文献 403

第 1 章 ANSYS 14.5 概述

ANSYS 软件是集结构、流体、电场、磁场、声场和耦合场分析于一体的大型通用有限元分析软件，是目前应用最广泛的有限元软件。作为本书第一章，本章主要介绍 ANSYS 组成、功能以及 ANSYS 用户界面的组成和常用操作。

1.1 ANSYS 14.5 的组成和功能

1970 年，美国 John Swanson 博士洞察到计算机模拟工程应该商品化，于是在美国宾夕法尼亚州的匹兹堡创建了 ANSYS 公司，其开发的第一个程序仅提供了线性结构分析及热分析功能，只是一个批处理程序，且只能在大型计算机上运行。经过 40 余年的发展，ANSYS 软件不断融入新技术，不断满足用户的要求，性能不断提高，功能不断增强。它能与很多软件接口，实现数据的共享和交换，如 Pro/E、NASTRAN、ALOGOR、I-DEAS，AutoCAD 等，是现代产品设计中的高级 CAE 工具之一。目前 ANSYS 软件广泛应用于航空航天、机械工程、土木工程、车辆工程、生物医学、核工业、电子、造船、能源、地矿、水利、轻工业等众多领域。

1.1.1 ANSYS 软件的组成

ANSYS 软件主要包括三个部分：前处理模块、求解计算模块和后处理模块。

1. 前处理模块（PREP7）

前处理模块提供了一个强大的实体建模及网格划分工具，使用户可以方便地构造有限元模型。

2. 求解计算模块（SOLUTION）

求解计算模块包括结构分析（线性分析、非线性分析和高度非线性分析）、流体动力学分析、电磁场分析、声场分析、压电分析，以及多物理场的耦合分析，可模拟多种物理介质的相互作用，具有灵敏度分析及优化分析能力。

3. 后处理模块（POST）

后处理模块可将计算结果以彩色等值线显示、梯度显示、矢量显示、粒子流迹显示、立体切片显示、透明及半透明显示（可看到结构内部）等图形方式显示出来，也可将计算结果以图表、曲线形式显示或输出。

1.1.2 ANSYS 软件的功能

1. 结构静力学分析

用来求解外载荷引起的位移、应力和力。静力学分析很适合求解惯性和阻尼对结构的影响并不显著的问题。ANSYS 软件中的静力学分析程序不仅可以用于线性分析，而且也可以用于非线性分析，如塑性、蠕变、膨胀、大变形、大应变及接触分析。

2．结构动力学分析

结构动力学分析程序用来求解随时间变化的载荷对结构或部件的影响。与静力学分析不同，动力学分析要考虑随时间变化的力载荷以及它对阻尼和惯性的影响。ANSYS 软件可进行的结构动力学分析类型包括瞬态动力学分析、模态分析、谐波响应分析及随机振动响应分析。

3．结构非线性分析

结构非线性导致结构或部件的响应随外载荷不成比例变化。ANSYS 软件可求解静态和瞬态非线性问题，包括材料非线性、几何非线性和单元非线性三种。

4．动力学分析

ANSYS 软件可以分析大型三维柔体运动。当运动的积累影响起主要作用时，可使用这些功能分析复杂结构在空间中的运动特性，并确定结构中由此产生的应力、应变和变形。

5．热分析

ANSYS 软件可进行三种基本类型的热传递分析，即传导、对流和辐射，并且均可进行稳态和瞬态、线性和非线性分析。软件热分析程序还具有模拟材料固化和熔解过程的相变分析能力以及模拟热与结构应力之间的热-结构耦合分析能力。

6．电磁场分析

主要用于电磁场问题的分析，如电感、电容、磁通量密度、涡流、电场分布、磁力线分布、力、运动效应、电路和能量损失等。还可用于螺线管、调节器、发电机、变换器、磁体、加速器、电解槽及无损检测装置等的设计和分析领域。

7．流体动力学分析

ANSYS 软件流体单元程序能进行流体动力学分析，分析类型可以为瞬态或稳态，分析结果可以是每个节点的压力和通过每个单元的流率；并且可以利用后处理功能产生压力、流率和温度分布的图形显示。另外，还可以使用三维表面效应单元和热-流管单元模拟结构的流体绕流，包括对流换热效应。

8．声场分析

ANSYS 软件的声学分析程序用来研究含有流体的介质中声波的传播，或分析浸在流体中的固体结构的动态特性。这些功能可用来确定音响、话筒的频率响应，研究音乐大厅的声场强度分布，或预测水对振动船体的阻尼效应。

9．压电分析

用于分析二维或三维结构对 AC（交流）、DC（直流）或任意随时间变化的电流或机械载荷的响应。这种分析程序可用于换热器、振荡器、谐振器、麦克风等部件及其他电子设备的结构动态性能分析。可进行四种类型的分析：静态分析、模态分析、谐波响应分析、瞬态响应分析。

10．疲劳、断裂及复合材料分析

ANSYS 软件提供了专门的单元和命令来进行疲劳、断裂及与复合材料相关的工程问题的求解分析。

第 1 章 ANSYS 14.5 概述

1.2 ANSYS 14.5 用户界面

应用 ANSYS Workbench 软件前首先进入用户界面，用户可根据习惯选择语言和进行操作设置。下面分别加以介绍。

1.2.1 ANSYS 14.5 的启动

安装好 ANSYS 程序后，选择"开始>所有程序>ANSYS 14.5>Mechanical APDL Product Launcher 1.5"命令，弹出"ANSYS Mechanical APDL Product Launcher"对话框，用户可在此进行 ANSYS 14.5 系统配置，如图 1-1 所示。下面介绍常用的文件管理和偏好设置。

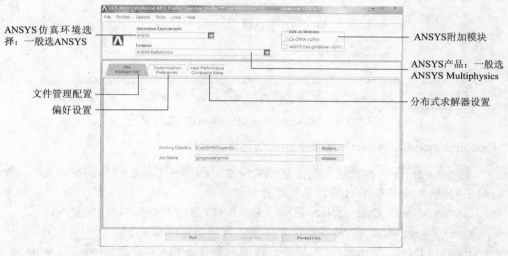

图 1-1 "ANSYS Mechanical APDL Product Launcher"对话框

1.2.1.1 文件管理配置

"File Management"选项卡用于对文件管理进行配置，包括工作目录和工作文件名。

> ◆ Working Directory: ANSYS 软件进行有限元分析时将所有文件自动保存在该目录下，建议将此目录建在磁盘空间较大的分区。系统默认为上次运行定义的目录，用户可单击右侧的"Browse"按钮选择合适的工作目录。
> ◆ Job Name: 工作文件名是 ANSYS 软件工作目录中文件的对应名称，所有文件都具有相同的文件名，只是通过后缀来表示不同的文件类型。系统默认为上次运行定义的工作文件名。

1.2.1.2 偏好设置

单击"Customization/Preference"选项卡，切换到偏好设置，如图 1-2 所示。

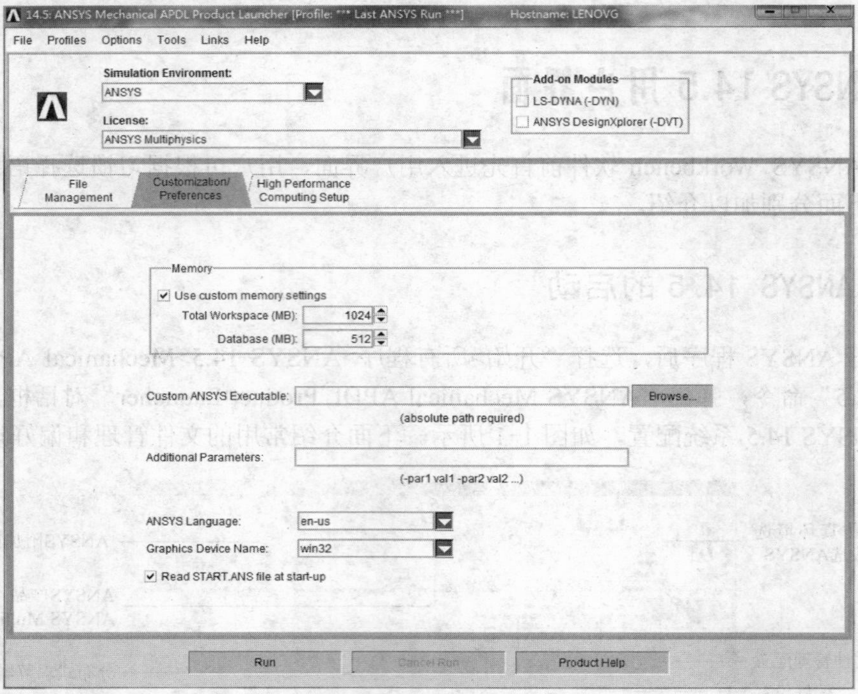

图1-2 "Customization/Preference" 选项卡

"Customization/Preference" 选项卡相关选项含义如下。

> ◇ Memory：用于内存设置，包括整个工作空间和数据库所占的交换空间大小。如果不设置，ANSYS 软件会根据不同的计算机配置自动选择。
> ◇ Custom ANSYS Executable：用于设置从 DOS 窗口命令方式启动 ANSYS。
> ◇ ANSYS Language：选择程序语言环境，默认为 en-us。
> ◇ Graphics Device Name：用于选择不同的图形设备驱动，分别为 win32、win32c 和 3D 选项。
> ◇ Win32：适用于大多数的图形显示，在后处理过程中可提供 9 种颜色的等值线。
> ◇ Win32c：能提供 128 种颜色的区别。
> ◇ 3D：对三维图形的显示具有良好效果，如果计算机配置了 3D 卡，则应选择该选项。

1.2.2 ANSYS 14.5 的工作界面

设置好 ANSYS 系统配置后，单击"ANSYS Mechanical APDL Product Launcher"对话框中的"Run"按钮，进入图形界面运行环境，同时弹出输出窗口和主窗口。

1.2.2.1 ANSYS 14.5 输出窗口

ANSYS 14.5 的输出窗口为 DOS 窗口，启动后通常会在主窗口后面，记录所有从程序来的文本输出，如命令响应、注释、警告、错误以及其他信息等内容，如图 1-3 所示。ANSYS 软件将输出信息存放在记事本文件中，而这些文件存放在 ANSYS 软件的工作目录下，其文件名和工程名称相同，后缀为"txt"和"err"（存放错误信息）。

第 1 章 ANSYS 14.5 概述

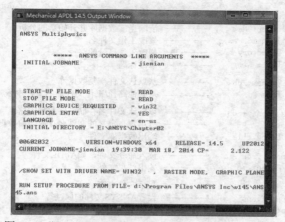

图 1-3 "Mechanical APDL 14.5 Output Window" 窗口

注意：不能对输出窗口中的内容进行操作，只能查看其显示的信息。

1.2.2.2 ANSYS 主窗口

ANSYS 主窗口是用户操作的主要界面，无论是初级用户还是高级用户，都是通过主窗口完成 ANSYS 的分析任务，如图 1-4 所示。

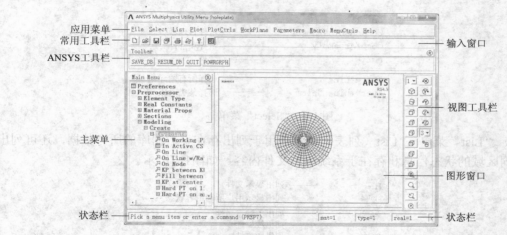

图 1-4 ANSYS 主窗口

启动 ANSYS 程序后，弹出 ANSYS 14.5 用户界面，即 ANSYS 主窗口，它包括应用菜单、常用工具栏、ANSYS 工具栏、主菜单、状态栏、输入窗口、视图工具栏、图形窗口等，下面分别加以介绍。

1. 应用菜单（Utility Menu）

应用菜单包括了文件管理、选择、列表、图形、图形控制、参数设置、宏、菜单控制、帮助等功能，它们可用于 ANSYS 程序的所有求解步骤，故也称为公用菜单。

（1）"File" 菜单 "File（文件）" 菜单主要完成文件管理、数据库操作等一系列功能，如图1-5所示。

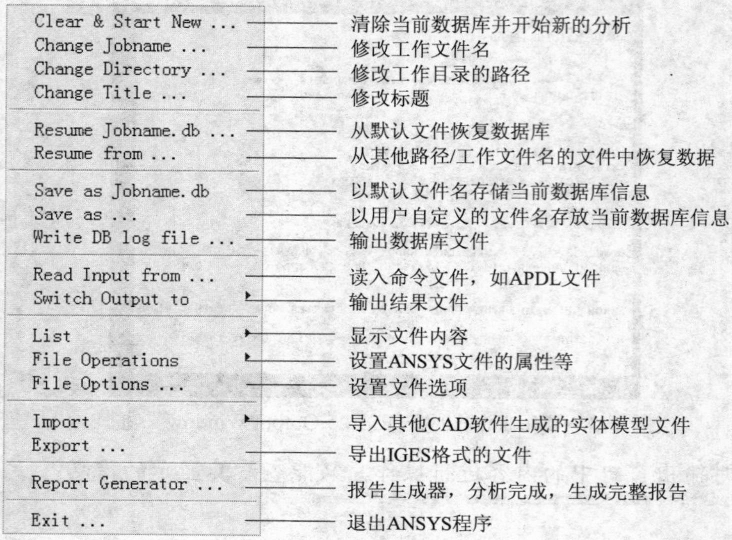

Clear & Start New ...
清除当前数据库并开始新的分析
Change Jobname ...
修改工作文件名
Change Directory ...
修改工作目录的路径
Change Title ...
修改标题
Resume Jobname.db ...
从默认文件恢复数据库
Resume from ...
从其他路径/工作文件名的文件中恢复数据
Save as Jobname.db
以默认文件名存储当前数据库信息
Save as ...
以用户自定义的文件名存放当前数据库信息
Write DB log file ...
输出数据库文件
Read Input from ...
读入命令文件，如APDL文件
Switch Output to
输出结果文件
List
显示文件内容
File Operations
设置ANSYS文件的属性等
File Options ...
设置文件选项
Import
导入其他CAD软件生成的实体模型文件
Export ...
导出IGES格式的文件
Report Generator ...
报告生成器，分析完成，生成完整报告
Exit ...
退出ANSYS程序

图 1-5 “File”菜单

（2）“Select”菜单 “Select（选取）”菜单包含了选取数据子集和创建组件、部件的命令，如图1-6所示。

Entities ...
选择图元
Component Manager ...
组件管理器
Comp/Assembly
组件和部件
Parts ...
零件
Everything
选择所有图元
Everything Below
选择某类对象

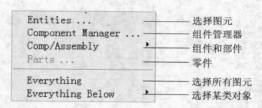

图 1-6 “Select”菜单

（3）“List”菜单 “List（列表）”菜单用于列出存在于数据库的所有数据，还可列出程序不同区域的状态信息和存在于系统中的文件内容，如图1-7所示。

Files
列出显示文件
Status
列出显示用户所选内容状态
Keypoint
列出关键点属性
Lines ...
列出线属性
Areas
列出面属性
Volumes
列出体属性
Nodes ...
列出节点属性
Elements
列出单元属性
Components
列出组件属性
Parts ...
Picked Entities +
列出所选对象属性
Properties
列出要查看的属性
Loads
列出载荷
Results
列出结果
Other
列出模型中其他信息

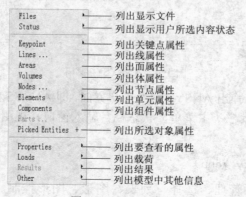

图 1-7 “List”菜单

（4）“Plot”菜单 “Plot（绘图）”菜单用于绘制关键点、线、面、体、节点、单元和其他可以图形显示的数据，如图1-8所示。

（5）"PlotCtrls"菜单 "PlotCtrls（绘图控制）"菜单包含了对视图、格式和其他图形显示的控制，以便输出正确、合理、美观的图形，如图1-9所示。

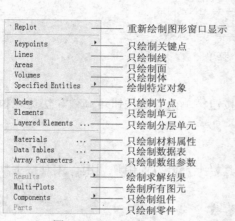

图1-8 "Plot"菜单

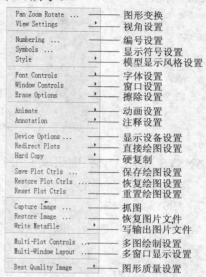

图1-9 "PlotCtrls"菜单

（6）"WorkPlane"菜单 "WorkPlane（工作平面）"菜单用于打开、关闭、移动、旋转工作平面，或者对工作平面进行其他操作，还可对坐标系进行操作，如图1-10所示。

（7）"Parameters"菜单 "Parameters（参量）"菜单用于定义、编辑或删除标量、矢量和数组参量等，如图1-11所示。

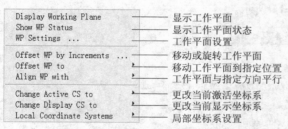

图1-10 "WorkPlane"菜单

图1-11 "Parameters"菜单

（8）"Macro"菜单 "Macro（宏）"菜单用于创建、编辑、删除或运行宏或数据块，如图1-12所示。

（9）"MenuCtrls"菜单 "MenuCtrls（菜单控制）"菜单用于决定哪些菜单可见、是否使用机械工具栏（Mechanical Toolbar），也可创建、编辑或删除工具栏上的快捷按钮，以及决定输出哪些信息，如图1-13所示。

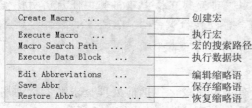

图1-12 "Macro"菜单

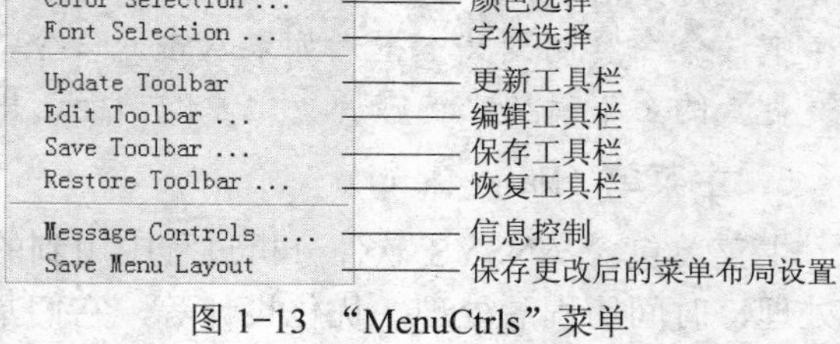

图1-13 "MenuCtrls"菜单

（10）"Help"菜单 "Help（帮助）"菜单用于提供功能强大、内容完备的帮助功能，如图1-14所示。

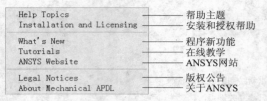

图1-14 "Help"菜单

2．常用工具栏

ANSYS 常用工具栏中集成了几个比较常用的按钮，单击这些按钮可高效、快捷地执行保存、恢复、退出等命令。

3．ANSYS 工具栏

ANSYS 将常用的命令以按钮的形式集成在工具栏上，以方便用户调用。工具栏上默认按钮如下。

- ◆ SAVE_DB：保存当前数据库。
- ◆ RESUM_DB：从保存的文件中恢复数据库。
- ◆ QUIT：退出 ANSYS 软件。
- ◆ POWRGRPH：切换图形显示模式，默认 PowerGraph 模式为开启状态。

4．输入窗口

输入窗口主要用于直接输入命令或其他数据，可通过单击▣按钮弹出"ANSYS Command Window"对话框来打开，如图 1-15 所示。

图 1-15 输入窗口

输入窗口由文本框、提示区、历史记录区三部分组成，其具体功能分别如下。

- ◆ 文本框：用于输入命令。
- ◆ 提示区：在文本框与历史记录框之间，提示当前需要进行的操作。要经常注意提示区的内容，以便能够按顺序正确输入或进行其他操作（如选取）等。
- ◆ 历史记录框：包含所有以前输入的命令。用户可通过在框中单击其中任意历史操作命令把该命令复制到文本框，如果双击此命令，则会自动执行该命令。ANSYS 软件提供了用键盘上的上下箭头来选择历史记录的功能，用户可通过移动上下箭头来选择命令。

5．主菜单（Main Menu）

主菜单包含 ANSYS 软件分析过程中用到的所有菜单命令，包括前处理、求解器、通用后处理、时间历程后处理、优化设计等，它们基于操作顺序排列，如图 1-16 所示。

第 1 章 ANSYS 14.5 概述

图 1-16 "Main Menu" 菜单

（1）主菜单命令选项 "Main Menu"菜单常用选项命令含义如下。

- ◆ Preferences：优选项，选择该命令，弹出对话框，用户可选择学科以及某个学科的有限元方法。如选择 Structure 后，主菜单将调整为只显示与结构有关的菜单项。
- ◆ Preprocessor：前处理，包括建模、分网和加载等功能。
- ◆ Solution：求解器，包括与求解相关的命令，如分析选项、加载、载荷步设置、求解控制和求解。
- ◆ General Postproc：通用后处理器，用于查看某个载荷步和子步的结果，也就是说它在某个时间点或频率点上对整个模型显示或列表。
- ◆ TimeHist Postpro：时间历程后处理器，用于观察某点结果随时间或频率的变化，包括图形显示、列表、微积分操作、响应频谱等功能。
- ◆ ROM Tool：缩阶建模工具，基于模态分解法表达结构的响应。
- ◆ Prob Design：概率设计，结合设计和生产等过程中的不确定因素来进行设计。
- ◆ Radiation Opt：辐射选项，包括定义辐射率、完成热分析的其他设置、写辐射矩阵、计算视角因子等。
- ◆ Session Editor：记录编辑器，用于查看在保存或回复之后的所有操作记录。
- ◆ Finish：结束，退出当前处理器，回到开始级。

（2）主菜单图标 主菜单树形结构中，每个菜单项节点都有一个图标，如图1-17所示。

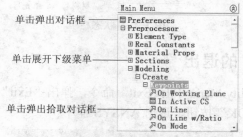

图 1-17 主菜单项图标

主菜单项图标含义如下。

- ◆ 图标 ⊞ ⊟：⊞表示该菜单有下级子菜单而且没有展开，单击⊞图标，菜单展开，且图标变成 ⊟，单击⊟图标，收起下级菜单，并且图标变成⊞。
- ◆ 图标 ↗：表示单击该菜单项将弹出拾取对话框，拾取操作对象包括关键点、线、面、体、节点和单元等。

◆ 图标▦: 表示单击该菜单项将弹出对话框。

6. 图形窗口

图形窗口是图形用户界面操作的主窗口，用于显示绘制的图形，包括实体模型、有限元网格和分析结果等。

7. 视图工具栏

视图工具栏用于对图形窗口的模型进行视图变换，如放大、缩小、平移、三维视角切换等，其按钮的作用表 1-1。

表 1-1 视图工具栏按钮的作用

按钮	作用	按钮	作用
1▼	选择图形显示窗口，ANSYS 可提供 4 个图形显示窗口	▦	查看模型的正等轴测图
▦	查看模型斜视图	▦	查看模型前视图
▦	查看模型右视图	▦	查看模型俯视图
▦	查看模型后视图	▦	查看模型左视图
▦	查看模型仰视图	▦	缩放至合适大小
▦	局部放大	▦	恢复
▦	全局放大	▦	全局缩小
▦	左移	▦	右移
▦	上移	▦	下移
▦	绕 X 轴顺时针旋转	▦	绕 Z 轴逆时针旋转
▦	绕 Y 轴顺时针旋转	▦	绕 Y 轴逆时针旋转
▦	绕 Z 轴顺时针旋转	▦	绕 Z 轴逆时针旋转
3▼	控制每次平移的增量或旋转角度增量	▦	动态控制按钮

8. 状态栏

状态栏显示命令提示、材料号、单元号、实常数号、坐标系号，如图 1-18 所示。

图 1-18 状态栏

1.2.3 ANSYS 14.5 的退出

操作结束，选择"Utility Menu>File>Exit"命令，弹出"Exit"对话框，如图 1-19 所示。选择保存方式后，单击"OK"按钮，退出 ANSYS 程序。

图 1-19 "Exit"对话框

"Exit"对话框中相关选项含义如下。

- Save Geom+Loads：退出时保存工作中的几何模型、载荷及约束。
- Save Geo+Ld+Solu：退出时保存模型、约束和求解结果。
- Save Everything：退出时保存所有的修改及后处理。
- Quit-No Save：退出时不保存所做的修改。

1.3 ANSYS 14.5 的常用操作

ANSYS 14.5 中的常用操作包括对话框隐现、拾取操作、选取操作和显示操作等，下面分别加以介绍。

1.3.1 对话框可见/隐藏操作

如果在 ANSYS 交互操作中打开了多个对话框，这些对话框在第一次打开时总是处在最前台，用户操作其他菜单或对话框时它会退到 ANSYS 交互界面的后面隐藏起来，但并没有关闭。此时如果需要显示这些对话框，只需用鼠标单击 按钮即可，再次单击 按钮则又将其隐藏到 ANSYS 交互界面的后面。

1.3.2 拾取操作

ANSYS 操作中经常需要用鼠标拾取操作对象，如选择特定位置的关键点以施加载荷，选择矩形以施加电流密度激励等。ANSYS 软件提供了拾取对话框以控制对象的拾取操作。拾取对话框有如下两类：

（1）图形对象拾取对话框 用于选择图形窗口中已经创建了的图形，如选择"Main Menu>Preprocessor>Modeling>Operate>Booleans>Divide>Area by Line"命令，弹出线切割面拾取对话框，如图1-20所示。

（2）坐标定位拾取对话框 用于对一个关键点或节点进行坐标定位，如选择"Main Menu>Preprocessor>Modeling>Create>Keypoints>On Working Plane"命令，弹出坐标定位拾取对话框，如图1-21所示。

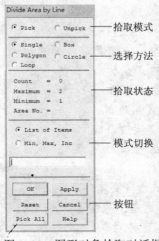

图 1-20 图形对象拾取对话框

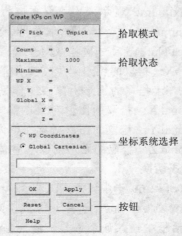

图 1-21 坐标定位拾取对话框

1. 拾取操作中鼠标的用法

◆ 鼠标左键和右键：鼠标箭头朝上表示拾取（Pick），朝下表示从拾取对象中排除对象（Unpick）。每次单击鼠标右键，箭头方向颠倒一次，选择状态在拾取与排除之间切换一次。

◆ 鼠标中键：相当于拾取对话框中的"Apply"按钮。对于双键鼠标，可用"Shift+鼠标右键"替代中键。

ANSYS 软件中的每个实体对象都有自己的热点，拾取操作时鼠标总是首先选中离鼠标位置最近的热点对象。实体对象热点位置如下：

◆ 面、体、单元的热点：实体模型的形心位置。
◆ 线的热点：端点、中点。
◆ 关键点、节点：自身位置。

2. 拾取对话框

（1）拾取模式　用于选择拾取模式。选中"Pick"选项，表示拾取对象；选中"Unpick"选项，表示将已选择的对象反选掉。

（2）选择方法　用于确定选择方法，包括以下选项。

◆ Single：选择该选项后，用鼠标左键单击拾取图形对象，一次只能选择一个对象。用户可多次单击从而选择多个对象。

◆ Box：选择该方式后，按住鼠标左键，在 ANSYS 图形窗口中拖出一个矩形，从而选择矩形内的图形对象。可一次选择多个对象。

◆ Polygon：选择该方式后，按住鼠标左键，在 ANSYS 图形窗口中拖出一个多边形，从而选择多边形内的图形对象。可一次选择多个对象。

◆ Circle：选择该方式后，按住鼠标左键，在 ANSYS 图形窗口中拖出一个圆，从而选择圆内的图形对象。可一次选择多个对象。

◆ Loop：选择该方式后，拾取同类图形对象中的所有对象。例如一个圆弧由 4 段弧组成，在这种选择方式下，用户只需选中其中一段，程序会自动搜索并选中所有 4 段弧。

（3）拾取状态

◆ Count：显示已经拾取的图形对象的总数。
◆ Maximum：显示本次拾取支持的最大拾取图形对象总数。
◆ Minimum：显示本次拾取支持的最小拾取图形对象总数。
◆ Area No：最后一次拾取对象编号，实例显示的是关键点、面等的编号。
◆ WP X：拾取的图形对象在工作平面坐标系下的 X 坐标。
◆ WP Y：拾取的图形对象在工作平面坐标系下的 Y 坐标。
◆ Global X：拾取的图形对象在整体坐标系下的 X 坐标。
◆ Global Y：拾取的图形对象在整体坐标系下的 Y 坐标。
◆ Global Z：拾取的图形对象在整体坐标系下的 Z 坐标。

（4）模式切换

◆ List of Item：选中该方式，表示通过鼠标拾取方式选择实体对象，它是系统的默认选项。
◆ Min，Max，Inc：选中该方式，表示通过人工定义对象编号来规定拾取对象，即通过下面的对话框中输入最小编号、最大编号和编号增量定义对象。

（5）坐标系统选择　拾取坐标时，可用鼠标直接拾取图形窗口中的关键点或节点坐标，

第1章 ANSYS 14.5 概述

或者在输入窗口输入关键点或节点的坐标。
- WP Coordinates：选择工作平面坐标方式。
- Global Carresian：选择整体坐标方式。

1.3.3 选取操作

在 ANSYS 操作中经常需要通过选取部分或全部节点、单元、面、体来施加载荷和约束等。下面介绍图元选取操作。

"Select"菜单中的"Entities"命令用于在图形窗口上选择图元。选择该命令后，弹出选取图元对话框，如图 1-22 所示。

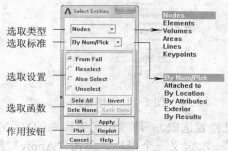

图 1-22 "Select Entities"对话框

1. 选取类型

选取类型表示要选取的图元类型，包括节点（Nodes）、单元（Elements）、体（Volumes）、面（Areas）、线（Lines）和关键点（Keypoints）等。选取时，每次只能选择一种图元类型。

2. 选取标准

选取标准表示通过什么方式来选取，包括以下几种：

（1）By Num/Pick（键盘和鼠标选取） 通过在输入窗口中输入图元号或在图形窗口中直接选取。

选择"Utility Menu>Select>Entities"命令，弹出"Select Entities"对话框，选择拾取对象为"Nodes"，拾取方式为"By Num/Pick"，单击"OK"按钮，弹出拾取对话框，在图形区选择所需节点，单击"OK"按钮完成选取，如图 1-23 所示。

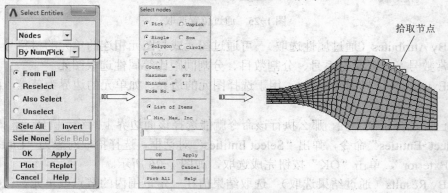

图 1-23 键盘和鼠标选取

（2）Attached to（附属选取） 通过与其他类型图元相关联来选取图元，而其他类型图元应该是已选取好的,即选择与某一种图元的可用选择集相关联的图元,如选择线上的节点等。

如果已经选择线,选择"Utility Menu>Select>Entities"命令,弹出"Select Entities"对话框,选择拾取对象为"Nodes",拾取方式为"Attached to",在中部的选择域中选择"Line, all(线上所有节点)"选项,单击"OK"按钮完成选取,如图1-24所示。

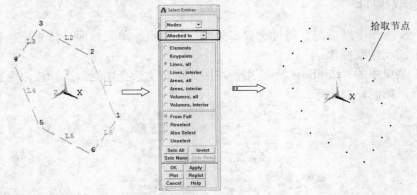

图1-24 附属选取

(3) By Location(通过位置选取) 通过定义坐标系的X、Y、Z轴构成一个选择区域,并选取其中的图元。用户可一次定义一个坐标,单击"Apply"按钮后,再定义其他坐标内的区域。

选择"Utility Menu>Select>Entities"命令,弹出"Select Entities"对话框,选择拾取对象为"Nodes",拾取方式为"By Location",选中"X coordinate"单选按钮,在"Min, Max"文本框中输入坐标值7.5,单击"OK"按钮完成选取,如图1-25所示。

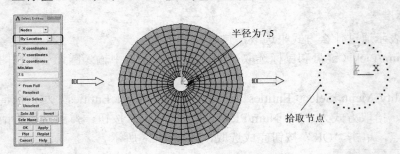

图1-25 通过位置选取

(4) By Attributes(通过属性选取) 可通过图元或与图元相连的单元的材料号、单元类型号、实常数号、单元坐标系号、分割数目、分割间距比等属性选取图元。

(5) Exterior(选择图元边界) 用于选择图元的边界,如单元的边界为节点,面的边界为线。

如果已经选择了某个面,那么执行该命令就能选择该面边界上的线。例如,选择"Utility Menu>Select>Entities"命令,弹出"Select Entities"对话框,选择拾取对象为"Lines",拾取方式为"Exterior",单击"OK"按钮完成选取,如图1-26所示。

(6) By Results(通过结果选取) 选取结果值在一定范围内的节点或单元。执行该命令前,必须把所要的结果保存在单元中。

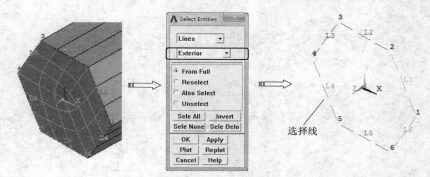

图 1-26 选择图元边界

3．选取设置

用于设置选取方式，包括以下几种。

◆ From Full：从整个模型中选取一个新的图元集合，如图 1-27 所示。

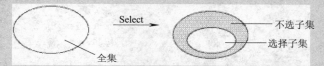

图 1-27 "From Full"方式示意图

◆ Reselect：从已选好的图元集合中再次选取，如图 1-28 所示。

图 1-28 "Reselect"方式示意图

◆ Also Select：把新选取的图元加到已存在的图元集合中，如图 1-29 所示。

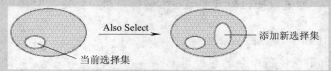

图 1-29 "Also Select"方式示意图

◆ Unselect：从当前选取的图元中去掉一部分图元，如图 1-30 所示。

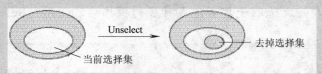

图 1-30 "Unselect"方式示意图

4．选取函数

选取函数按钮是一种即时作用按钮，也就是一旦单击该按钮，选取已经发生，但图形中可能看不出来，如果用"Replot"命令来重画，就可看出发生了作用。

◆ Sele All：全选该类型下的所有图元，如图 1-31 所示。

图 1-31 "Sele All"操作示意图

◆ Invert: 反向选择，不选择当前已选取的图元集合，而是选取当前没有选取的图元集合，如图 1-32 所示。

图 1-32 "Invert"操作示意图

◆ Sele None: 撤销该类型下的所有图元的选取，如图 1-33 所示。

图 1-33 "Sele None"操作示意图

◆ Sele Belo: 选择已选取图元以下的所有图元。例如，如果当前已经选取了某个面，则单击该按钮后，将选取所有属于该面的点和线。

5. 作用按钮

◆ OK: 应用对话框内的改变并退出对话框。
◆ Apply: 应用对话框内的改变但不退出对话框。
◆ Plot 和 Replot: 对应于 Plot 和 Replot 按钮的菜单命令为"Utility Menu>Plot/Replot"，完成一项选择操作后，可用该按钮很方便地显示选择结果，但是只有那些选取的图元才出现在图形窗口中。
◆ Cancel: 不应用对话框内的改变就关闭对话框。
◆ Help: 弹出正在使用命令的帮助信息。

注意：许多情况下，需要在整个模型中进行选择或其他操作，而程序仍保留着上次选取的几何，所以用户要时刻明白当前操作的对象是整个模型或其中子集。当用户不是很清楚时，可在每次选取子集并完成对应的操作后，使用"Select>Everything"命令恢复全选。

1.3.4 显示操作

在 ANSYS 中经常需要设置图形显示以及移动、旋转、缩放模型，下面介绍相关知识。

1.3.4.1 模型移动、缩放和旋转

在 ANSYS 中，为了从各种角度观察图形，提供了"Pan Zoom Rotate"工具，选择"Utility

Menu>PlotCtrls>Pan Zoom Rotate"命令,弹出"Pan-Zoom-Rotate"对话框,如图1-34所示。

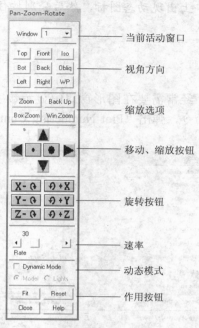

图1-34 "Pan-Zoom-Rotate"对话框

"Pan-Zoom-Rotate"对话框相关选项含义如下。

◇ Window:多窗口操作时,用于选择要控制的窗口。一旦选择了某个窗口,则所有的操作均是针对该窗口,系统默认窗口号为1。

◇ 视角方向:视角方向代表查看模型的方向。通常,查看的模型是以质心为焦点的,可从Top(模型上)、Bot(下)、Front(前)、Back(后)、Left(左)、Right(右)方向查看模型,Iso代表从较近的右上方查看,坐标为(1,1,1),Obliq代表从较远的右上方查看,坐标为(1,2,3),WP代表从当前工作平面上查看。

◇ 缩放选项:通过定义一个方框来确定显示的区域。其中,"Zoom"按钮用于通过中心及其边缘来确定显示区域;"Box Zoom"按钮用于通过两个方框的两个角来确定方框大小,而不是通过中心;"Win Zoom"按钮也是通过方框的中心及其边缘来确定显示区域的大小,但与"Box Zoom"按钮不同,它只能按当前窗口的宽高比进行缩放;"Back Up"按钮用于返回上一个显示区域。

◇ 移动、缩放按钮:点表示缩放,三角表示移动。

◇ 旋转按钮:表示围绕某个坐标轴旋转,其中正号表示以坐标的正向轴为旋转轴,负号表示以坐标轴负向轴为旋转轴。

◇ race(速率):速率滑动条表示操作的程度。速率越大,每次操作缩放、移动或旋转的程度越大。速率的大小依赖于当前显示需要的精度。

◇ Dynamic Mode(动态模式):在图形窗口中动态地移动、缩放和旋转模型。在图形窗口,按下鼠标左键并拖动就可以移动模型,按下鼠标右键拖动可以旋转模型,按下鼠标中键左、右拖动表示旋转,按下中键上、下拖动表示缩放。

提示：可以不打开"Pan-Zoom-Rotate"对话框而直接进行动态缩放、移动和旋转。即按住"Ctrl"键不放，图形窗口上出现动态图标，然后分别按住鼠标左键、中键、右键拖动来进行缩放、移动或旋转。

1.3.4.2 数字显示控制

在 ANSYS 软件应用中，经常需要在图形窗口中显示数字信息，可通过选择"Utility Menu>PlotCtrls>Numbering"命令，弹出"Plot Numbering Controls"对话框进行设置，如图1-35 所示。

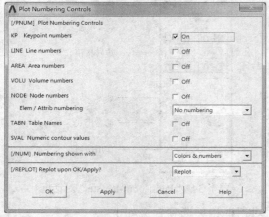

图 1-35 "Plot Numbering Controls"对话框

◇ Keypoint numbers、Line numbers、Area numbers、Volume numbers、Node numbers：用于设置是否在图形中显示关键点号、线号、面号、体号和节点号等。

◇ Elem/Attrib numbering：对于单元，可选择多项数字信息，如"No numbering（无编号）""Element numbers（单元号）""Material numbers（材料号）""Element type num（单元类型号）"等。

◇ Table Names：用于显示表格边界条件。当设置了表格边界条件并打开该选项时，表格名显示在图形上。

◇ Numbering shown with：用于控制是否显示颜色和数字。选择"Colors & numbers"选项，用颜色和数字标识不同的图元；选择"Colors Only"选项，只用颜色标识不同图元；选择"Numbers Only"选项，只用数字标识不同图元；选择"No Color/numbers"选项，不标识图元，此时即使设置了要显示的图元号，图形中也不会显示。

◇ Replot upon OK/Apply?：选择是否重绘图形窗口，推荐选择"Replot（重绘）"。

注意：通常当需要对某些具体图元进行操作时，应打开该图元数字显示，以便通过图元号进行选取。例如对某个面施加表面载荷但又不知道该面的面号时，就需要打开面（AREA）号显示。但是，不要打开过多的图元数字显示，否则图形窗口会很凌乱。

1.3.4.3 多窗口绘图技术

ANSYS 软件提供了多窗口绘图，使得用户在建模时可从各个角度观察图形，在后处理中能够方便地比较结果。

1. 定义窗口布局

所谓窗口布局，即设置窗口的数目、位置和大小等。

选择"Utility Menu>PlotCtrls>Multi-Window Layout"命令，弹出"Multi-Plotting"对话框，如图 1-36 所示。

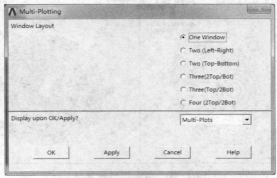

图 1-36 "Multi-Plotting"对话框

"Multi-Plotting"对话框相关选项含义如下。

✧ Window Layout: 用于选择窗口数量，包括"One Window（单窗口）""Two（Left-Right）（两个窗口，左右排列）""Two（Top-Bottom）（两个窗口，上下排列）""Three（2Top/Bot）（三个窗口，两个上，一个下）""Three（Top/2Bot）（三个窗口，一个上，两个下）""Four（2Top/2Bot）（4 个窗口，两个上，两个下）"。

✧ Display upon OK/Apply?: 选择"No Redisplay"选项，单击"OK"按钮或"Apply"按钮后并不更新图形窗口；选择"Replot"选项，单击"OK"按钮或"Apply"按钮后重新绘制所有图形窗口的图形；选择"Multi-Plots"选项，表示多重绘图。当实现窗口之间的不同绘图模式时，通常使用该选项。

2. 设置显示类型

一旦完成了窗口布局设置，就要选择每个窗口要显示的类型。每个窗口可显示模型图元、曲线图或其他图形。

（1）选择显示实体　选择"Utility Menu>PlotCtrls>Multi-Plot Controls"命令，弹出"Multi-Plotting"对话框，如图 1-37a 所示。

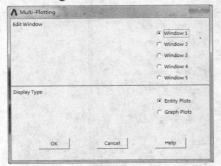
a)
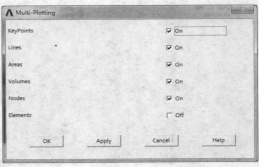
b)

图 1-37 "Multi-Plotting"对话框

Display Type 选项含义如下。

◆ Entity Plots：绘制模型时，首先选择设置的窗口号，选中"Entity Plots"单选项，单击"OK"按钮，弹出另外一个对话框，包括可显示关键点、线、面、体、节点、单元，如图1-37b所示。例如在窗口1中显示单元，窗口2显示单元，如图1-38所示。

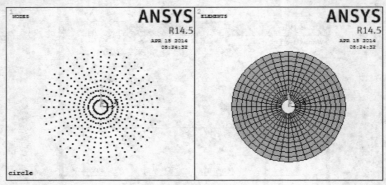

图1-38 多窗口显示实体

◆ Graph Plots：为了绘制曲线图，应当将"Display Type"设置为"Graph Plots"，这样就可以绘制所有的曲线图，包括材料属性图、轨迹图、线性应力和数组变量的列矢量图等。

（2）选择后处理结果　在选择显示后处理结果前，应首先进入通用后处理（命令：/POST1），同样选择"Utility Menu>PlotCtrls>Multi-Plot Controls"命令，弹出"Multi-Plotting"对话框，选择要定义的窗口，选中"Entity Plots"单选项，单击"OK"按钮，弹出"Multi-Plotting"对话框。该对话框增加了"Elements"项，可设置后处理选项，如图1-39所示。

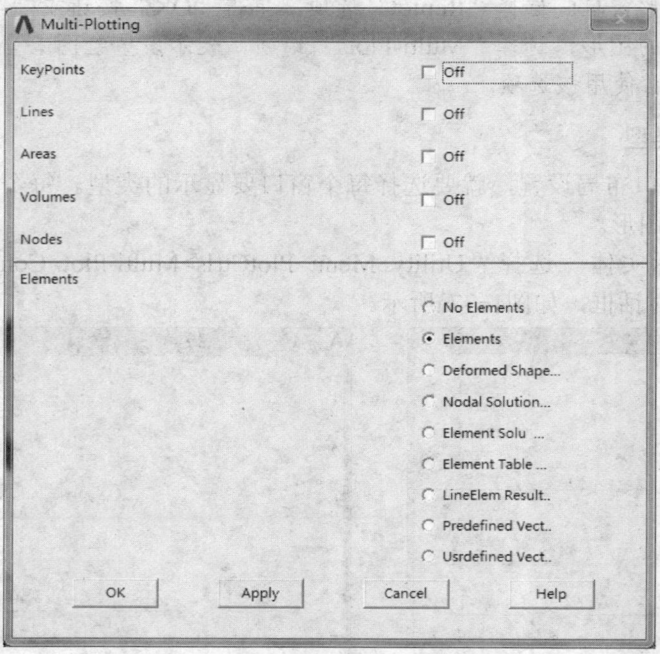

图1-39 "Multi-Plotting"对话框

3. 绘图显示

设置好窗口后,选择"Utility Menu>Plot>Multi-Plot"命令,就可以在多窗口进行绘图显示。例如,在窗口 1 中显示节点应力结果,窗口 2 显示单元应力结果,如图 1-40 所示。

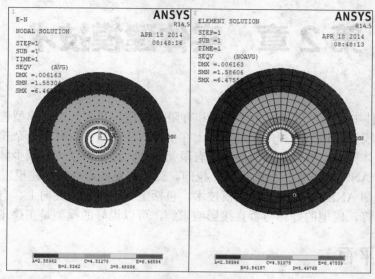

图 1-40 多窗口显示结果

1.4 本章小结

本章简要介绍了 ANSYS 14.5 软件的组成、功能以及 ANSYS 用户界面的组成和常用操作,内容包括输出窗口、主窗口、应用菜单、主菜单、用户界面以及拾取操作、选取操作和显示操作等。通过本章的学习,读者可对有限元分析软件 ANSYS 有一个较为全面的了解。

第 2 章 实体建模技术

ANSYS 软件中有两种模型：实体模型和有限元模型。其中，实体模型包括点、线、面和体等，有限元模型包括节点和单元。实际上在 ANSYS 软件中，对于复杂模型的问题一般是首先建立其实体模型，然后划分网格生成有限元模型，这样不仅可以减少数据处理的工作量，还可以利用 ANSYS 软件提供的拖拉、拉伸、旋转和复制命令减少建模工作量。

本章详细介绍 ANSYS 14.5 实体建模技术，包括工作平面、自底向上、自顶向下等建模方法以及布尔运算。模型的好坏与否直接影响求解，可以说好的模型是正确求解的保证。

2.1 工作平面

ANSYS 中所有的建模操作都是基于工作平面的，熟练掌握工作平面的定义和变换可提高创建复杂模型效率。下面首先介绍工作平面相关知识。

2.1.1 工作平面概述

尽管屏幕上的光标只表示一个点，但实际上它代表的是空间中垂直于屏幕的一条直线。为了能用光标选取一个点，首先必须定义一个假想的平面，当该平面与光标所代表的垂线相交时，就能唯一地确定空间中的一个点，这样的假想平面就是工作平面，如图 2-1 所示。也就是说，工作平面就是光标在其上运动的平面。但需要注意的是，工作平面不一定非得要平行于屏幕。

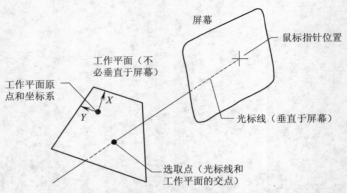

图 2-1 屏幕、光标线、工作平面和选取点之间的关系

工作平面是一个无限平面，有原点、二维坐标系、捕捉增量和栅格显示。同一时刻只能定义一个工作平面，因此当定义一个新工作平面时，就必须删除原有工作平面。工作平面独

立于坐标系，但可以通过命令强制坐标跟随工作平面，它是创建几何模型的参考平面（XY平面）。

2.1.2 显示和设置工作平面

在进入 ANSYS 程序后，有一个默认的工作平面——总体笛卡儿坐标系的 XY 平面，工作平面的 X 轴和 Y 轴分别为总体笛卡儿坐标系的 X 轴和 Y 轴。下面介绍工作平面的显示和状态设置。

2.1.2.1 显示工作平面

默认情况下，ANSYS 软件主界面只显示总体笛卡儿坐标系，选择"Utility Menu>WorkPlane>Display Working Plane"命令，可在图形区显示出工作平面坐标系，三个坐标轴分别以 WX、WY、WZ 表示，如图 2-2 所示。

图 2-2 显示工作平面

2.1.2.2 显示工作平面状态

选择"Utility Menu>WorkPlane>Show WP Status"命令，弹出"WPSTYL Command"对话框，显示出当前坐标平面的详细信息，包括原点、网格间距、工作坐标系的类型等，如图 2-3 所示。

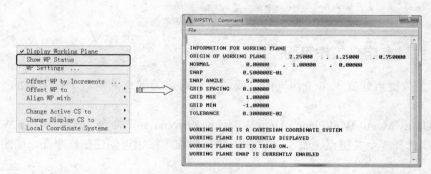

图 2-3 显示工作平面状态

2.1.2.3 设置工作平面

选择"Utility Menu>WorkPlane>WP Setting…"命令，弹出"WP Setting"对话框，可设置当前工作平面的显示信息，如图 2-4 所示。

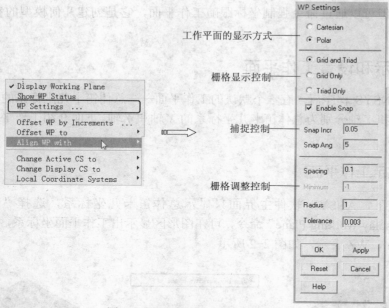

图 2-4 设置工作平面的显示信息

2.1.3 定义工作平面

在实际应用中,只有默认工作平面是无法满足建立复杂模型的需要的,这就需要创建新的工作平面。创建工作平面菜单命令如图 2-5 所示。

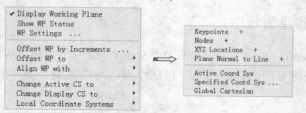

图 2-5 创建工作平面菜单命令

2.1.3.1 关键点定义工作平面

通过 3 个关键点建立一个工作平面,或通过一指定关键点的垂直于视矢量的平面定义为工作平面。

选择"Utility Menu>WorkPlane>Align WP with>Keypoints +"命令,弹出"Align WP with KP"对话框,依次选择 3 个关键点(如 5、6、8),单击"OK"按钮可创建工作平面,如图 2-6 所示。

图 2-6 通过 3 个关键点创建工作平面

2.1.3.2 3点定义工作平面

通过3个点建立一个工作平面,或通过一指定点的垂直于视矢量的平面定义为工作平面。

选择"Utility Menu>WorkPlane>Align WP with>XYZ Location +"命令,弹出"Align WP with XYZ Loc"对话框,选择关键点8,单击"OK"按钮可创建工作平面,如图2-7所示。

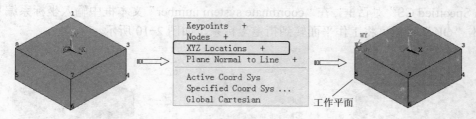

图2-7 3点创建工作平面

2.1.3.3 垂直线定义工作平面

把通过线上一点的垂直于视矢量的平面定义为工作平面。

选择"Utility Menu>WorkPlane>Align WP with>Plane Normal to Line +"命令,弹出"Align WP Normal to line"对话框,选择一直线,单击"OK"按钮,弹出"Align WP at Ratio of Line"对话框,在"Ratio along line"文本框中输入比率值(如0.5),单击"OK"按钮可创建工作平面,如图2-8所示。

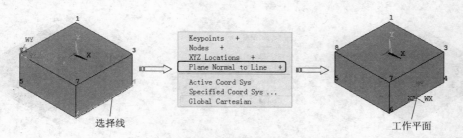

图2-8 垂直线定义工作平面

2.1.3.4 工作平面转到激活坐标系

选择"Utility Menu>WorkPlane>Align WP with>Active Coord Sys…"命令,可将工作平面转到当前激活的坐标系,如图2-9所示。

图2-9 工作平面转到激活坐标系

2.1.3.5 工作平面转到指定坐标系

用于将工作平面转到指定坐标系，其原点为指定坐标系原点，工作平面坐标轴为指定坐标系的 X、Y 轴，如指定坐标系为柱坐标系或球坐标系，则工作平面为极坐标形式。

选择"Utility Menu>WorkPlane>Align WP with>Specified Coord Sys…"命令，弹出"Align WP with Specified CS"对话框，在"coordinate system number"文本框中输入坐标系编号（如2），单击"OK"按钮可将工作平面转到指定坐标系，如图 2-10 所示。

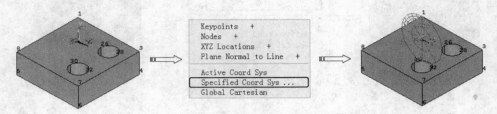

图 2-10 工作平面到指定坐标系

2.1.3.6 工作平面转到全局笛卡儿坐标系

选择"Utility Menu>WorkPlane>Align WP with>Global Cartesian"命令，可将工作平面设定为全局笛卡儿坐标系所在平面，即原点为全局笛卡儿坐标系原点。工作平面的 X 轴和 Y 轴分别为总体笛卡儿坐标系的 X 轴和 Y 轴，如图 2-11 所示。

图 2-11 工作平面转到全局笛卡儿坐标系

2.1.4 平移和旋转工作平面

ANSYS 软件提供了一组平移和旋转工作平面命令，用户通过这些命令可将工作平面移动到所需位置。

2.1.4.1 平移和旋转对话框

选择"Utility Menu>WorkPlane>Offset WP by Increments"命令，弹出"Offset WP"对话框，如图 2-12 所示。在"X, Y, Z Offset"文本框中按格式输入平移增量，在"XY, YZ, ZX Angles"文本框中按格式输入旋转增量，单击"OK"按钮，即可实现工作平面的平移和旋转。例如："XY, YZ, ZX Angles"文本框中输入"90, 0, 0"，则工作平面将绕总体笛卡儿坐标系的 Z 轴旋转 90°。

第 2 章 实体建模技术

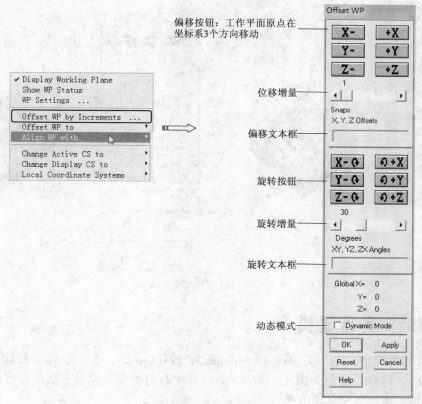

图 2-12 平移和旋转对话框

2.1.4.2 移动工作平面到关键点

选择"Utility Menu>WorkPlane>Offset WP to>Keypoints +"命令，弹出"Offset WP to Keypoints"对话框，选择一个关键点，单击"OK"按钮，可将工作平面移动到关键点，如图 2-13 所示。

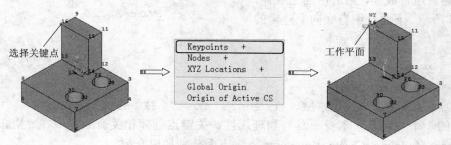

图 2-13 工作平面移动到关键点

2.1.4.3 移动工作平面到坐标

选择"Utility Menu>WorkPlane>Offset WP to>XYZ Locations +"命令，弹出"Offset WP to XYZ Location"对话框，输入移动的坐标点位置，单击"OK"按钮可移动工作平面，如

图 2-14 所示。

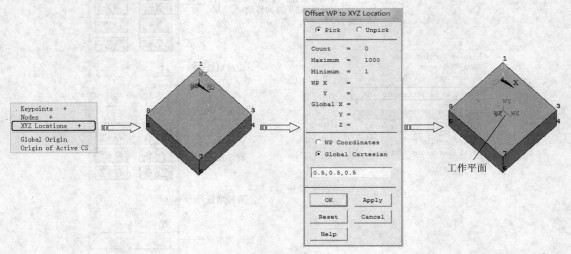

图 2-14 移动工作平面到坐标

2.2 ANSYS 实体建模

ANSYS 实体模型均是由关键点（Keypoints）、线（Lines）、面（Areas）和体（Volumes）等对象组成的，这些对象称为图元。ANSYS 软件中有两种实体建模方法：自底向上建模和自顶向下建模，下面分别加以介绍。

2.2.1 自底向上建模

自底向上（Bottom-Up）建模的方法是首先建立最低级别的图元，然后再建立高级的图元。例如先建立关键点，再由点连接成线，然后组合成面，最后由面生成体，如图 2-15 所示。下面介绍自底向上建模的相关命令。

2.2.1.1 关键点

关键点是最低级别的图形对象，它是绘图区中的一个几何点，本身不具有物理属性。关键点创建相关命令集中在"Main Menu>Preprocessor>Modeling>Create>Keypoints 下，下面分别加以介绍。

（1）在工作平面中创建关键点　选择"Main Menu>Preprocessor>Modeling>Create>Keypoints>On Working Plane"命令，弹出"Create KPs on WP"对话框，直接在绘图区单击鼠标左键即可创建关键点，也可以在对话框中选择"WP Coordinates（工作平面坐标）"或"Global Cartesian（全局笛卡儿坐标）"单选项，然后在文本框中输入坐标值来创建精确位置上的关键点，如图2-16所示。

第 2 章 实体建模技术

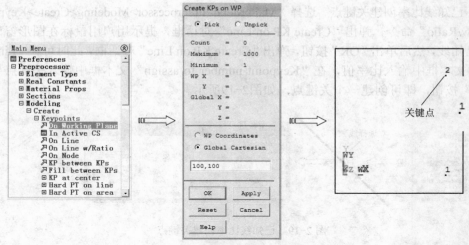

图 2-16 在工作平面中创建关键点

（2）在活动坐标系中创建关键点　选择"Main Menu>Preprocessor>Modeling>Create>Keypoints>In Active CS"命令，弹出"Create Keypoints in Active Coordinate System"对话框，输入关键点号和坐标值后，单击"OK"按钮，则以当前活动坐标系（系统默认为笛卡儿坐标系）定义一个关键点，如图2-17所示。

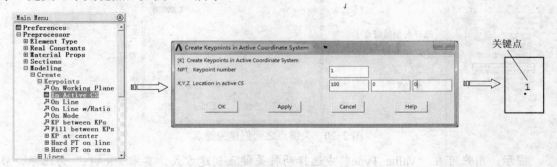

图 2-17 在活动坐标系中创建关键点

（3）在已知线上创建关键点　选择"Main Menu>Preprocessor>Modeling>Create>Keypoints>On Line"命令，弹出"Create KP on Line"对话框，提示用户用鼠标在图形窗口中单击选中已知线，然后单击"OK"按钮，再次弹出"Create KP on Line"对话框，此时在线上单击鼠标左键，可在单击位置创建一个关键点，如图2-18所示。

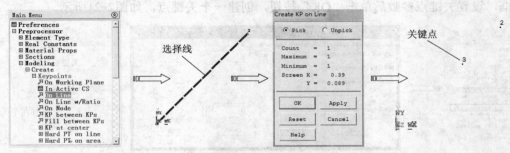

图 2-18 在已知线上创建关键点

（4）已知线比率创建关键点　选择"Main Menu>Preprocessor>Modeling>Create>Keypoints>On Line w/Ratio"命令，弹出"Create KP on Line"对话框，提示用户用鼠标在图形窗口中单击选中已知线，然后单击"OK"按钮，弹出"Create KP on Line"对话框，此时可在"Line ratio（0-1）"文本框中输入比率值，在"Keypoint number to assign"文本框中输入关键点号，单击"OK"按钮，即可创建一个关键点，如图2-19所示。

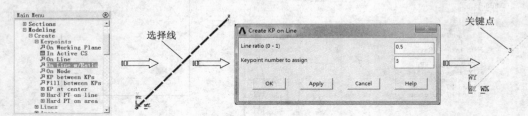

图 2-19　已知线比率创建关键点

（5）关键点之间创建关键点　选择"Main Menu>Preprocessor>Modeling>Create>Keypoints>KP between KPs"命令，弹出"KP between KPs"对话框，提示用户用鼠标在图形窗口中单击左键选中已知的两个关键点，然后单击"OK"按钮，弹出"KBETween options"对话框，设置关键点参数后单击"OK"按钮，创建一个关键点，如图2-20所示。

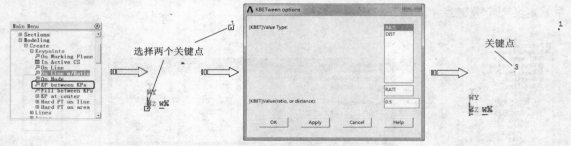

图 2-20　关键点之间创建关键点

提示：用户可在"Value Type"中选择两种关键点创建方式。其中"RATI"为比率，应为0～1之间的一个数，"DIST"为距离方式。

（6）在关键点间填充关键点　选择"Main Menu>Preprocessor>Modeling>Create>Keypoints>Fill between KPs"命令，弹出"Fill between KPs"对话框，提示用户用鼠标在图形窗口中单击左键选中已知的两个关键点，然后单击"OK"按钮，弹出"Create KP by Filling between KPs"对话框，设置关键点参数后单击"OK"按钮，创建一个关键点，如图2-21所示。

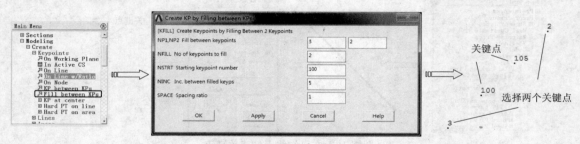

图 2-21　在关键点间填充关键点

第 2 章 实体建模技术

提示："No of keypoints to fill"文本框中输入 2，表示要填充的关键点数量；"Starting keypoint number"文本框中输入 100，表示要填充的关键点起始编号；"Inc. between filled keyps"文本框中输入 5，表示要填充关键点编号的增量；"Spacing ratio"文本框中输入 1，表示关键点间隔的比率，应为 0~1 之间的一个数。

（7）在中心创建关键点　选择"Main Menu>Preprocessor>Modeling>Create>Keypoints>KP at center>3 keypoints"命令，弹出"3 keypoints"对话框，提示用户用鼠标在图形窗口中单击左键选中已知的三个关键点，然后单击"OK"按钮即可创建一个关键点，如图2-22所示。

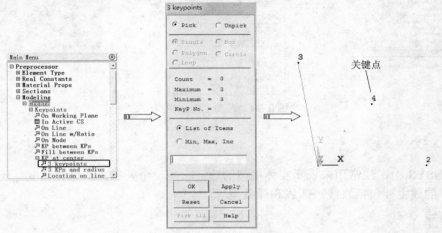

图 2-22　在中心创建关键点

2.2.1.2　硬点

硬点实际上也是一种比较特殊的关键点，其与关键点的最大不同在于：实体网格化时，硬点一定会转变为节点，而关键点则不一定。硬点创建的相关命令集中在"Main Menu>Preprocessor>Modeling>Create>Keypoints 下，下面分别加以介绍。

（1）在线上创建硬点　选择"Main Menu>Preprocessor>Modeling>Create>Keypoints>Hard PT on line>Hard PT by ratio"命令，弹出"Hard PT by ratio"对话框，提示用户用鼠标在图形窗口中单击左键选中已知的线，单击"OK"按钮，弹出"Create Hard PT by Ratio"对话框，输入比率值后单击"OK"按钮，创建一个硬点，如图2-23所示。

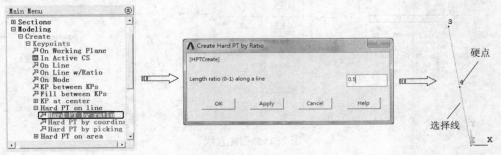

图 2-23　在线上创建硬点

（2）在面上创建硬点　选择"Main Menu>Preprocessor>Modeling>Create>Keypoints>Hard

PT on area>Hard PT by picking"命令,弹出"Hard PT by picking"对话框,提示用户用鼠标在图形窗口中单击左键选中已知的面,单击"OK"按钮,弹出"Hard PT by picking"对话框,单击选择一点后单击"OK"按钮,创建一个硬点,如图2-24所示。

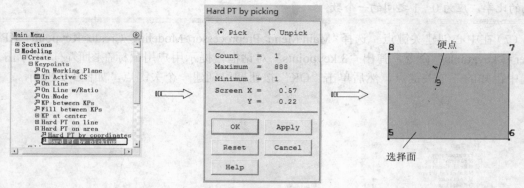

图2-24 在面上创建硬点

2.2.1.3 线

在 ANSYS 中,线常用来表示实体模型的边,它是一个矢量,不仅有长度,还有方向。ANSYS 中的线主要包括直线、弧线和样条线等。

1. 直线

直线创建相关命令集中在"Main Menu>Preprocessor>Modeling>Create>Lines"下,下面分别加以介绍。

(1)直线创建 选择"Main Menu>Preprocessor>Modeling>Create>Lines>Straight Line"命令,弹出"Create Straight Line"对话框,提示用户用鼠标在图形窗口中单击左键选中已知的两个关键点,然后单击"OK"按钮创建直线,如图2-25所示。

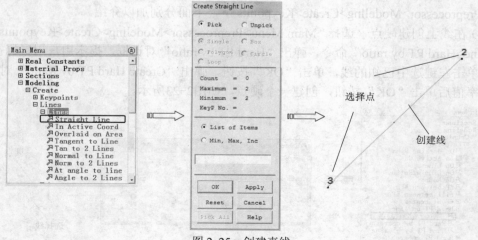

图2-25 创建直线

提示:不管当前活动坐标系是何种坐标系,"Straight Line"命令都能保证生成的线为直线。

(2)通过两关键点创建直线或三次曲线 选择"MainMenu>Preprocessor>Modeling>

Create>Lines>Lines>In Active Coord"命令，弹出"Lines in Active Coord"对话框，提示用户用鼠标在图形窗口中单击左键选中已知的两个关键点，然后单击"OK"按钮创建直线，如图2-26所示。

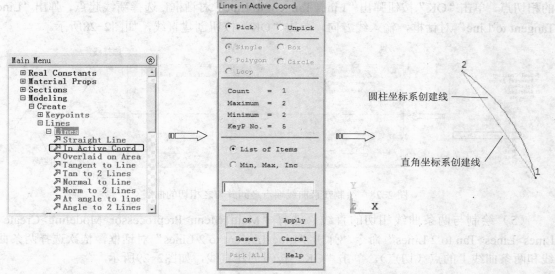

图2-26　通过两关键点创建直线或三次曲线

注意：ANSYS软件在不同的坐标系中创建的直线不同，在笛卡儿直角坐标系中为真实直线，在柱坐标系中软件将生成一条螺旋线或弧线。

（3）覆盖在面上的线　选择"Main Menu>Preprocessor>Modeling>Create>Lines>Lines>Overlaid on Area"命令，弹出"Line Overlaid on Area"对话框，选择一个已知面，单击"OK"按钮弹出"Line Overlaid on Area"对话框，选择面上的两个关键点，单击"OK"按钮创建直线，如图2-27所示。

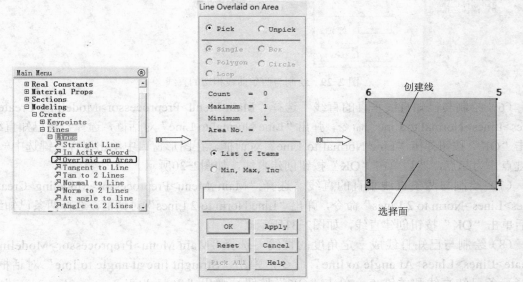

图2-27　覆盖在面上的线

33

（4）绘制在直曲线端点之间并与之相切的曲线 选择"Main Menu>Preprocessor>Modeling>Create>Lines>Lines>Tangent to Line"命令，弹出"Lines Tangent to Line"对话框，选择一条已知直线，单击"OK"按钮弹出"Lines Tangent to Line"对话框，选择已知曲线上的相切点，单击"OK"按钮弹出"Lines Tangent to Line"对话框，选择新线起点，弹出"Line Tangent to Line"对话框，输入线方向，单击"OK"按钮创建直线，如图2-28所示。

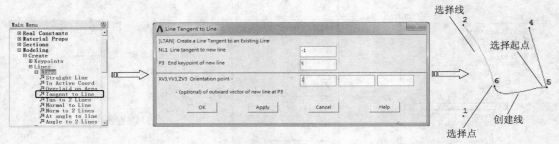

图2-28 绘制在直曲线端点之间并与之相切的曲线

（5）绘制与两条曲线相切的直线 选择"Main Menu>Preprocessor>Modeling>Create>Lines>Lines>Tan to 2 Lines"命令，弹出"Line Tangent to 2 Lines"对话框，依次选择两条曲线和两条曲线上的点（切点），单击"OK"按钮创建直线，如图2-29所示。

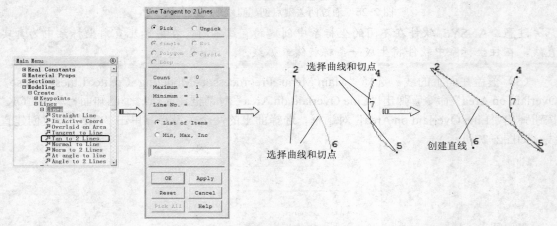

图2-29 绘制与两条曲线相切的直线

（6）绘制与已知直线垂直的直线 选择"Main Menu>Preprocessor>Modeling>Create>Lines>Lines>Normal to Line"命令，弹出"Line Normal to Line"对话框，选择一条已知直线，单击"OK"按钮弹出"Line Normal to Line"对话框，在图形窗口中单击鼠标左键选中一个关键点作为起点，然后单击"OK"按钮创建直线，如图2-30所示。

（7）绘制与两条直线垂直的直线 选择"Main Menu>Preprocessor>Modeling>Create>Lines>Lines>Norm to 2 Lines"命令，弹出"Line Norm to 2 Lines"对话框，选择两条已知线，然后单击"OK"按钮创建直线，如图2-31所示。

（8）绘制与已知直线成一定角度的直线 选择"Main Menu>Preprocessor>Modeling>Create>Lines>Lines>At angle to line"命令，弹出"Straight line at angle to line"对话框，选择一条已知直线和关键点，单击"OK"按钮，弹出"Straight line at angle to line"对

话框,在"Angle in degrees"文本框中输入角度值,然后单击"OK"按钮创建直线,如图2-32所示。

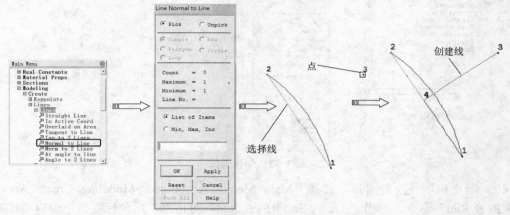

图 2-30　绘制与已知直线垂直的直线

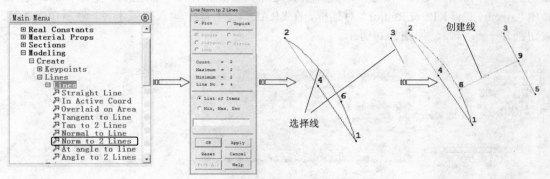

图 2-31　绘制与两条线垂直的直线

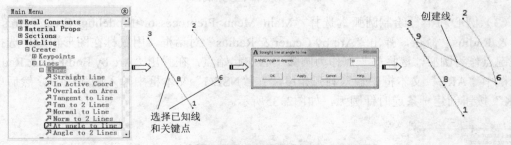

图 2-32　绘制与已知直线成一定角度的直线

2. 圆弧

圆弧创建相关命令集中在"Main Menu>Preprocessor>Modeling>Create>Arcs"下,如图2-33所示。

(1)通过三个关键点绘制圆弧　选择"Main Menu>Preprocessor>Modeling>Create>Arcs>Through 3 KPs"命令,弹出"Arc Thru 3 KPs"对话框,提示用户用鼠标在图形窗口中单击鼠标左键选中已知的三个关键点,然后单击"OK"按钮创建一条圆弧,如图2-33所示。

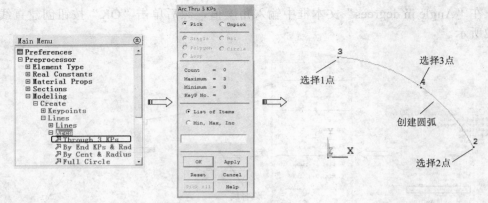

图 2-33　创建圆弧

（2）端点和半径绘制圆弧　选择"Main Menu>Preprocessor>Modeling>Create>Arcs>By End KPs & Rad"命令，弹出"Arc by End KPs & Rad"对话框，用鼠标在图形窗口中选择圆弧的起止点，单击"OK"按钮，再选择某关键点表明圆弧在哪一侧生成，单击"OK"按钮，弹出"Arc by End KPs & Radius"对话框，在"RAD"文本框中输入圆弧半径，然后单击"OK"按钮创建一条圆弧，如图2-34所示。

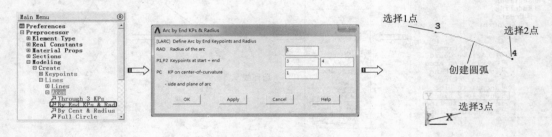

图 2-34　端点和半径绘制圆弧

（3）圆心和半径绘制圆弧　选择"Main Menu>Preprocessor>Modeling>Create>Arcs>By Cent & Radius"命令，弹出"Arc by Center & Radius"对话框，用鼠标在图形窗口中选择一个关键点作为圆心，选择另一点作为圆弧中心和起始点，在弹出"Arc by End KPs & Radius"对话框中"ARC"文本框中输入圆弧角度，在"NSEG"文本框中输入圆弧段数，然后单击"OK"按钮创建一条逆时针圆弧，如图2-35所示。

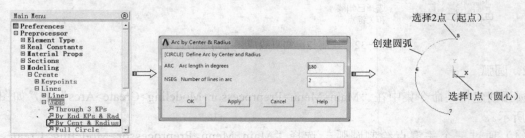

图 2-35　圆心和半径绘制圆弧

（4）绘制整圆弧　选择"Main Menu>Preprocessor>Modeling>Create>Arcs>Full Circle"命令，弹出"Full Circle"对话框，用鼠标在图形窗口中选择一个关键点作为圆心，选择另一

点作为圆上点,然后单击"OK"按钮创建一条圆弧,如图2-36所示。

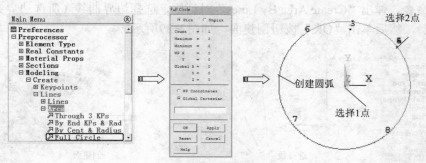

图2-36 绘制整圆弧

2.2.1.4 面

面创建相关命令集中在"Main Menu>Preprocessor>Modeling>Create>Lines"下,下面分别加以介绍。

(1)通过关键点绘制面 选择"Main Menu>Preprocessor>Modeling>Create>Areas>Arbitrary>Through KPs"命令,弹出"Create Area thru KPs"对话框,选择至少3个以上关键点,然后单击"OK"按钮创建面,如图2-37所示。

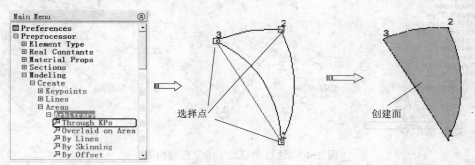

图2-37 通过关键点定义一个面

(2)在已知面上生成面 选择"Main Menu>Preprocessor>Modeling>Create>Areas>Arbitrary>Overlaid on Area"命令,弹出"Area Overlap on Area"对话框,选择已有的面,单击"OK"按钮,然后选择生成面的关键点,单击"OK"按钮创建面,如图2-38所示。

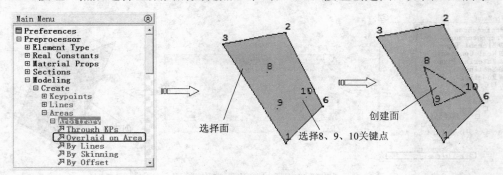

图2-38 在已知面上生成面

（3）通过边界线定义面　选择"Main Menu>Preprocessor>Modeling>Create> Areas>Arbitrary>By Lines"命令，弹出"Create Area By Lines"对话框，选择边界曲线（所选边界必须构成一个封闭区域），然后单击"OK"按钮创建面，如图2-39所示。

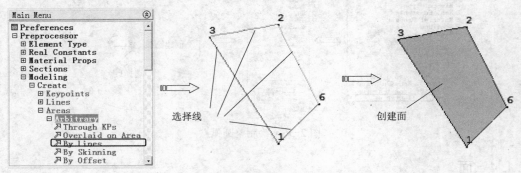

图2-39　通过边界线定义面

（4）通过引导线生成蒙皮似曲面　选择"Main Menu>Preprocessor>Modeling>Create>Areas>Arbitrary>By Skinning"命令，弹出"Create Area/Skinning"对话框，选择2条以上线，然后单击"OK"按钮创建面，如图2-40所示。

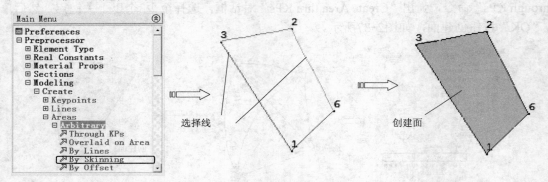

图2-40　通过引导线生成蒙皮似曲面

（5）通过偏移面来生成面　选择"Main Menu>Preprocessor>Modeling>Create>Areas>Arbitrary>By Offset"命令，弹出"Create Area By Offset"对话框，选择一个面，单击"OK"按钮，弹出"Create Area by Offset From Base Area"对话框，在"Offset distance"文本框中输入偏移距离，然后单击"OK"按钮创建沿所选面法向距离上的新面，如图2-41所示。

图2-41　通过偏移面来生成面

2.2.1.5 体

体是最高级图元,在 ANSYS 中体创建的相关命令集中在"Main Menu>Preprocessor>Modeling>Create>Volumes"下,下面分别加以介绍。

(1)通过关键点绘制体 选择"Main Menu>Preprocessor>Modeling>Create>Volumes>Arbitrary>Through KPs"命令,弹出"Create Volume thru KPs"对话框,选择多个关键点,然后单击"OK"按钮创建体,如图2-42所示。

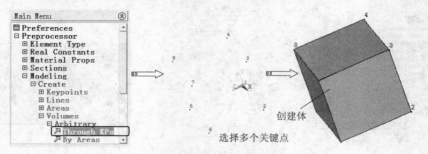

图 2-42 通过关键点绘制体

(2)通过面绘制体 选择"Main Menu>Preprocessor>Modeling>Create>Volumes> Arbitrary> By Area"命令,弹出"Create Volume by Areas"对话框,选择多个面,然后单击"OK"按钮创建体,如图2-43所示。

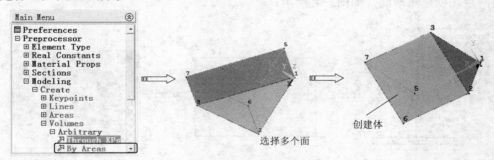

图 2-43 通过面绘制体

注意:至少需要输入4个面才能围成一个体,面编号可以以任何次序输入,只要该组面能围成封闭的体即可。

2.2.2 自顶向下建模

自顶向下建模的方法是:利用 ANSYS 软件内部已经存在的常用实体轮廓(ANSYS 称为体素),如矩形面、圆形面、六面体和球体等,直接生成用户想要的模型。因为这些体素是高级图元,当生成这些高级图元时,ANSYS 软件会自动生成所有必需的低级图元,包括关键点等。自顶向下建模主要是建立面和体,下面分别加以介绍。

2.2.2.1 建立面

自顶向下建模中的面包括矩形面、圆形面和正多边形面等。

1. 建立矩形面

创建矩形面的相关命令集中在"Main Menu>Preprocessor>Modeling>Create>Areas>Rectangle"下，下面分别加以介绍。

（1）2对角点绘制矩形　选择"Main Menu>Preprocessor>Modeling>Create>Areas>Rectangle>By 2 Corners"命令，弹出"Rectangle by 2 Corners"对话框，在"WP X"和"WP Y"文本框中输入矩形某对角点的X、Y坐标，在"Width"文本框中输入矩形宽度，在"Height"文本框中输入矩形高，或者在屏幕上单击指定两点，单击"OK"按钮创建矩形面，如图2-44所示。

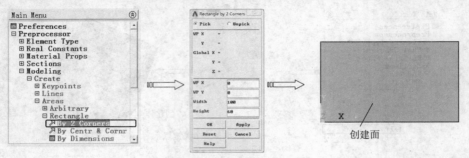

图2-44　2对角点绘制矩形面

（2）中心和角点绘制矩形面　选择"Main Menu>Preprocessor>Modeling>Create>Areas>Rectangle>By Center & Cornr"命令，弹出"Rectangle by Ctrl, Corner"对话框，在屏幕上单击指定两点，创建矩形面，如图2-45所示。

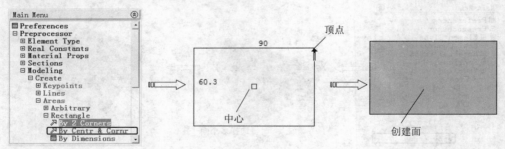

图2-45　中心和对角点绘制矩形面

（3）几何尺寸绘制矩形面　选择"Main Menu>Preprocessor>Modeling>Create>Areas>Rectangle>By Dimensions"命令，弹出"Create Rectangle by Dimensions"对话框，输入顶点坐标，创建矩形面，如图2-46所示。

图2-46　几何尺寸绘制矩形面

第2章 实体建模技术

2. 建立圆或圆环面

创建圆或圆环面的相关命令集中在"Main Menu>Preprocessor>Modeling>Create>Areas>Circle"下,下面分别加以介绍。

(1) 绘制圆面　选择"Main Menu>Preprocessor>Modeling>Create>Areas>Circle>Solid Circle"命令,弹出"Solid Circle Area"对话框,在"WP X"和"WP Y"文本框中输入圆中心的X、Y坐标,在"Radius"文本框中输入圆半径,或者也可在屏幕上单击两点指定圆的中心和半径,然后单击"OK"按钮创建圆面,如图2-47所示。

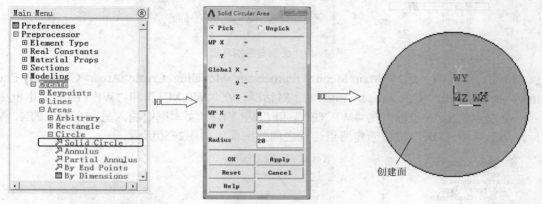

图 2-47　绘制圆面

(2) 绘制圆环面　选择"Main Menu>Preprocessor>Modeling>Create>Areas>Circle>Annulus"命令,弹出"Annular Circle Area"对话框,在"WP X"和"WP Y"文本框中输入圆环中心的X、Y坐标,在"Rad-1"和"Rad-2"文本框中分别输入圆环的内径和外径,然后单击"OK"按钮创建圆环面,如图2-48所示。

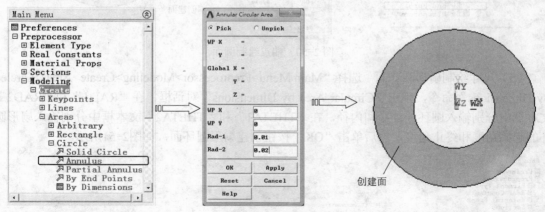

图 2-48　绘制圆环面

(3) 绘制扇形圆环面　选择"Main Menu>Preprocessor>Modeling>Create>Areas>Circle>Partial Annulus"命令,弹出"Part Annular Circle Area"对话框,在"WP X"和"WP Y"文本框中输入圆环中心的X、Y坐标,在"Rad-1"和"Rad-2"文本框中分别输入扇形圆环的内径和外径,在"Theta-1"和"Theta-2"文本框中分别输入扇形圆环的起始角度和终止角度,然后单击"OK"按钮创建扇形圆环面,如图2-49所示。

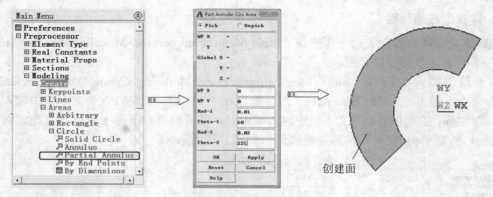

图 2-49　绘制扇形圆环面

（4）端点绘制圆　选择"Main Menu>Preprocessor>Modeling>Create>Areas>Circle>By End Points"命令，弹出"Circ Area by End Pts"对话框，在"WP XE1"和"WP YE1"文本框中输入一个端点的X、Y坐标，在"WP XE2"和"WP YE2"文本框中输入另一个端点的X、Y坐标，然后单击"OK"按钮创建两点连线之间的圆面，如图2-50所示。

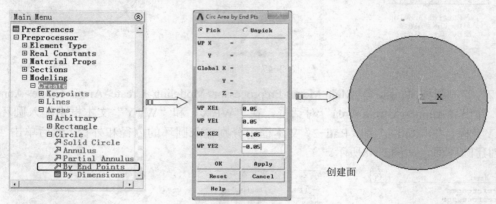

图 2-50　端点绘制圆面

（5）尺寸绘制扇形圆环面　选择"Main Menu>Preprocessor>Modeling>Create>Areas>Circle>By Dimensions"命令，弹出"Circular Area by Dimensions"对话框，在"RAD1"和"RAD2"文本框中分别输入圆环的外径和内径，在"THETA1"和"THETA2"文本框中分别输入扇形圆环的起始角度和终止角度，然后单击"OK"按钮创建扇形圆环面，如图2-51所示。

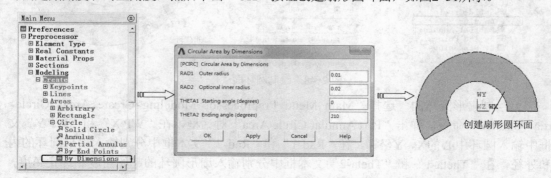

图 2-51　尺寸绘制扇形圆环面

第 2 章　实体建模技术

3. 建立多边形面

创建多边形面的相关命令集中在"Main Menu>Preprocessor>Modeling>Create>Areas>Polygon"下，下面分别加以介绍。

（1）内切圆绘制正多边形面　选择"Main Menu>Preprocessor>Modeling>Create>Areas>Polygon>By Inscribed Rad"命令，弹出"Polygon by Inscribed Radius"对话框，在"Number of sides"文本框中输入多边形的边数，在"Minor（inscribed）radius"文本框中输入多边形内切圆的半径，然后单击"OK"按钮创建正多边形面，如图2-52所示。

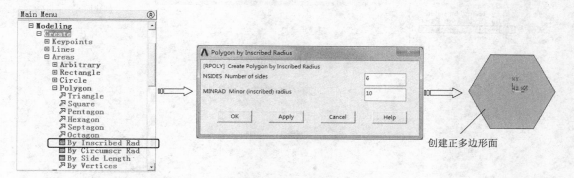

图 2-52　内切圆绘制正多边形面

（2）外接圆绘制正多边形面　选择"Main Menu>Preprocessor>Modeling>Create>Areas>Polygon>By Circumscr Rad"命令，弹出"Polygon by Circumscribed Radius"对话框，在"Number of sides"文本框中输入多边形的边数，在"Major（circumscr）radius"文本框中输入多边形外接圆的半径，然后单击"OK"按钮创建正多边形面，如图2-53所示。

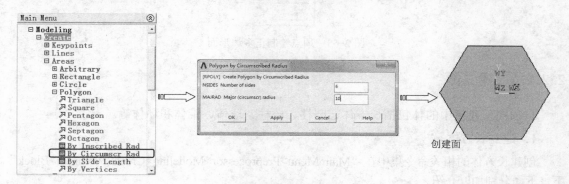

图 2-53　外接圆绘制正多边形面

（3）边长绘制正多边形面　选择"Main Menu>Preprocessor>Modeling>Create>Areas>Polygon>By Side Length"命令，弹出"Polygon by Side Length"对话框，在"Number of sides"文本框中输入多边形的边数，在"Length of each side"文本框中输入多边形边长，然后单击"OK"按钮创建多边形，如图2-54所示。

（4）顶点绘制正多边形面　选择"Main Menu>Preprocessor>Modeling>Create>Areas>Polygon>By Vertices"命令，弹出"Polygon by Vertices"对话框，在绘图区依次选择所需的点，然后单击"OK"按钮创建多边形面，如图2-55所示。

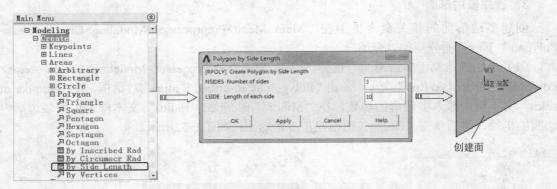

图 2-54　边长绘制正多边形面

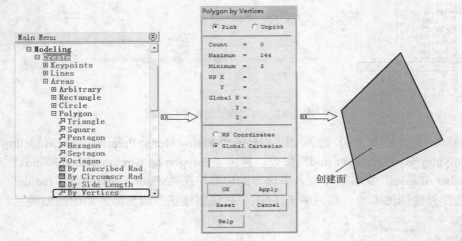

图 2-55　顶点绘制正多边形面

2.2.2.2 建立体

自顶向下建模中的体包括长方体、圆柱、棱柱、球体、锥体和环体等。

1. 建立长方体

创建长方体的相关命令集中在"Main Menu>Preprocessor>Modeling>Create>Volumes>Block"下，下面分别加以介绍。

（1）通过底面的两个对角点和高生成长方体　选择"Main Menu>Preprocessor>Modeling>Create>Volumes>Block>By 2 Corners & Z"命令，弹出"Block by 2 Corners & Z"对话框，在"WP X"和"WP Y"文本框中输入底面角点的X、Y坐标，在"Width""Height""Depth"文本框中输入长、宽、高，然后单击"OK"按钮创建长方体，如图2-56所示。

（2）通过中心和对角点生成长方体　选择"Main Menu>Preprocessor>Modeling>Create>Volumes>Block>By Centr, Cornr, Z"命令，弹出"Block by Ctr, Cornr, Z"对话框，在"WP X"和"WP Y"文本框中输入中心的X、Y坐标，在"Width""Height""Depth"文本框中输入长、宽、高，然后单击"OK"按钮创建长方体，如图2-57所示。

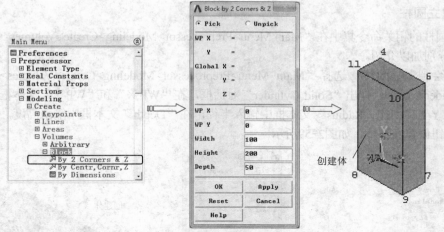

图 2-56　通过底面的两个对角点和高生成长方体

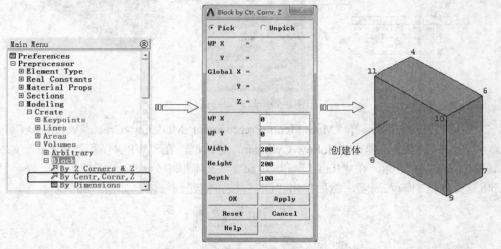

图 2-57　通过中心和对角点生成长方体

（3）通过对角点生成长方体　选择"Main Menu>Preprocessor>Modeling>Create>Volumes>Block>By Dimensions"命令，弹出"Create Block by Dimensions"对话框，在"X-coordinates""Y-coordinates""Z-coordinates"文本框中输入角点的X、Y、Z坐标，然后单击"OK"按钮创建长方体，如图2-58所示。

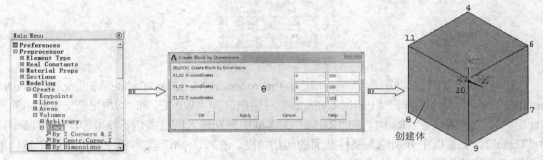

图 2-58　通过对角点生成长方体

2．建立圆柱

创建圆柱的相关命令集中在"Main Menu>Preprocessor>Modeling>Create>Volumes>Cylinder"下，下面分别加以介绍。

（1）绘制实心圆柱　选择"Main Menu>Preprocessor>Modeling>Create>Volumes>Cylinder>Solid Cylinder"命令，弹出"Solid Cylinder"对话框，在"WP X"和"WP Y"文本框中输入底面中心X、Y坐标，在"Radius"文本框中输入半径，在"Depth"文本框中输入高度，然后单击"OK"按钮创建圆柱体，如图2-59所示。

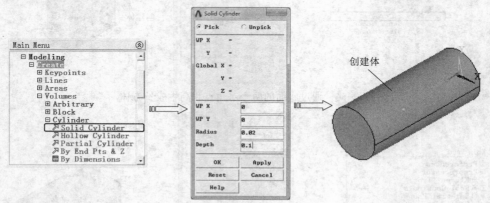

图 2-59　绘制实心圆柱

（2）绘制空心圆柱　选择"Main Menu>Preprocessor>Modeling>Create>Volumes>Cylinder>Hollow Cylinder"命令，弹出"Hollow Cylinder"对话框，在"WP X"和"WP Y"文本框中输入底面中心X、Y坐标，在"Rad-1"和"Rad-2"文本框中分别输入圆柱的内、外半径，在"Depth"文本框中输入高度，然后单击"OK"按钮创建圆柱体，如图2-60所示。

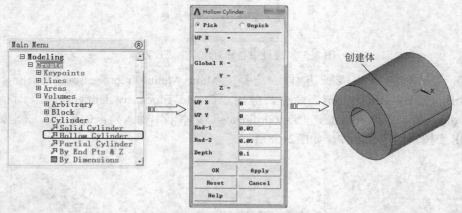

图 2-60　绘制空心圆柱

（3）绘制扇形圆柱　选择"Main Menu>Preprocessor>Modeling>Create>Volumes>Cylinder>Partial Cylinder"命令，弹出"Partial Cylinder"对话框，在"WP X"和"WP Y"文本框中输入底面中心X、Y坐标，在"Rad-1"和"Rad-2"文本框中分别输入圆柱的内、外半径，在"Theta-1"和"Theta-2"文本框中分别输入圆柱截面的起止角度，在"Depth"文本框中输入高度，然后单击"OK"按钮创建圆柱体，如图2-61所示。

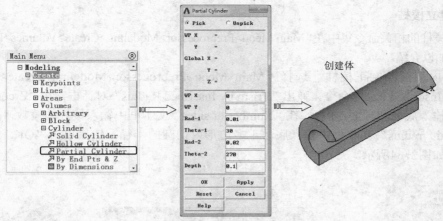

图 2-61　绘制扇形圆柱

（4）通过端点定义截面绘制圆柱　选择"Main Menu>Preprocessor>Modeling>Create>Volumes>Cylinder>By End Pts & Z"命令，弹出"Cylinder by End Pts, Z"对话框，在"WP XE1""WP YE1""WP XE2""WP YE2"文本框中输入两点坐标来定义圆柱截面直径，在"Depth"文本框中输入高度，然后单击"OK"按钮创建圆柱体，如图2-62所示。

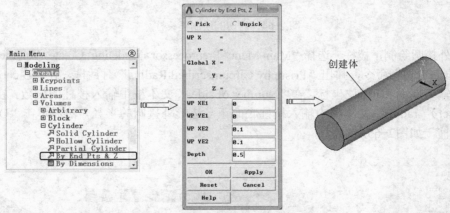

图 2-62　通过端点定义截面绘制圆柱

（5）在工作平面原点绘制扇形圆柱　选择"Main Menu>Preprocessor>Modeling>Create>Volumes>Cylinder>By Dimension"命令，弹出"Create Cylinder by Dimensions"对话框，在"Outer radius"文本框中输入圆柱外径，在"Optional inner radius"文本框中输入圆柱内径，在"Z-coordinate"文本框中输入圆柱顶面和底面Z坐标，在"THETA1"和"THETA2"文本框中输入扇形圆柱截面的起止角度，然后单击"OK"按钮创建扇形圆柱体，如图2-63所示。

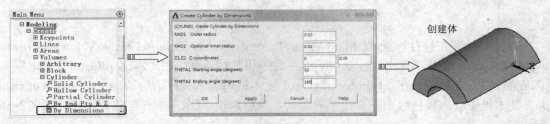

图 2-63　在工作平面原点绘制扇形圆柱

3. 建立棱柱

创建棱柱的相关命令集中在"Main Menu>Preprocessor>Modeling>Create>Volumes>Prism"下，下面分别加以介绍。

（1）内切圆绘制正棱柱　选择"Main Menu>Preprocessor>Modeling>Create>Volumes>Prism>By Inscribed Rad"命令，弹出"Prism by Inscribed Radius"对话框，在"Z-coordinates"文本框中输入底面和顶面Z坐标，在"Number of sides"文本框中输入棱柱的棱数，在"Minor（inscribed）radius"文本框中输入底面正多边形内切圆的半径，然后单击"OK"按钮创建正棱柱，如图2-64所示。

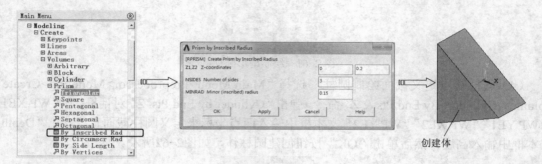

图2-64　内切圆绘制正棱柱

（2）外接圆绘制正棱柱　选择"Main Menu>Preprocessor>Modeling>Create>Volumes>Prism>By Circumscr Rad"命令，弹出"Prism by Circumscribed Radius"对话框，在"Z-coordinates"文本框中输入底面和顶面Z坐标，在"Number of sides"文本框中输入棱柱的棱数，在"Major（circumscr） radius"文本框中输入棱柱底面正多边形外接圆的半径，然后单击"OK"按钮创建正棱柱，如图2-65所示。

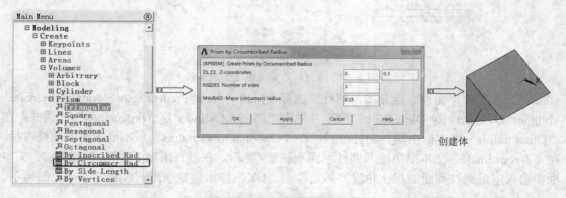

图2-65　外接圆绘制正棱柱

（3）边长绘制正棱柱　选择"Main Menu>Preprocessor>Modeling>Create>Volumes>Prism>By Side Length"命令，弹出"Prism by Side Length"对话框，在"Z-coordinates"文本框中输入底面和顶面Z坐标，在"Number of sides"文本框中输入棱柱的棱数，在"Length of each side"文本框中输入棱柱底面正多边形的边长，然后单击"OK"按钮创建正棱柱，如图2-66所示。

第 2 章 实体建模技术

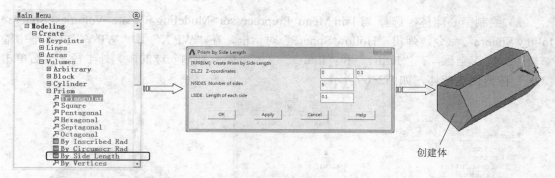

图 2-66　边长绘制正棱柱

（4）顶点绘制正棱柱　选择"Main Menu>Preprocessor>Modeling>Create>Volumes>Prism>By Vertices"命令，弹出"Prism by Vertices"对话框，在绘图区依次选择所需的点，然后单击"OK"按钮创建正棱柱，如图2-67所示。

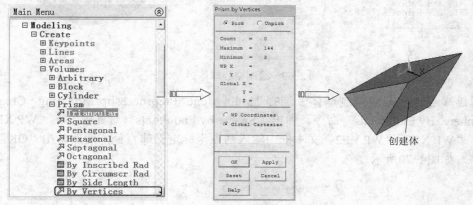

图 2-67　顶点绘制正棱柱

4．建立球体

创建球体的相关命令集中在"Main Menu>Preprocessor>Modeling>Create>Volumes>Sphere"下，下面分别加以介绍。

（1）绘制实心球体　选择"Main Menu>Preprocessor>Modeling>Create>Volumes>Sphere>Solid Sphere"命令，弹出"Solid Sphere"对话框，在"WP X"和"WP Y"文本框中输入球的中心X、Y坐标，在"Radius"文本框中输入球半径，然后单击"OK"按钮创建球体，如图2-68所示。

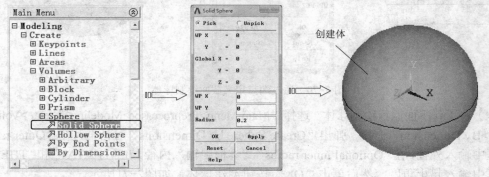

图 2-68　绘制实心球体

49

（2）绘制空心球体　选择"Main Menu>Preprocessor>Modeling>Create>Volumes>Sphere>Hollow Sphere"命令，弹出"Hollow Sphere"对话框，在"WP X"和"WP Y"文本框中输入球中心X、Y坐标，在"Rad-1"和"Rad-2"文本框中分别输入球的内、外半径，然后单击"OK"按钮创建球体，如图2-69所示。

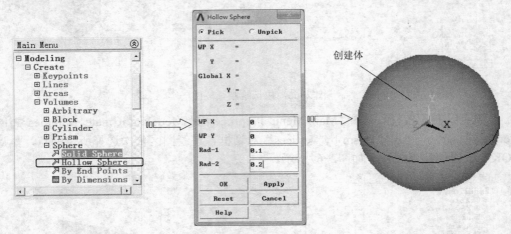

图2-69　绘制空心球体

（3）通过端点定义截面绘制球体　选择"Main Menu>Preprocessor>Modeling> Create> Volumes>Sphere>By End Points"命令，弹出"Sphere by End Points"对话框，在"WP XE1""WP YE1""WP XE2""WP YE2"文本框中输入两点坐标定义球直径，然后单击"OK"按钮创建球体，如图2-70所示。

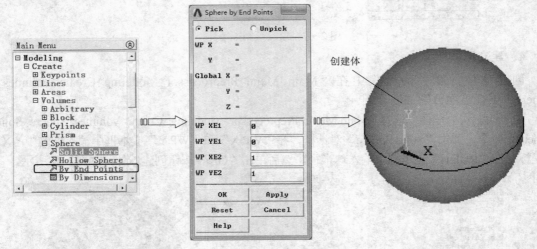

图2-70　通过端点定义截面绘制球体

（4）在工作平面原点绘制球体　选择"Main Menu>Preprocessor>Modeling>Create>Volumes>Sphere>By Dimension"命令，弹出"Create Sphere by Dimensions"对话框，在"Outer radius"文本框中输入外径，在"Optional inner radius"文本框中输入内径，在"THETA1"和"THETA2"文本框中输入起止角度，然后单击"OK"按钮创建球体，如图2-71所示。

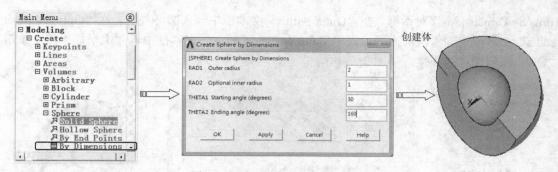

图 2-71　在工作平面原点绘制球体

5．建立圆锥或圆台

创建圆锥或圆台的相关命令集中在"Main Menu>Preprocessor>Modeling>Create>Volumes>Cone"下，下面分别加以介绍。

（1）选择关键点创建圆锥或圆台　选择"Main Menu>Preprocessor>Modeling>Create>Volumes>Cone>By Picking"命令，弹出"Cone by Picking"对话框，依次选择4个关键点，然后单击"OK"按钮创建圆台，如图2-72所示。

图 2-72　关键点创建圆锥或圆台

（2）选择坐标创建圆锥或圆台　选择"Main Menu>Preprocessor>Modeling>Create>Volumes>Cone>By Dimension"命令，弹出"Create Cone by Dimensions"对话框，在"Bottom radius"文本框中输入底面半径，在"Optional top radius"文本框中输入顶面半径，在"Z-coordinate"文本框中输入顶面和底面Z坐标，在"THETA1"和"THETA2"文本框中输入圆台截面的起止角度，然后单击"OK"按钮创建圆台，如图2-73所示。

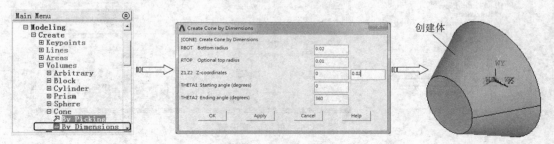

图 2-73　选择坐标创建圆台

6．建立圆环体

选择"Main Menu>Preprocessor>Modeling>Create>Volumes>Torus"命令，弹出"Create

Torus by Dimensions"对话框，在"Outer radius"文本框中输入圆环外径，在"Optional inner radius"文本框中输入圆环内径，在"Major radius of torus"文本框中输入主半径，然后单击"OK"按钮创建圆环体，如图 2-74 所示。

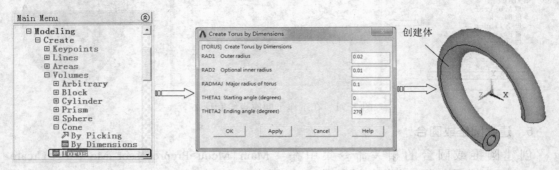

图 2-74　创建圆环体

2.2.3　布尔运算

布尔运算可对实体模型进行交、并、减等逻辑运算，从而可快速生成复杂实体模型。无论是自底向上还是自顶向下所创建的实体模型，在 ANSYS 软件中都可以进行布尔运算。因此，只有掌握好布尔运算的强大功能，用户才能利用 ANSYS 建模工具随心所欲地建立预期的模型。

2.2.3.1　布尔运算的设置

在介绍布尔运算操作之前，有必要先了解布尔运算的相关设置。选择"Main Menu>Preprocessor>Modeling>Operate>Booleans>Setting"命令，弹出"Boolean Operation Settings"对话框，如图 2-75 所示。

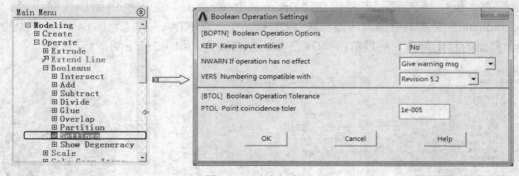

图 2-75　布尔运算设置

对话框中各选项含义如下。

❖ Keep input entities?：用于决定是删除还是保留输入图素。如果没有选中该复选框，则在布尔运算结束后，会将输入图元删除而只保留布尔运算所产生的结果图元，如图 2-76 所示。

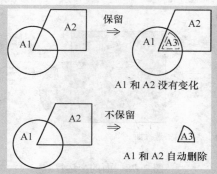

图 2-76 布尔运算的保留选项

◇ If operation has no effect：当操作失败时，是否显示警告信息或错误信息。

◇ Numbering compatible with：选择采用何种版本的 ANSYS 编号程序对布尔操作产生的图元进行编号，通常使用默认版本。

◇ Boolean Operation Tolerance：布尔运算时允许误差值。在布尔运算中距离小于该值的点都被认为是重合点。增大该值可使得布尔运算操作更少失败，但同样会增大布尔运算时间和保存量。

2.2.3.2 Intersect（交运算）

交运算就是由图素的共同部分形成一个新的图素，其运算结果只保留两个或多个图素的重叠部分。公共交运算对图素没有级别要求，即任何级别的图素都可作公共交运算，而不管其相交部分是什么级别的图素。例如线、面、体的两两交运算都可；再如体的交运算中，其相交部分可以是关键点、线、面或体等，如图 2-77 所示。

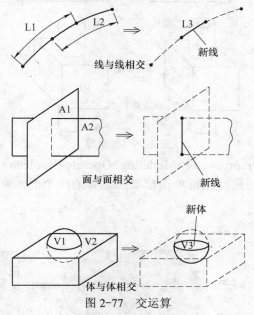

图 2-77 交运算

选择"Main Menu>Preprocessor>Modeling>Operate>Boolean>Intersect>Pairwise>Areas"命令，弹出"Intersect Areas（Pairwise）"对话框，用鼠标单击左键拾取交运算的两个面，然后单击"OK"按钮完成交运算，如图 2-78 所示。

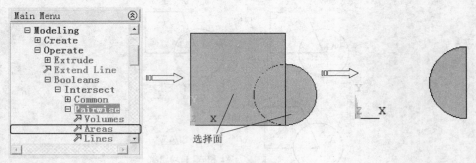

图 2-78　面的交运算

提示：两两相交运算只能在同一级别的图元中进行，即只能进行线与线之间、面与面之间以及体与体之间的交运算。

2.2.3.3　Add（加运算）

加运算是由多个几何图素生成一个几何图素的逻辑运算，而且生成的图素是一整体，即没有"接缝"（内部的低级图素被删除）。在 ANSYS 中，只能对三维实体或二维共面的面进行加运算，运算得到的实体是一个单个实体，如图 2-79 所示。

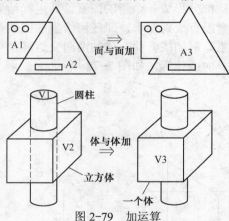

图 2-79　加运算

选择"Main Menu>Preprocessor>Modeling>Operate>Boolean>Add>Areas"命令，弹出"Add Areas"对话框，用鼠标左键单击拾取加运算的两个面，单击"OK"按钮完成加运算，如图 2-80 所示。

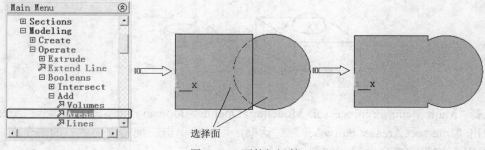

图 2-80　面的加运算

2.2.3.4 Subtract（减运算）

减运算是指从一个图元去除与另一个图元的重叠部分的运算，运算结果可能是一个与被减图形相同维数的图形，也可能是将被减图形分成两个或多个新的图形。减运算可实现线与线、面与面、体与体等之间的操作，如图 2-81 所示。

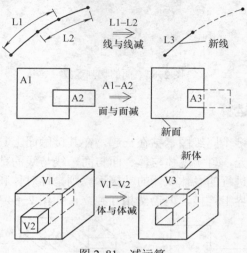

图 2-81　减运算

选择"Main Menu>Preprocessor>Modeling>Operate>Boolean>Subtract>Volumes"命令，弹出"Subtract Volumes"对话框，选择被减体，单击"Apply"按钮，弹出"Subtract Volumes"对话框，选择要减去的体，单击"OK"按钮完成减运算，如图 2-82 所示。

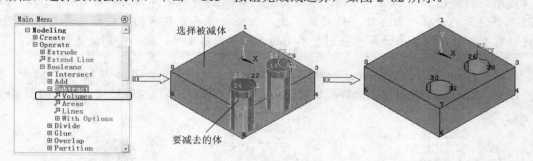

图 2-82　体的减运算

2.2.3.5 Divide（切割运算）

切割运算是用一个图形把另一个图形分成两份或多份，它和减运算类似，可实现体切割、面切割、线切割操作。

选择"Main Menu>Preprocessor>Modeling>Operate>Booleans>Divide>Area by Line"命令，弹出"Divide Area by Line"对话框，选择要切割的面，单击"OK"按钮，再次弹出"Divide Area by Line"对话框，选择分割面的线，单击"OK"按钮完成切割运算，如图 2-83 所示。

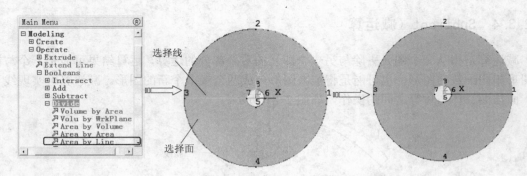

图 2-83 面的切割运算

2.2.3.6 Glue（粘接运算）

粘接运算是把两个或多个同级图素粘在一起，在其接触面上具有共享的边界，且工作边界的图元等级低于原始图元，可实现体与体、面与面、线与线的粘接。例如面与面的粘接运算是针对面和面的公共边进行的。体和体的粘接运算则是针对体和体的公共面进行的，这些面与面或体和体之间在边界上连接，但仍然相互独立，如图 2-84 所示。

图 2-84 面和体的粘接运算

提示：粘接运算与加运算不同，加运算是将输入图通过运算合为一个母体，而粘接运算后参与运算的母体个数不变，即母体不变，但公共边界是共享的。粘接运算在网格划分中是非常有用的，即各个母体可分别有不同的物理和网格属性，进而得到优良的网格。

选择"Main Menu>Preprocessor>Modeling>Operate>Booleans>Glue>Volumes"命令，弹出"Glue Volumes"对话框，选择要粘接的体，单击"OK"按钮完成粘接运算，如图 2-85 所示。

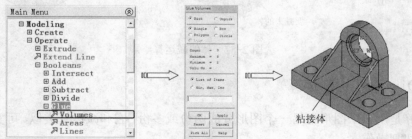

图 2-85 体的粘接运算

2.2.3.7 Overlap（搭接运算）

搭接运算是将两个或多个图元连接，以生成三个或者更多新图元。搭接运算在搭接域周围与加运算非常类似,但是搭接运算生成的是多个相对简单的区域,而加运算生成的是一个复杂的区域。因此,搭接运算生成的图元比加运算生成的图元更容易进行网格划分,如图 2-86 所示。

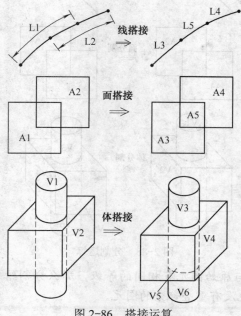

图 2-86　搭接运算

选择"Main Menu>Preprocessor>Modeling>Operate>Booleans>Overlap>Areas"命令,弹出"Overlap Areas"对话框,选择要搭接的面,单击"OK"按钮完成搭接运算,如图 2-87 所示。

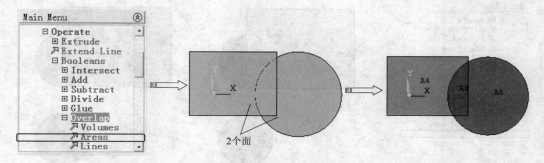

图 2-87　面的搭接运算

2.2.3.8　Partition（分割运算）

分割运算是将多个同级图素分为更多的图素,其相交边界是共享的,即相互之间通过共享的相交边界连接在一起。分割运算与加运算类似,但加运算是由几个图素生成一个图素,分割运算是由几个图素生成更多的图素,并且在搭接区域生成多个共享的边界。分割运算生成多个相对简单的区域,而加运算生成的是一个复杂的区域,因此分割运算生成的图素更易划分网格,如图 2-88 所示。

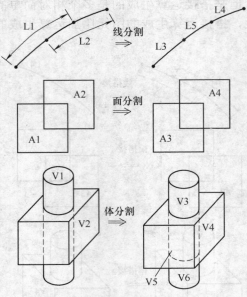

图 2-88 分割运算

注意：如果分割区域与原始图元有相同的等级，那么分割结果和搭接结果相同；但分割运算不会删除与其他图元没有重叠部分的图元。

选择"Main Menu>Preprocessor>Modeling>Operate>Booleans>Partition>Areas"命令，弹出"Partition Areas"对话框，选择要分割的面，单击"OK"按钮完成分割运算，如图 2-89 所示。

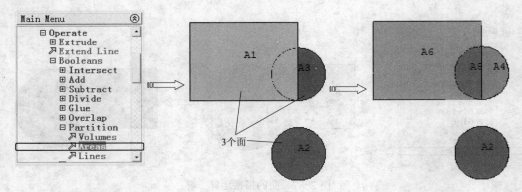

图 2-89 面的分割运算

2.3 从外部 CAD 导入实体模型

ANSYS 软件除了能够利用自带的功能建立模型，还提供了强大的与其他 CAD 系统的接口，这样用户就可以用自己熟悉的 CAD 系统建立模型，然后通过通用图形格式或 ANSYS 的 CAD 接口方便地将实体模型导入到 ANSYS 中。一旦模型成功导入后，就可以像在 ANSYS 中创建的模型那样对模型进行修改和划分网格。

2.3.1 通用图形交换格式

ANSYS 软件可以接受导入的通用图形格式有 IGES（扩展命为".igs"的文件）、SAT（扩展名".sat"的文件）、Parasolid（扩展名为".x_t"的文件）等。下面分别加以介绍。

1．IGES 格式

IGES 格式是最常用的图形交换格式，而 ANSYS 软件接口可实现 IGES 格式模型导入。

操作步骤

1）双击"桌面"上的"Mechanical APDL Product Launcher"图标，弹出"ANSYS 配置"窗口，在"Simulation Environment"选择"ANSYS"，在"license"选择"ANSYS Multiphysics"，然后指定合适的工作目录，单击"Run"按钮，进入 ANSYS 用户界面。

2）选择"Utility Menu>File>Import>IGES…"命令，弹出"Import IGES File"对话框。对话框有 3 个选项，即"Merge coincident keypts?"（合并重合关键点）、"Create solid if applicable"（创建实体）、"Delete small area?"（删除小面），选中所有选项为"Yes"，单击"OK"按钮，如图 2-90 所示。

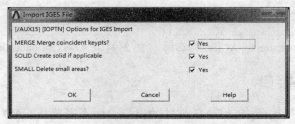

图 2-90 "Import IGES File"对话框

3）系统弹出"Import IGES File"对话框，单击"Browse"按钮，弹出"File to import"对话框，选择需要所需的 IGES 文件，单击"打开"按钮，如图 2-91 所示。

4）单击"OK"按钮，系统自动导入模型，如图 2-92 所示。

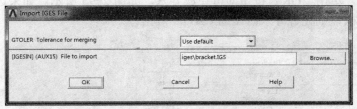
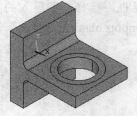

图 2-91 "Import IGES File"对话框　　　图 2-92 输入 IGES 后模型

提示：如果合并时间过长或占用过多内存时，可尝试调整模型公差，在"Import IGES File"对话框中的"Tolerance for merging"下拉列表中选择"Use default"（默认）、"From IGES file"（根据输入 IGES 文件）、"0.0001"或"0.0005"等。

2．SAT 格式

ACIS 是用 C++构造的图形系统开发平台，SAT 格式是基于 ACIS 核心开发的通用图形文档，多种 CAD 系统均可生成 SAT 格式文件。

选择"Utility Menu>File>Import>ACIS…"命令，弹出"ANSYS Connection for ACIS"对话框，选择需要导入的文件，单击"OK"按钮即可完成导入，如图 2-93 所示。

3．Parasolid 格式

Parasolid 格式是以".x_t"和".xmt_txt"为扩展名的文件格式，是一个严格边界表示的实体建模模块，它支持实体建模、通过的单元建模和集成的自由形状曲面/片体。

选择"Utility Menu>File>import>PARA…"命令，弹出"ANSYS Connection for Parasolid"对话框，选择需要导入的文件，单击"OK"按钮即可完成导入，如图 2-94 所示。

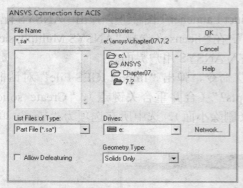 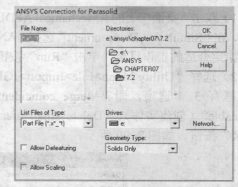

图 2-93 "ANSYS Connection for ACIS"对话框   图 2-94 "ANSYS Connection for Parasolid"对话框

2.3.2 CAD 程序接口

ANSYS 软件可直接接受来自 CAD 软件的模型，而不需要从 CAD 软件中转换为 IGES、SAT 或 Parasolid 等格式。

1．CATIA

CATIA 命令用于面向 CATIA 4.x 或更低版本的 CATIA 文件。

选择"Utility Menu>File>Import>CATIA…"命令，弹出"ANSYS Connection for CATIA"对话框，选择需要导入的文件，单击"OK"按钮即可完成导入，如图 2-95 所示。如果选中"Import blanked bodies"复选框，则允许导入时压缩 CATIA 数据。

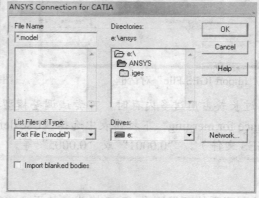

图 2-95 "ANSYS Connection for CATIA"对话框

2. CATIA V5

CATIA V5 支持 CATIA V5 R2~R21 创建的对象，支持扩展名为".CATPart"和".CATProduct"的文件。

选择"Utility Menu>File>Import>CATIA V5"命令，弹出"ANSYS CATIA V5 Import"对话框，单击"Browse"按钮选择需要导入的文件，单击"OK"按钮即可完成导入，如图 2-96 所示。

图 2-96 导入 CATIA V5

"ANSYS CATIA V5 Import"对话框相关选项含义如下。

◆ Allow model defeaturing（允许模型缺陷）：若选择该复选框，则模型被导入时允许特征修改，导入后以实体数据保存；否则限制特征修改，并以中立数据形式保存。

◆ Geometry type（几何类型）：选择"Solid""Surfaces""Wireframe"时表示分别只导入体、面、线框模型，选择"All"表示导入所有全部图元。

3. Creo Parametric

Creo Parametric 用于导入 Pro/E 或 Creo 格式文件。需要注意的是，当 Creo 的文件最终扩展名为数字时，该接口总是自动选择数最大的文件导入，且导入 ANSYS 的几何体总是使用默认坐标系。

选择"Utility Menu>File>Import>Creo Parametric…"命令，弹出"ANSYS Connection for Creo Parametric"对话框，选择需要导入的文件，单击"OK"按钮即可完成导入，如图 2-97 所示。

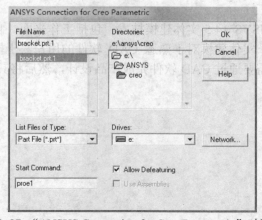

图 2-97 "ANSYS Connection for Creo Parametric"对话框

◆ Allow defeaturing（允许模型缺陷）复选框：若选择该选项，则模型被导入时允许特征修改，导入后以实体数据保存；否则限制特征修改，并以中立数据形式保存。

◇ Use Assemblies（使用装配）复选框：当导入文件用于装配时选择该选项。

4. NX

NX 用于导入 UG NX 格式文件。

选择"Utility Menu>File>Import>NX"命令，弹出"ANSYS Connection for NX"对话框，单击选择需要导入的文件，单击"OK"按钮即可完成导入，如图 2-98 所示。

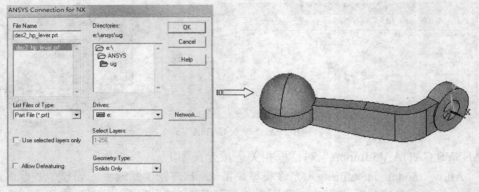

图 2-98　导入 NX 文件

"ANSYS Connection for NX"对话框相关选项含义如下。

◇ Allow defeaturing（允许模型缺陷）复选框：若选择该复选框，则模型被导入时允许特征修改，导入后以实体数据保存；否则限制特征修改，并以中立数据形式保存。

◇ Use selected layers only（仅使用选中的图层）复选框：可选择要导入的图层号，单层（如 10）或范围（如 10～15）均可，默认为导入所有层。

◇ Geometry type（几何类型）：选择"Solid""Surfaces""Wireframe"时表示分别只导入体、面、线框模型，选择"All"表示导入所有全部图元。

2.4　本章小结

本章系统介绍了 ANSYS 14.5 实体建模技术，包括工作平面、自底向上、自顶向下等建模方法以及布尔运算等。实体建模对于熟悉 CAD 软件的用户易于操作和处理，对于工程中遇到更为复杂的模型，需要通过 CAD 软件完成产品设计，然后将其导入到 ANSYS 中。

第 3 章 网格划分技术

有限元分析的基础是单元，几何模型本身不能参与有限元计算，因此将实体模型划分为等效节点和单元是有限元分析必不可少的步骤。网格划分是有限元分析的重要环节，网格划分的好坏将直接影响计算时间和精度等。ANSYS 软件提供了方便的网格划分工具，以使程序自动对实体模型进行分网。

本章将介绍 ANSYS 网格划分技术，重点介绍 ANSYS 功能强大的自动划分网格工具（Mesh Tool）的参数含义和操作方法。

3.1 设定单元属性

在生成节点和单元网格之前，对不同的问题需要设置合适的单元属性，包括单元类型（TYPE）、实常数（REAL）、材料属性（MAT）等。本节将介绍单元属性设定相关知识。

3.1.1 定义单元类型

ANSYS 提供了约 200 多种单元供用户选择，按照其使用场合可分为结构单元、热单元、耦合场单元、流体单元、网格划分辅助单元等，每种单元都有自己唯一的编号，如 LINK180 即为 180 号单元。单元类型选择不当，直接影响到计算能否进行和结果的精度。

单元类型的选择步骤和方法如下：

操作步骤

1）双击桌面上的 "Mechanical APDL Product Launcher" 图标，弹出 "ANSYS 配置" 窗口，在 "Simulation Environment" 选择 "ANSYS"，在 "license" 选择 "ANSYS Multiphysics"，然后指定合适的工作目录，单击 "Run" 按钮，进入 ANSYS 用户界面。

2）选择 "Main Menu>Preprocessor>Element Type>Add/Edit/Delete" 命令（图 3-1），弹出 "Element Types" 对话框，此时对话框显示 "NONE DEFINED"，表示没有任何单元被定义，如图 3-2 所示。

3）单击 "Add..." 按钮，弹出 "Library of Element Types" 对话框，如图 3-3 所示，左侧列表框显示的是单元的分类，右侧列表框为单元的特性和编号，如在左侧选择 "Solid"，在右侧列表框中选择 "Quad 4 node 182"，在 "Element type reference number" 文本框中输入单元参考号，默认为 "1"，单击 "OK" 按钮完成。

图 3-1　菜单命令

图 3-2　"Element Types"对话框

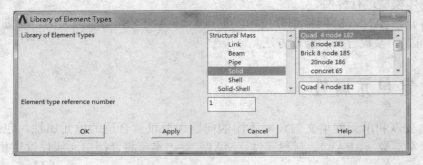

图 3-3　"Library of Element Types"对话框

4）系统返回"Element Types"对话框，在"Defined Element Types"列表框中显示新添加的单元，如图 3-4 所示。

5）对不同的单元有不同的选择设置，此时在"Element Types"对话框中的"Defined Element Types"列表框选中所设置单元，单击"Option..."按钮，弹出"PLANE182 element type options"对话框，如图 3-5 所示，该单元有 K1、K3、K6 三个选项，本例中在"Element behavior K3"选项中选择"Plane strs w/thk"。

图 3-4　"Element Types"对话框

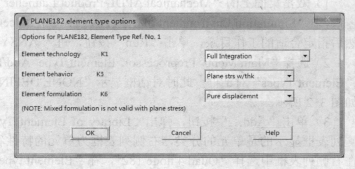

图 3-5　"PLANE182 element type options"对话框

6）单击"OK"按钮返回"Element Types"对话框，单击"Close"按钮关闭对话框，完成单元类型设置。

3.1.2 定义实常数

实常数用于描述某种类型单元的几何特征。在单元矩阵计算中必须输入，但又不能在节点位置或材料属性中输入的数据以实常数的方式输入，典型的实常数包括面积、厚度、内径和外径等。

实常数依赖于单元类型，有些单元需要实常数，有些单元则不需要实常数，是否需要实常数取决于其基本选项。就 PLANE182 单元而言，通常情况下不需要设置实常数，但当 KEYOPT（3）=3 时，需要厚度值，这就是实常数。

定义实常数的方法和操作步骤如下：

操作步骤

1）双击桌面上的"Mechanical APDL Product Launcher"图标，弹出"ANSYS 配置"窗口，在"Simulation Environment"选择"ANSYS"，在"license"选择"ANSYS Multiphysics"，然后指定好合适的工作目录，单击"Run"按钮，进入 ANSYS 用户界面。

2）选择"Main Menu>Preprocessor>Real Constants>Add/Edit/Delete"命令（图 3-6），弹出"Real Constants"对话框，显示"NONE DEFINED"，表示没有任何实常数被定义，如图 3-7 所示。

图 3-6 菜单命令

3）单击"Add..."按钮，弹出"Element Type for Real Constants"对话框，显示出已经定义的单元类型，如图 3-8 所示。

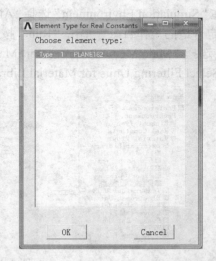

图 3-7 "Real Constants"对话框   图 3-8 "Element Type for Real Constants"对话框

4）选中"Type 1 PLANE182"，单击"OK"按钮，弹出"Real Constant Set Number 1, for PLANE182"对话框，在"THK"文本框中输入 0.033，如图 3-9 所示。

5）单击"OK"按钮，得到定义的实常数，如图 3-10 所示。此时，单击"Edit..."按钮可对所定义的实常数进行编辑，单击"Delete"按钮可将其删除。

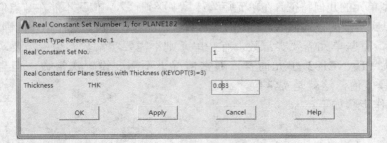

图 3-9 "Real Constant Set Number 1 for PLANE182" 对话框　　图 3-10 "Real Constants" 对话框

3.1.3 定义材料属性

定义材料属性就是输入进行有限元分析的材料本构关系。下面通过实例来讲解材料属性定义方法和过程。

操作步骤

1）双击桌面上的 "Mechanical APDL Product Launcher" 图标，弹出 "ANSYS 配置" 窗口，在 "Simulation Environment" 选择 "ANSYS"，在 "license" 选择 "ANSYS Multiphysics"，然后指定合适的工作目录，单击 "Run" 按钮，进入 ANSYS 用户界面。

2）选择 "Main Menu>Preprocessor>Material Props>Material Library>Select Units" 命令，弹出 "Select Filtering Units for Material Library" 对话框，设置单位，如图 3-11 所示。

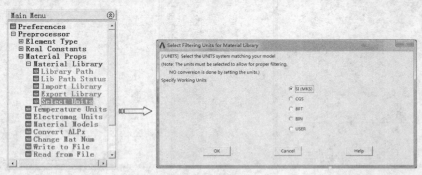

图 3-11 设置单位

提示：SI 国际单位制是系统默认单位制，CGS 是使用厘米、克、秒的单位制，BFT 是英尺为长度的单位制，BIN 是英寸为长度的单位制，USER 为用户自定义单位制。

3）选择 "Main Menu>Preprocessor>Materials Props>Material Models" 命令，弹出 "Define Material Model Behavior" 对话框，如图 3-12 所示。

第3章 网格划分技术

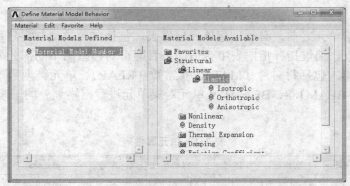

图3-12 "Define Material Model Behavior"对话框

4) 在右侧列表中选择"Structural>Linear>Elastic>Isotropic",弹出"Linear Isotropic Properties for Material Number 1"对话框,在"EX"文本框中输入 2e11,在"PRXY"文本框中输入 0.3,如图 3-13 所示。单击"OK"按钮返回。

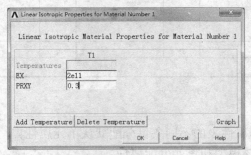

图3-13 "Linear Isotropic Properties for Material Number 1"对话框

5) 在右侧列表中选择"Structural>Density",弹出"Density for Material Number 1"对话框,在"DENS"文本框中输入 7850,如图 3-14 所示。单击"OK"按钮返回。

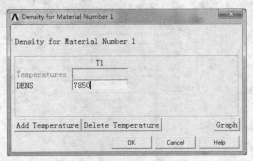

图3-14 "Density for Material Number 1"对话框

6) 在"Define Material Model Behavior"对话框中选择"Material>Exit"命令,退出材料属性窗口,完成材料模型属性的定义。

3.1.4 分配单元属性

定义单元类型后,还要将单元执行模型的某些部分,称为分配单元属性。ANSYS 软件提供了两种方式为模型分配属性:默认方式为有限元模型分配属性;直接方式为实体模型分配属性。

在分配属性给单元之前，必须创建单元属性表，包括单元类型、实常数、材料属性。一旦建立单元属性表，通过指针指向表中合适的条目即可对模型的不同部分分配单元属性。指针就是参考号码集，包括材料号（MAT）、实常数（REAL）、单元类型号（TYPE）、坐标系号（ESYS）及用BEAM188、BEAM189单元对梁单元进行网格划分的子段号（SECNUM），见表3-1。

表3-1 单元属性表

序号	单元类型	序号	实常数	序号	材料属性	序号	单元坐标系	序号	段标志
1	BEAM3	1	A1、L1、H1	1	EX1、ALPX1 等	0	全局直角坐标系	1	SECID1
		2	A2、L2、H2	2	EX2、ALPX2 等	1	全局坐标系	2	SECID2
		3	A3、L3、H3	3		2		3	SECID3
						11	全局球坐标		
						12			
						.			
						.			
						.			
m		n		p		q		s	
				参考号					

3.1.4.1 默认方式

默认方式可通过指向属性表的不同条目分配默认单元属性集，这样在开始划分网格时，ANSYS软件从表中给实体模型和单元分配属性。

选择"Main Menu>Preprocessor>Meshing>Mesh Attributes>Default Attribs"命令，弹出"Meshing Attributes"对话框，选择不同的属性值可设置默认单元属性，如图3-15所示。

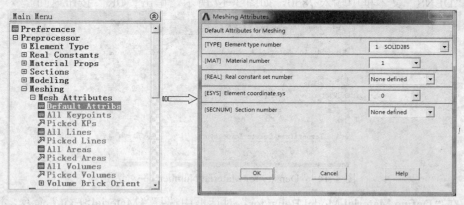

图3-15 设置默认单元属性

3.1.4.2 直接方式

直接方式为模型的每个区域预置单元属性，从而可避免在网格划分过程中重置单元属性。此时可选择表3-2中的命令分别对实体模型的每个区域预置单元属性。

第 3 章 网格划分技术

表 3-2 实体模型分配属性命令

项 目	GUI 命令
关键点	Main Menu>Preprocessor>Meshing>Mesh Attributes>All Keypoints Main Menu>Preprocessor>Meshing>Mesh Attributes>Picked KPs
线	Main Menu>Preprocessor>Meshing>Mesh Attributes>All Lines Main Menu>Preprocessor>Meshing>Mesh Attributes>Picked Lines
面	Main Menu>Preprocessor>Meshing>Mesh Attributes>All Areas Main Menu>Preprocessor>Meshing>Mesh Attributes>Picked Areas
体	Main Menu>Preprocessor>Meshing>Mesh Attributes>All Volumes Main Menu>Preprocessor>Meshing>Mesh Attributes>Picked Volumes

注意：直接分配给实际模型图元的属性将取代默认的属性，而且当清除实体模型图元的节点和单元时，任何通过默认属性分配的属性也将被删除。

3.2 网格划分控制

定义了单元属性，理论上就可以按 ANSYS 软件的默认网格控制进行网格划分。但有时按默认的网格控制来划分会得到较差的网格，往往会导致计算精度的降低，甚至不能完成计算。幸运的是，ANSYS 软件提供了强大的网格划分工具，能够帮助控制单元形状、网格密度、中节点位置、局部网格等，以使网格最适合用户的需要。

选择 "Main Menu>Preprocessor>Meshing>Mesh Tool" 命令，弹出 "Mesh Tool" 对话框，利用该对话框可进行网格划分控制，如图 3-16 所示。

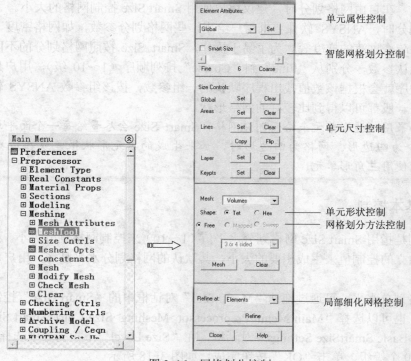

图 3-16 网格划分控制

3.2.1 单元属性控制

在"Element Attributes"下拉列表中可以选择"Global""Volumes""Areas""Lines""KeyPoints"选项进行单元属性设置。如选择"Volumes"选项，单击"Set"按钮，在弹出选取对话框后，从图形窗口中选择要分配单元属性的图元，然后单击选取对话框上的"OK"按钮，弹出"Meshing Attributes"对话框，利用该对话框可设置对应的单元类型、材料属性、实常数、坐标系及单元截面（只有定义了BEAM单元或SHELL单元，才会有单元截面项），如图3-17所示。

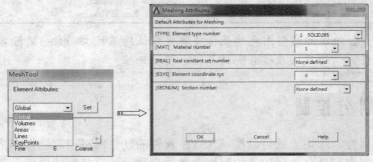

图 3-17 设置单元属性

3.2.2 智能网格划分控制

智能网格划分控制（Smart Size）是ANSYS软件提供的强大的智能网格自动划分工具，它有自己的内部计算机制，使用Smart Size在很多情况下更有利于在网格生成过程中生成形状合理的单元。在自由网格划分时，建议用户使用Smart Size控制网格的大小。

在网格划分时，ANSYS软件要求用户给出一些网格划分参数，如网格密度、单元最小的角度、单元疏密过渡的梯度等。为了易于操作，Smart Size按照网格划分的不同精度要求设定了几组默认参数，分别从"Fine"到"Coarse"排列顺序（1～10级），用户只需选择一个精度值，程序就会根据该数值找出程序默认的一组参数，按该组参数ANSYS软件自动进行网格划分，一般都可以得到比较好的网格形状。

注意：如果用四边形单元来给面划分网格，Smart Size会尽量给每一个面平均分配线数以使全部划分为四边形。网格为四边形时，如果生成的单元形状很差或在边界出现奇异域，应该考虑使用三角形单元。

3.2.2.1 基本控制

基本控制是指用Smart Size网格划分水平值（1～10）来控制网格划分大小。程序会自动地设置一套独立的控制值来生成想要的大小，其默认的网格划分水平是6，用户可通过需要进行调整。

设置网格划分水平，可通过拖动"Mesh Tool"对话框中的"Smart Size"控制窗口中的滑块来调整。也可以选择"Main Menu>Preprocessor>Meshing>Size Cntrl>Smart Size>Basic"命令，弹出"Basic SmartSize Settings"对话框，在"Size Level"下拉列表中选择1（细）～10（粗）等10个等级，单击"OK"按钮完成，如图3-18所示。

第 3 章 网格划分技术

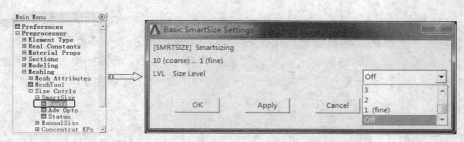

图 3-18 基本控制

图 3-19 所示为不同的 Smart Size 水平时的网格划分结果。

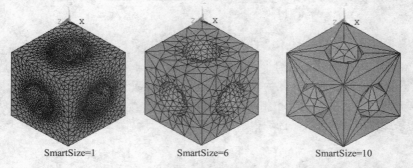

图 3-19 不同水平值网格划分效果

3.2.2.2 高级控制

Smart Size 高级控制提供用户人工控制网格质量，如用户可以改变小孔和小角度处的粗化选项。

选择"Main Menu>Preprocessor>Meshing>Size Cntrls>SmartSize>Adv Opts"命令，弹出"Advanced SmartSize Settings"对话框，如图 3-20 所示。

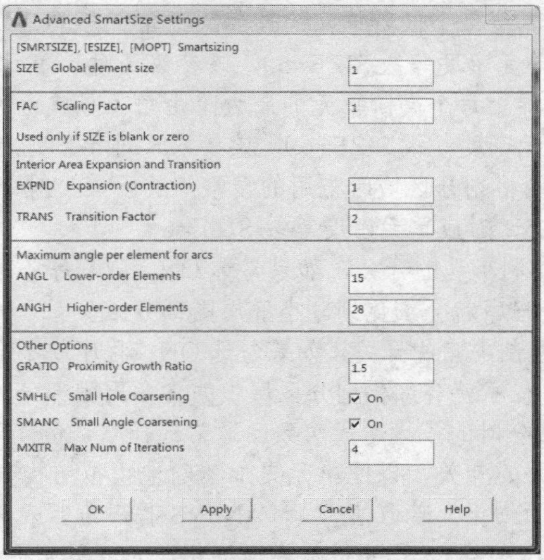

图 3-20 "Advanced SmartSize Settings" 对话框

"Advanced SmartSize Settings"对话框相关选项含义如下。

◇ Size：用于控制网格划分时候单元的大小或者疏密，分1～10级。
◇ FAC：在计算默认的网格大小时使用的比例因子，该值设置直接影响到单元大小，如图3-21所示。对于h-单元来说，该因子取值范围为0.2～5，默认为1，对应的单元密度等级SIZE为6。

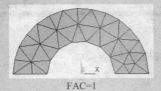 

图3-21 FAC参数效果

◇ EXPAND：网格划分膨胀因子，也称为收缩因子，取值范围为0.5～4，默认时程序自动设置为1。在网格划分时，区域内部的单元可与边界上的单元大小不同。如果膨胀因子为1，则区域内部的单元与边界上的单元大小相同；如果膨胀因子小于1，区域内部的单元就会小于边界上的单元；如果膨胀因子大于1，区域内部的单元就会大于边界上的单元，如图3-22所示。

图3-22 EXPAND参数效果

◇ TRANS：网格过渡因子，决定从区域边界到区域内部单元密度变化的梯度。对于h-单元来说，默认为2.0，对应的单元密度等级SIZE为6。它允许区域内部的单元比相邻的边界上的单元大上一倍。最佳范围为1～4。
◇ ANGL：曲线边界上每个低阶单元的最大跨距角（与单元的边对应的边界圆弧的圆心角），默认为22.5°（单元密度等级SIZE=6），该参数只对h-单元有效。
◇ ANGH：曲线边界上每个高阶单元的最大跨距角（与单元的边对应的边界圆弧的圆心角），默认为30°（单元密度等级SIZE=6），该参数只对h-单元有效。
◇ GRATIO：搜索网格划分区域时常用的搜索步长因子。对h-单元来说，该因子取值范围为1.2～5，默认为1.5，对应单元密度等级SIZE=6。
◇ SMHLC：粗略绘制小孔的开关，如果勾选ON，则程序不会细化划分区域中的小孔周围范围；如果不勾选，程序就会细化划分小孔周围部分。
◇ SMANC：粗略绘制尖角的开关，如果勾选ON，程序就不会细化划分区域中的尖角周围部分；如果不勾选，程序就会细化划分区域中的尖角周围部分。
◇ MXITR：网格划分时的最大迭代次数，通常选择默认值4即可。
◇ SPRX：细化表面的开关，以便单元更加精确地模拟结构表面形状。如取值为0，ANSYS程序就不进行表面细化；若取值为1，ANSYS程序进行表面细化，壳体单元也要进行一些修正；若取值为2，ANSYS程序进行表面细化，壳体单元不进行修正。

3.2.2.3 状态显示

选择"Main Menu>Preprocessor>Meshing>Size Cntrls>SmartSize>Status"命令，弹出"SMARTSIZE Command"对话框，以文本窗口的形式给出智能网格划分参数具体数值，如图3-23所示。

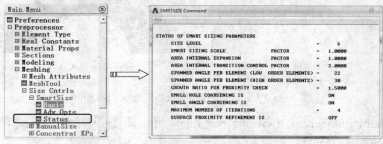

图 3-23 智能网格划分状态

3.2.3 单元尺寸控制

网格划分密度过于粗糙，结果可能包含严重的错误；过于细致，将花费过多的计算时间，浪费计算机资源，而且可能导致不能运行。因此，有必要进行网格尺寸控制。

"MeshTool"对话框中的"Size Controls"选项组提供了Global、Areas、Lines、Layer和Keypts等选项用于对不同图元设置单元尺寸，下面分别加以介绍。

提示：由于结构形状的多样性，在许多情况下，由默认单元尺寸或智能尺寸产生的网格并不合适，因此进行网格划分时必须做更多的处理，此时可使用"Size Controls"选项。

3.2.3.1 默认单元尺寸控制

如果用户不进行任何单元尺寸设置，ANSYS 软件采用默认的单元尺寸，它根据单元阶次指定底线的最大和最小份数及表面高宽比等。

选择"Main Menu>Preprocessor>Meshing>Size Cntrls>Manual Size>Global>Other"命令，弹出"Other Global Sizing Options"对话框，如图3-24所示。

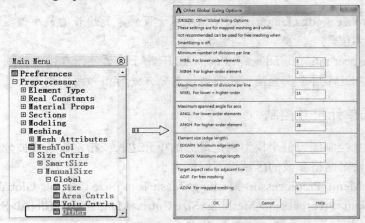

图 3-24 默认单元尺寸控制

"Other Global Sizing Options"对话框相关选项含义如下。

✧ Minimum number of divisions per line：用于设置每条线上最小分段数，默认每条线低阶单元最小数量（MINL）为3，高阶单元（MINH）为2。对圆环划分的网格效果如图3-25所示。

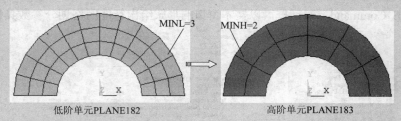

图3-25 Minimum number of divisions per line

✧ Maximum number of divisions per line：用于设置每条线上最大分段数，系统默认MXEL为15，如图3-26所示。

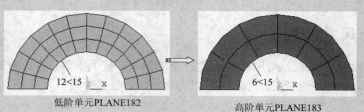

图3-26 Maximum number of divisions per line

✧ Maximum spanned angle for arcs：用于每圆弧边的最大跨越角，系统默认低阶单元（ANGL）为15°，高阶单元（ANGH）为28°，图3-27所示为对圆环所划分的网格效果。

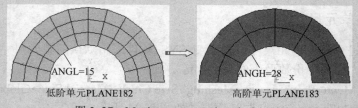

图3-27 Maximum spanned angle for arcs

✧ Element size（edge length）：EDGMN用于设置单元边长的最小值，EDGMX用于设置单元边长的最大值。

✧ Target aspect ratio for adjacent line：ADJF用于设置使用自由网格划分方法时相邻两条边的长度比；ADJM用于设置使用映射网格划分方法时相邻两条边的长度比。

3.2.3.2 全局单元尺寸控制

全局单元尺寸控制能为整个模型指定最大的单元边长或指定每条线被分成的份数，或者为那些没有专门设定网格参数的区域设置网格大小。

单击"Main Menu>Preprocessor>Meshing>Mesh Tool>Size Controls-Global>Set"按钮，也可选择"Main Menu>Preprocessor>Meshing>Size Cntrls>ManualSize>Global>Size"命令，弹出"Global Element Sizes"对话框，如图3-28所示。

第 3 章　网格划分技术

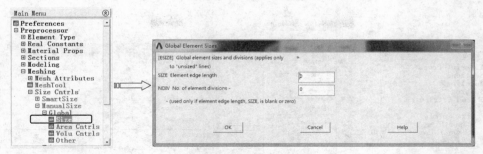

图 3-28　设置全局单元尺寸

"Global Element Sizes"对话框相关选项含义如下。

◆ SIZE Element edge length（单元边长）：用于设置单元的最大边长。

◆ NDIV No. of element divisions（单元分段数）：用于设置每条线被分成的份数。

提示：SIZE Element edge length（单元边长）、NDIV No. of element divisions（单元分段数）这两个参数只需指定一个即可。

3.2.3.3　面尺寸控制

面尺寸控制用于定义智能网格划分时面单元边长尺寸。

单击"Main Menu>Preprocessor>Meshing>Size Controls-Areas>Set"按钮，也可选择"Main Menu>Preprocessor>Meshing>Size Cntrls>ManualSize>Areas>Picked Areas"命令，弹出"Elem Size at Picked Areas"对话框，用鼠标选择要设定单元边长的面，单击"OK"按钮，弹出"Element Size at Picked Areas"对话框，输入单元长度，单击"OK"按钮完成，如图 3-29 所示。

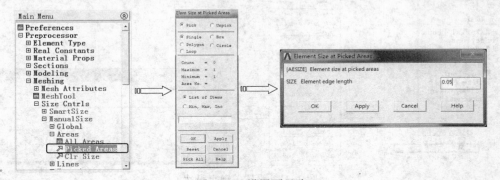

图 3-29　设置面尺寸

3.2.3.4　线尺寸控制

线尺寸控制用于定义智能网格划分时线单元边长尺寸。

单击"Main Menu>Preprocessor>Meshing>Mesh Tool>Size Controls-Lines>Set"按钮，也可选择"Main Menu>Preprocessor>Meshing>Size Cntrls>ManualSize>Lines>Picked Lines"命令，弹出"Elem Size at Picked Lines"对话框，用鼠标选择要设定单元边长的线，单击"OK"按钮，弹出"Element Size at Picked Lines"对话框，输入单元长度或分段数，单击"OK"按钮完成，如图 3-30 所示。

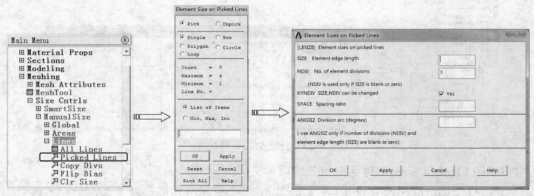

图 3-30 设置线尺寸

3.2.3.5 点尺寸控制

点尺寸控制用于定义智能网格划分时关键点处单元边长尺寸。

单击"Main Menu>Preprocessor>Meshing>Mesh Tool>Size Controls-Keypts>Set"按钮，也可选择"Main Menu>Preprocessor>Meshing>Size Cntrls>ManualSize>Keypoints>Picked KPs"命令，弹出"Elem Size at Picked KP"对话框，用鼠标选择要设定单元边长的关键点，单击"OK"按钮，弹出"Element Size at Picked Keypoints"对话框，输入单元长度，单击"OK"按钮完成，如图 3-31 所示。

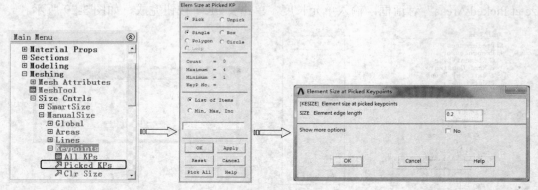

图 3-31 设置关键点尺寸

提示：要清除全局、面、线等设置好的单元尺寸控制，只需单击"Global""Areas""Lines"等右侧的"Clear"按钮即可。

3.2.4 单元形状控制

ANSYS 程序允许在同一个划分区域出现多种单元形状。例如：同一区域的面单元可以是三角形也可以是四边形，体单元可以是六面体也可以是四面体形状，如图 3-32 所示。因此，在进行网格划分之前应该选择单元的合理形状，同时也要决定是使用 ANSYS 对单元形状的默认设置，还是用户自己指定单元形状。

第3章 网格划分技术

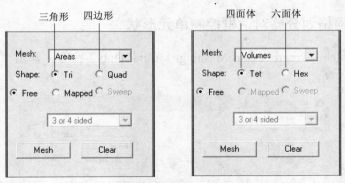

图 3-32 面单元和体单元类型

提示：建议尽量不要在同一个模型中混用六面体或四面体单元。

当用四边形单元进行网格划分时，结果中还可能包含有三角形单元，这就是单元划分过程中产生的单元退化现象。例如：PLANE183 单元是二维结构单元，具有 8 个节点（I、J、K、L、M、N、O、P），默认情况下 PLANE183 单元是四边形外形，但节点 K、L、O 定义为同一个节点时，原来的四边形单元即退化为三角形单元，如图 3-33 所示。

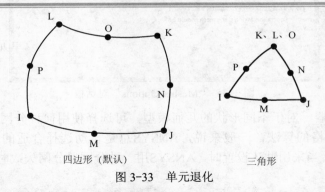

图 3-33 单元退化

3.2.4.1 使用网格划分工具指定单元形状

用网格划分工具指定单元形状步骤如下：选择 "Main Menu>Preprocessor>Meshing>Mesh Tool" 命令，弹出 "Mesh Tool" 对话框，在 "Mesh" 下拉列表中选择需要划分的对象，当选择面划分时，在 "Shape" 选项组中选择 "Quad（四边形）" 或 "Tri（三角形）" 选项；当选择体网格划分时，可选择 "Tet（四面体）" 或 "Hex（六面体）" 选项，单击 "Mesh" 按钮完成网格划分，如图 3-34 所示。

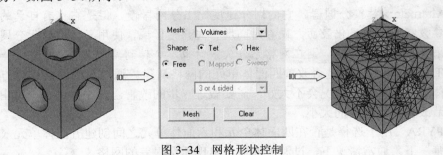

图 3-34 网格形状控制

3.2.4.2 使用网格划分器对话框控制单元形状

选择"Main Menu>Preprocessor>Meshing>Mesher Opts"命令,弹出"Mesher Options"对话框,如图3-35所示。

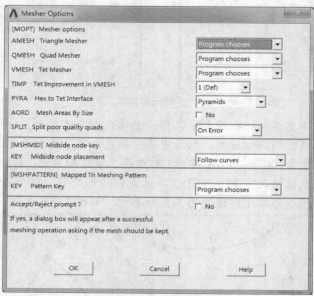

图3-35 "Mesher Options"对话框

(1)选择分网器 对于不同形状的几何模型,可选择使用何种分网器。所谓分网器是ANSYS内部划分网格的算法,一般来说,ANSYS总是自动选择合适的分网器对模型分网(Program choose)。当采用默认设置时,ANSYS用一种分网器分网失败时,会自动转到另一种分网器。

◆ Program chooses: 由ANSYS程序自己选定使用哪种网格划分器。当程序使用默认的IGES方式输入模型,或者在划分区域存在退化的几何形状时,程序使用备用的网格划分器(三维的三角形网格划分器),否则程序选择主网格划分器。无论ANSYS程序使用哪一种网格划分器,在用一种分网器分网失败时,会自动转到使用另一种分网器再进行一次网格划分。

◆ Main: 对三角形单元而言,指Riemann空间分网器;对四边形单元而言,指Q-Morph分网器;对四面体而言,指Delauay分网器。主分网器适用于大多数面或体。

◆ Alternate: 替换分网器。它的划分速度比主分网器慢,但是它也有自己的优点。例如,对在参数空间中的退化表面,或者对高度各向异性区域,使用三角形替代分网器有良好效果。如果选择替换分网器,则在网格划分失败时也不会转到其他分网器。

(2)TIMP 用于选择是否改善四面体单元的网格质量。通过自由网格划分方法直接得到的四面体单元质量一般情况会不大好,需要做进一步的改善。程序提供了一组由小到大的数字,调节改善单元程度的大小。

(3)PYRA 用于选择是否在四面体单元和六面体单元之间创建五面体单元(金字塔单元)来过渡一下。通常情况下,过渡能够避免出现质量很差的网格。

（4）SPLIT　对质量差的四边形单元的分裂。选择"Off"时，不分裂；选择"On Error"时，则当四边形单元形状超过形状参数误差限制值时，将四边形单元分裂；选择"On Warning"时，当四边形单元形状超过警告限制值时，就将四边形单元分裂。

（5）MSHMID　用于设置单元边长上的中节点位置，包括以下选项。

◆ Follow curves：中间节点沿着边界线或面的弯曲方向，这使得有限元模型能够更好地模拟实体模型。

◆ Force Straight：强制单元的中间节点使单元边成为直的，也就是说用直线段替代曲线边界。

◆ No midside nodes：没有中间节点。该选项将增加单元的刚性。

（6）MSHPATTERN　用于设置映射三角形网格划分的方式，包括3个选项："Program chooses"，程序自动选择，ANSYS分网时，尽量使得每个单元的最小角度最大；"Split in dir 1"，在节点I单向分割；"Split in dir 2"在节点J单向分割。

（7）Accept/Reject prompt？　用于设定在每一次网格划分成功之后是否产生一个对话框，该对话框询问是否接受得到的网格划分。默认情况下，不弹出对话框，即默认接受。如果选择不接受，可直接进行下一次网格划分，不必删除已经得到的网格。

3.2.5　网格划分方法控制

ANSYS 网格划分方法有自由网格划分（Free）和映射网格划分（Mapped）两种，如图3-36所示。下面分别加以介绍。

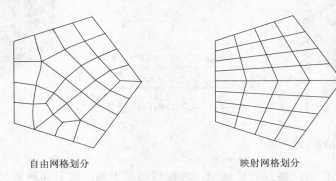

图 3-36　自由网格划分和映射网格划分

◆ 自由网格划分（Free meshing）：用于划分边界形状不规则的区域，它生成的网格相互之间呈不规则的排列，复杂形状的边界常选择自由划分网格，其缺点是分析精度不够高。

◆ 映射网格划分（Mapped meshing）：用于单元形状有限制，并要符合一定的网格模式。映射面网格只包含四边形或三角形单元，映射体网格只包含六面体单元。映射网格的特点是具有规则性，单元明显地成行排列。

3.2.5.1　自由网格划分

自由网格划分限制较少，对单元形状与模型的复杂程度无过多要求，也没有指定的分布模式。对于体单元，仅有四面体单元，单元数与自由度数较多，计算规模较大；对于面来说，自由网格划分可由三角形或四边形单元组成，也可由两者混合组成。当面边界上总单元划分数目为偶数时，面的自由网格划分将全部生成四边形网格；当单元划分数目为奇数时，将可能生成三角形网格。

自由网格划分主要使用 Smart Size 进行控制。要进行自由网格划分，选择"Main Menu>Preprocessor>Meshing>Mesh Tool"命令，弹出"Mesh Tool"对话框，选中"Smart Size"复选框，在"Mesh"下拉列表中选择需要划分的对象，选择"Free"单选项，单击"Mesh"按钮完成网格划分，如图 3-37、3-38 所示。

图 3-37　面的自由网格划分

图 3-38　体的自由网格划分

3.2.5.2　映射网格划分

映射网格划分比自由网格划分更规则，对模型要求更高。映射面网格只包含四边形或三角形单元，映射体网格只包含六面体，通常单元明显成行，仅适用于"规则的"面和体，如矩形和方块。

映射网格划分要求面和体有规则的形状，必须满足一定的准则；同时，Smart sizing 不支持映射网格划分。

（1）面映射网格　面映射网格有全部是四边形单元或全部是三角形单元。面接受映射网格划分，必须满足以下要求。

◇　面必须是三条边或四条边。如果模型有多于 4 条边的面，可通过 2 种方式将它们转换成规则的形状：把面切割成简单形状、连接两条或多条线以减少总的边数。

采用连接两条或多条线以减少总的边数方法如下：选择"Main Menu>Preprocessor>Meshing>Concatenate>Lines"命令，弹出"Concatenate Lines"对话框，在图形区选取要连接的线，单击"OK"按钮完成连接，然后采用映射网格划分，如图 3-39 所示。

第3章 网格划分技术

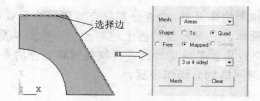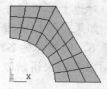

图 3-39 连接后映射网格划分

另外，可通过一个面上的 3 个或 4 个角点暗示连接方式创建映射网格，在"Mesh Tool"对话框中选择"Pick corners"，然后单击"Mesh"按钮，拾取面，选择 3 或 4 个角点形成规则形状生成网格，如图 3-40 所示。

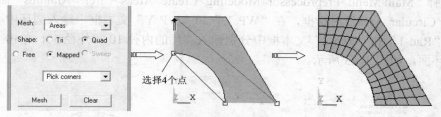

图 3-40 直接选择角点进行映射网格划分

◆ 如果是四条边，对边必须划分为相同数目的单元，但只需指定一边的分割数，映射网格划分器将把分割数自动传送到它的对边。如果模型中有连接线，只能在原始线上指定分割数，而不能在合成线上指定分割数，如图 3-41 所示。

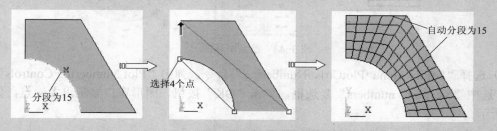

图 3-41 自动分段

◆ 如果是三条边，则各边设置的单元划分数必须为偶数且相等，否则 ANSYS 软件会自动决定单元划分数。

（2）体映射网格　体映射网格全部为六面体单元。体接受映射网格划分必须满足以下条件：

◆ 体的外形应为块状（有 6 个面）、楔形或三棱柱（5 个面）、四面体（4 个面），如图 3-42 所示。

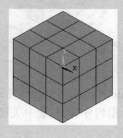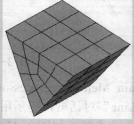

图 3-42 体映射网格

◇ 对边上必须划分相同的单元数，或者分割符合过渡网格形式以适合六面体网格划分。
◇ 如果是棱柱或四面体，三角形面边界上的单元划分数必须是偶数，即体要满足体的面不多于6，同时体的各个边界面要满足对面进行映射网格划分的条件。

下面以实例来讲解映射网格划分操作步骤。

操作步骤

1）双击桌面上的"Mechanical APDL Product Launcher"图标，弹出"ANSYS 配置"窗口，在"Simulation Environment"选择"ANSYS"，在"license"选择"ANSYS Multiphysics"，然后指定合适的工作目录，单击"Run"按钮，进入 ANSYS 用户界面。

2）选择"Main Menu>Preprocessor>Modeling>Create>Areas>Circle>Annulus"命令，弹出"Annular Circular Area"对话框，在"WP X"和"WP Y"文本框中输入圆环中心的 X、Y 坐标，在"Rad-1"和"Rad-2"文本框中分别输入圆环的内径 10 和外径 50，单击"OK"按钮创建圆环面，如图 3-43 所示。

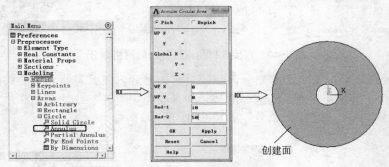

图 3-43　绘制圆环面

3）选择"Utility Menu>PlotCtrls>Numbering"命令，弹出"Plot Numbering Controls"对话框，选中"Keypoint numbers"复选框，单击"OK"按钮，图形窗口显示出关键点，如图 3-44 所示。

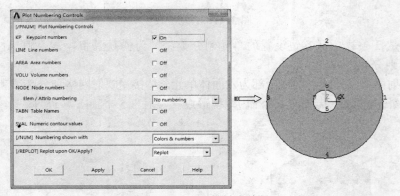

图 3-44　显示关键点编号

4）选择"Main Menu>Preprocessor>Modeling>Create>Lines>Straight Line"命令，弹出"Create Straight Line"对话框，提示用户用鼠标在图形窗口中单击选中关键点 3 和 1，然后单击"OK"按钮创建直线，如图 3-45 所示。

第 3 章 网格划分技术

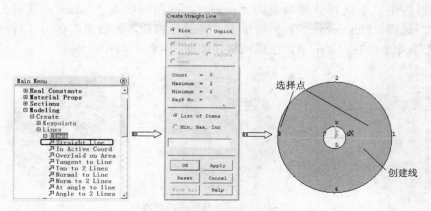

图 3-45 创建直线

5）选择"Main Menu>Preprocessor>Modeling>Operate>Booleans>Divide>Area by Line"命令，弹出"Divide Area by Line"对话框，选择要切割的面，单击"OK"按钮，再次弹出"Divide Area by Line"对话框，选择分割面的线，单击"OK"按钮完成切割运算，如图 3-46 所示。

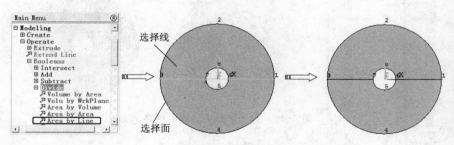

图 3-46 切割运算

6）选择"Main Menu>Preprocessor>Meshing>Mesh Tool"命令，弹出"Mesh Tool"对话框，单击"Lines"后的"Set"按钮，弹出"Element Size on Picked Line"对话框，单击"Pick All"按钮，弹出"Element Sizes on Picked Lines"对话框，在"No. of element divisions"文本框中输入 15，单击"OK"按钮完成，如图 3-47 所示。

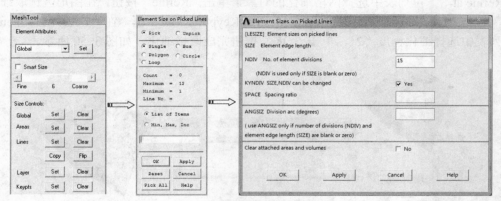

图 3-47 设置线单元数量

7) 在网格工具中选择分网对象为"Areas",网格形状为"Quad",选择分网形式为"Mapped",选择"Pick corners",然后单击"Mesh"按钮,拾取面,单击"Apply"按钮,然后依次选择关键点3、7、6、1,生成网格,如图3-48所示。

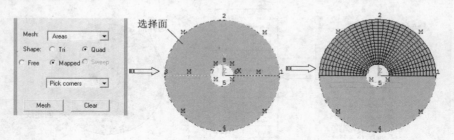

图3-48 直接选择生成映射网格

8) 在网格工具中选择分网对象为"Areas",网格形状为"Quad",选择分网形式为"Mapped",选择"Pick corners",然后单击"Mesh"按钮,拾取面,单击"Apply"按钮,然后依次选择关键点3、7、6、1,单击"OK"按钮生成网格,如图3-49所示。

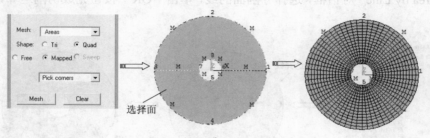

图3-49 直接选择生成映射网格

3.2.6 局部细化网格控制

局部细化网格实际上是将原有的单元进行剖分,默认情况下,细化区域的节点会得到平滑处理(即它们的位置会调整),以改善单元外形。

选择"Main Menu>Preprocessor>Meshing>Mesh Tool"命令,弹出"Mesh Tool"对话框,在"Refine at"下拉列表中选择网格细化的对象,单击"Refine"按钮,在图形区选取细化对象后,单击"OK"按钮,弹出"Refine Mesh at Keypoint"对话框,在"Level of refinement"下拉列表中选择细化程度"2",单击"OK"按钮完成网格细化,如图3-50所示。

图3-50 局部细化网格

"Refine Mesh at Keypoint"对话框相关选项含义如下。

◇ Refine at：用于选择细化对象，包括Nodes、Elements、Keypoints、Lines、Areas和All Elems等，如图3-51所示。

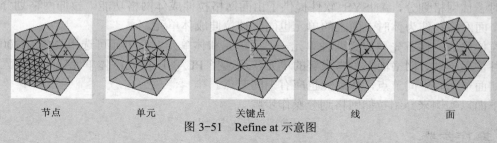

图3-51 Refine at示意图

◇ Level of refinement：表示细化深度，是指从用户指定的实体向周围细化单元的单元层数。深度越大，细化的范围也越大。

当在"Refine Mesh at Keypoint"对话框中"Advanced options"没有被选中时，弹出"Refine mesh at elements advanced options"对话框，如图3-52所示。

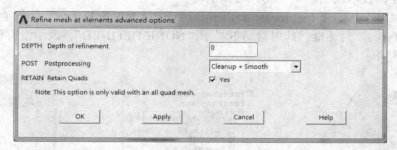

图3-52 "Refine mesh at elements advanced options"对话框

"Refine mesh at elements advanced options"对话框相关选项含义如下。

◇ Depth of refinement：用于设置细化操作影响深度，默认值为0，即只影响当前选中的单元及往前一层单元。

◇ Postprocessing：用于指定网格细化区的后加工方法是平滑还是清除，可选择"平滑和清除（Cleanup + Smooth）"（默认选项）、"平滑（Smooth）"。

◆ 平滑：默认时，细化区域的节点是可以变光滑的，即节点的位置可被调整，以改变单元形状。节点的调整不受如下限制：如在关键点位置则不能移动，在线上的节点只能在线上移动，面的节点只能在面上移动；如网格和实体是分开的平滑将不起作用。

◆ 清除：当清除打开时，ANSYS程序就执行清除操作。在二维模型中，与任何要细化区域几何体相连的单元都要被清除；在三维模型中，ANSYS程序清除在细化区域内或直接与细化区域相连的单元。

3.3 网格拉伸与扫掠

对于某些具有拉伸、扫掠三维实体特征的几何模型，ANSYS软件提供了扫掠、拉伸网格划分方法，下面分别加以介绍。

3.3.1 拉伸网格划分

对于体网格划分，ANSYS 软件提供了由面网格拉伸成体网格功能。拉伸网格划分是指当一个面网格拉伸为体时，面上的单元也同时被拉伸成体单元。

拉伸生成网格首先要定义两种单元——面单元和体单元。面单元可选用 MESH200，这是一种仅用于划分网格而不参与求解的单元，可选择 PLANE 单元；体单元应与面单元相匹配，如面单元有中间节点，体单元也应有中间节点。

下面以实例来介绍拉伸网格划分操作步骤。

操作步骤

1）双击桌面上的"Mechanical APDL Product Launcher"图标，弹出"ANSYS 配置"窗口，在"Simulation Environment"选择"ANSYS"，在"license"选择"ANSYS Multiphysics"，然后指定合适的工作目录，单击"Run"按钮，进入 ANSYS 用户界面。

2）利用建模技术绘制图 3-53 所示的图形。

3）选择"Main Menu>Preprocessor>Element Type>Add/Edit/Delete"命令（图 3-54），弹出"Element Types"对话框，此时对话框显示"NONE DEFINED"，表示没有任何单元被定义，如图 3-55 所示。

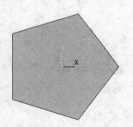
图 3-53 打开模型

图 3-54 菜单命令

图 3-55 "Element Types"对话框

4）单击"Add..."按钮，弹出"Library of Element Types"对话框，左侧列表框显示的是单元的分类，右侧列表框为单元的特性和编号，如在左侧列表框中选择"Solid"，在右侧列表框中选择"Quad 8 node 188"，在"Element type reference number"文本框中输入单元参考号，默认为"1"，如图 3-56 所示，单击"OK"按钮。然后单击"Element Types"对话框的"Close"按钮完成。

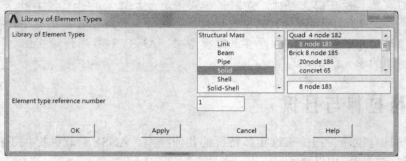
图 3-56 "Library of Element Types"对话框

5)重复上述过程,增加体单元 SOLID186,如图 3-57 所示。

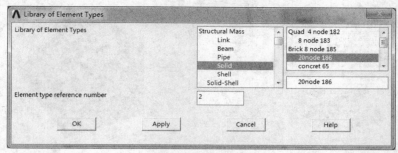

图 3-57 增加体单元 SOLID186

6)选择"Main Menu>Preprocessor>Meshing>Mesh Tool"命令,弹出"Mesh Tool"对话框,选中"Mesh"为"Areas",选择"Free"单选项,单击"Mesh"按钮,弹出"Mesh Areas"对话框,选择划分网格的面,单击"OK"按钮完成网格划分,如图 3-58 所示。

图 3-58 划分面网格

7)选择"Main Menu>Preprocessor>Modeling>Operate>Extrude>Elem Ext Opts"命令,弹出"Element Extrusion Options"对话框,在"Element type number"选中"2 SOLID186",在"No. Elem divs"文本框中输入 10,单击"OK"按钮完成,如图 3-59 所示。

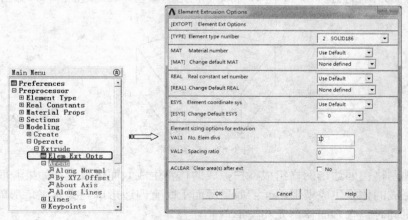

图 3-59 设置单元拉伸选项

8)选择"Main Menu>Preprocessor>Modeling>Operate>Extrude>Areas>Along Normal"命令,弹出"Element Area by Norm"对话框,选择绘制好的二维网格面,单击"OK"按钮完成,如图 3-60 所示。

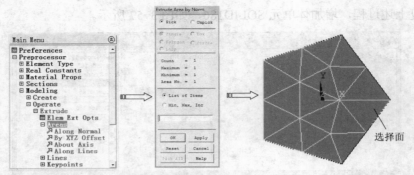

图 3-60 选择面

9)系统弹出"Extrude Area along Normal"对话框,设置 DIST 为 5,如图 3-61 所示。单击"OK"按钮完成拉伸网格划分,如图 3-62 所示。

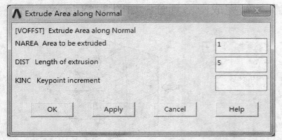

图 3-61 "Extrude Area along Normal"对话框

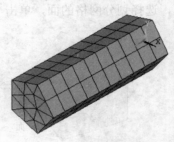

图 3-62 创建拉伸网格

3.3.2 扫掠网格划分

对于体网格划分,ANSYS 软件提供了一种扫掠网格划分功能。扫掠网格划分是指从一个边界面(称为源面)网格扫掠贯穿整个体,将未划网格的体划分成规则的网格,如图 3-63 所示。

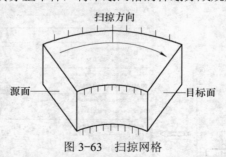

图 3-63 扫掠网格

如果源面网格由四边形网格组成,扫掠成的体将生成六面体单元;如果源面由三角形网格组成,扫掠成的体将生成楔形单元;如果源面上既有四边形单元又有三角形单元,则扫掠生成的体中将同时包含六面体单元和楔形单元。

注意:使用扫掠划分网格时,分析对象不能有内腔,即内部不能有连续封闭边界;扫掠源面和目标面必须是两个独立的面,不能是连续的;分析对象不可能有穿过源面与目标面的孔。

扫掠网格易于生成六面体单元,进行扫掠前要先定义一个六面体单元类型,如 SOLID45等。下面以实例介绍扫掠网格划分操作步骤。

第3章 网格划分技术

操作步骤

1）双击桌面上的"Mechanical APDL Product Launcher"图标 ，弹出"ANSYS 配置"窗口，在"Simulation Environment"选择"ANSYS"，在"license"选择"ANSYS Multiphysics"，然后指定合适的工作目录，单击"Run"按钮，进入 ANSYS 用户界面。

2）利用建模工具绘制图 3-64 所示的模型。

3）选择"Main Menu>Preprocessor>Element Type>Add/Edit/Delete"命令（图 3-65），弹出"Element Types"对话框，此时对话框显示"NONE DEFINED"，表示没有任何单元被定义，如图 3-66 所示。

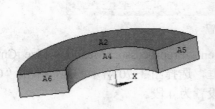
图 3-64 打开模型

图 3-65 菜单命令

图 3-66 "Element Types"对话框

4）单击"Add..."按钮，弹出"Library of Element Types"对话框，左侧列表框显示的是单元的分类，右侧列表框为单元的特性和编号，如在左侧选择"Solid"，在右侧输入框中输入 45，在"Element type reference number"文本框中输入单元参考号，默认为"1"，如图 3-67 所示，单击"OK"按钮。然后单击"Element Types"对话框的"Close"按钮完成。

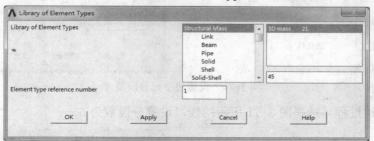
图 3-67 "Library of Element Types"对话框

5）选择"Main Menu>Preprocessor>Meshing>Mesh Attributes>Picked Volumes"命令，弹出"Volume Attributes"对话框，选择扫掠体，单击"OK"按钮，弹出"Volume Attributes"对话框，在"Element type number"下拉列表中选择"1 SOLID45"，单击"OK"按钮完成，如图 3-68 所示。

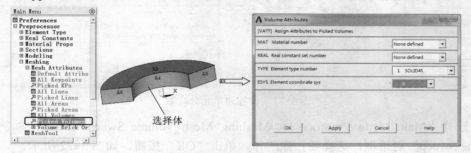
图 3-68 设置体单元类型

6）选择"Main Menu>Preprocessor>Meshing>Mesh>Volume Sweep>Sweep Opts"命令，弹出"Sweep Options"对话框，在"Number of divisions in sweep direction"文本框中输入10，单击"OK"按钮完成，如图3-69所示。

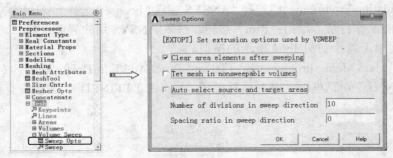

图3-69　扫掠设置

7）对源面进行网格划分设置。选择"Main Menu>Preprocessor>Meshing>Size Cntrls>Manual Size>Picked Line"命令，弹出选择图形对话框，选择图3-70所示的线，单击"OK"按钮，在"Element Sizes on Picked Lines"对话框中设置为4段。

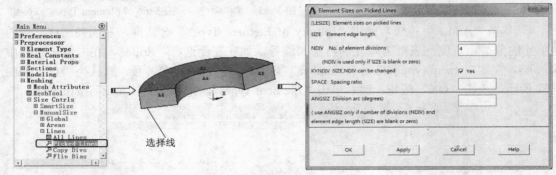

图3-70　设置边单元分段数

8）重复上述过程，选择图3-71所示的线，设置分段数为6。

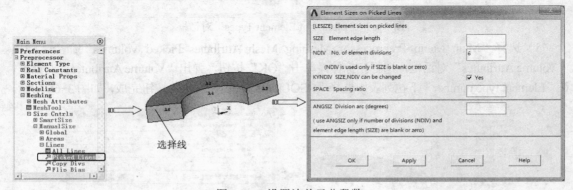

图3-71　设置边单元分段数

9）选择"Main Menu>Preprocessor>Meshing>Mesh>Volume Sweep>Sweep"命令，弹出"Volume Sweep"对话框，选择要扫掠的体，单击"OK"按钮，如图3-72所示。

第 3 章　网格划分技术

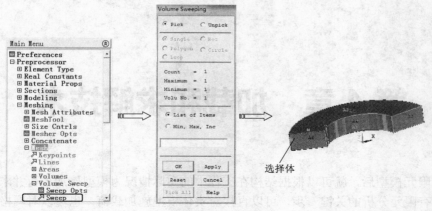

图 3-72　选择体

10）系统弹出"Volume Sweep"对话框,选择源面,单击"OK"按钮,弹出"Volume Sweep"对话框,选择目标面,单击"OK"按钮完成扫掠网格,如图 3-73 所示。

图 3-73　扫掠网格

3.4　本章小结

本章介绍了 ANSYS 网格划分技术,包括 ANSYS 功能强大的自动划分网格工具(Mesh Tool)、扫掠网格、拉伸网格等。用户通过自动划分网格工具可快速高效地将集合模型转换为有限元模型。此外,网格划分好坏与否还直接影响求解的精度。

第 4 章 加载和求解技术

完成有限元模型后，就可以根据结构在工程中的实际情况为模型施加载荷并求解。施加载荷是进行有限元分析的关键一步，可以直接对实体模型施加载荷，也可以对网格划分之后的有限元模型施加载荷。施加载荷后就可以选择合适的求解器对问题进行求解。本章将介绍 ANSYS 加载和求解的相关知识。

4.1 载荷概述

在 ANSYS 的术语中，载荷（Load）包括边界条件和外部（内部）作用力，本节将介绍 ANSYS 载荷相关基础知识。

4.1.1 载荷类型

在 ANSYS 中，载荷是广义的，既包括施加到结构外部或内部的力载荷或其他载荷，又包括其边界条件。

1．按学科分

不同学科中的载荷如下。
（1）结构分析 位移、力、弯矩、压力、温度和重力等。
（2）热分析 温度、热流密度、对流和无限表面等。
（3）磁场分析 磁势、磁通量、磁流段、流源密度和无限表面等。
（4）电场分析 电势、电流、电荷和电荷密度等。
（5）流场分析 速度、压力等。

2．按特性分

以特性而言，载荷可分为 6 大类：自由度约束、力（集中载荷）、表面载荷、体载荷、惯性载荷和耦合场载荷。

（1）自由度约束（DOF constraint） 给定某一自由度为已知值。例如：结构分析中约束指位移和对称边界条件；在热力学分析中指温度和热通量平行的边界条件。

（2）力（Force） 为施加于模型节点的集中载荷，如：在结构分析中的力和力矩，在热力学分析中的热流密度。

（3）表面载荷（Surface load） 为施加于某个面的分布载荷。例如：在结构分析中表面载荷为压力，在热力学分析中为对流和热通量。

（4）体载荷（Body load） 为体或场载荷，如：在结构分析中的温度，在热力学分析中的热生成速率。

（5）惯性载荷（Inertia load） 由物体惯性引起的载荷，如：重力加速度、角速度和角加速度，主要用于结构分析中。

（6）耦合场载荷（Coupled-field load） 为以上载荷的一种特殊情况，指从一种分析得到的结果用作另一种分析的载荷。例如：将磁场分析中计算出的磁力作为结构分析中的力载荷；将热分析中计算得到温度场作为结构分析的体载荷。

4.1.2 施加载荷方式

在 ANSYS 中，载荷施加方式有两种：将载荷施加到实体模型（关键点、线和面）上；将载荷施加到有限元节点和单元上，如图 4-1 所示。无论怎样指定载荷，求解器期望所有载荷应依据有限元模型，因此如果将载荷施加于实体模型，在开始求解时，程序自动将这些载荷转换到所属的节点和单元上。

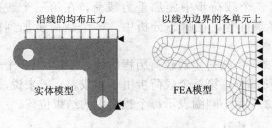

图 4-1 施加载荷方式

1. 实体模型加载方式

（1）优点

1）实体模型载荷独立于有限元网格。即改变单元网格而不影响施加的载荷，这就使得更改网格并进行网格敏感性研究时不必每次重新施加载荷。

2）与有限元模型相比，实体模型通常包括较少的实体，因此，选择实体模型的实体并在这些实体上施加载荷要容易得多，尤其是通过图形拾取时。

（2）缺点

1）ANSYS 软件的网格划分命令生成的单元处于当前激活的单元坐标系中，网格划分命令生成的节点使用全局笛卡儿坐标系。因此，实体模型和有限元模型可能具有不同的坐标系和加载方向。

2）在简化分析中，实体模型很不方便。此时，载荷施加于主自由度（主自由度仅能在节点而不能在关键点定义）。

3）施加关键点约束很棘手，尤其是当约束扩展选项被使用时（扩展选项允许将一约束特性扩展到通过一条直线连接的关键点之间的所有节点上）。

4）不能显示所有实体模型载荷。

2. 有限元模型加载方式

（1）优点

1）在简化分析中不会产生问题，因为它可将载荷直接施加在主节点上。

2)不必担心约束扩展,可简单地选择所有所需节点,并指定适当的约束。
(2)缺点
1)任何有限元网格的修改都使载荷无效,因此需要删除先前的载荷并在新网格上重新施加载荷。
2)不便使用图形拾取施加载荷,除非模型仅包含几个节点或单元。

4.1.3 载荷步、子步和平衡迭代

在确定载荷种类后,要理解 ANSYS 软件中一个载荷的加载过程,这就需要了解载荷步、子步和平衡迭代相关知识。

1. 载荷步

载荷步是指为了获得解答的载荷配置,ANSYS 软件中称载荷步为 Load Step。在线性静态或稳态分析中,可以使用不同的载荷步施加不同的载荷组合。例如:在第一个载荷步中施加风载荷,在第二个载荷步中施加重力载荷,在第三个载荷步中施加风和重力载荷以及一个不同的边界条件等。在瞬态分析中,多个载荷步加到载荷历程曲线的不同区段。

图 4-2 所示为一个需要三个载荷步的载荷历程曲线。其中,第一个载荷步用于线性载荷,第二个载荷步用于不变载荷部分,第三个载荷步用于卸载。一般来说,每个载荷步的结束位置的确定比较重要,图 4-2 中用小圆圈表示每个载荷步的结束位置。

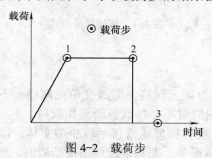

图 4-2 载荷步

2. 子步

子步是执行求解载荷步过程中的计算点,ANSYS 软件中称子步为 Substep。对于不同的分析类型,子步的作用不同。

1)在非线性静态或稳态分析中,使用子步逐渐加载以便获得精确解。
2)在线性或非线性瞬态分析中,使用子步是为满足瞬态时间累积法则(为获得精确解,通常规定一个最小的时间步长)。
3)在谐波分析中,使用子步可获得谐波频率范围内多个频率处的解。

子步控制可选择"Main Menu>Preprocessor>Loads>Analysis Type>Sol'n Controls"命令,弹出"Solution Controls"对话框,在"Basic"选项卡中的"Number of Substeps"文本框中设置。

3. 平衡迭代

平衡迭代是指在给定子步下为了收敛而计算的附加解。平衡迭代仅用于收敛起着很重要

作用的非线性分析（静态或瞬态）中的迭代修正。

例如：在一个二维非线性静态磁场分析中，为了获得精确解通常可使用两个载荷步，第一个载荷步将载荷逐渐加到 5~10 个子步上，每个子步仅使用一次平衡迭代；第二个载荷步中得到最终收敛解，且仅有一个使用 15~25 次平衡迭代的子步，如图 4-3 所示。

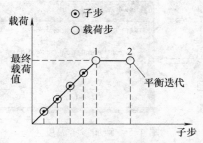

图 4-3　载荷步、子步和平衡迭代关系

4.2　载荷初始设置

在施加载荷前，ANSYS 软件提供一些较为常用的初始设置，这对某些载荷的施加以及之后的求解都有一定的影响。因此，需要了解如何进行这些常用的初始设置。主要通过"Main Menu>Solution>Define Loads>Settings"菜单进行设置。

4.2.1　施加初始均匀温度

均匀温度是指施加载荷前，模型所有部分有指定的统一温度值，主要用于热分析以及耦合场计算中。

选择"Main Menu>Solution>Define Loads>Settings>Uniform Temp"命令，弹出"Uniform Temperature"对话框，在"Uniform temperature"文本框中输入温度值，单击"OK"按钮完成，如图 4-4 所示。

图 4-4　施加初始均匀温度

注意：均匀温度不作为分析中的激励源，而只是用于设置背景温度，而温度载荷是一种激励。

4.2.2　施加参考温度

用于设置参考温度，主要在计算热应力时使用，因为热应力的产生是由于施加的温度载荷与参考温度不等而造成的。

选择"Main Menu>Solution>Define Loads>Settings>Reference Temp"命令,弹出"Reference Temperature"对话框,在"Reference temperature"文本框中输入温度值,单击"OK"按钮完成,如图4-5所示。

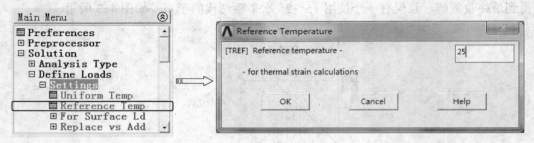

图4-5 施加参考温度

4.2.3 面载荷梯度

如果为模型施加的面载荷不是等值均匀分布,而是沿着某个方向递增,则需要设置面载荷梯度,这主要用于产品的结构分析中。例如:在结构分析中,压力面载荷从 $x=0$ 开始,$F=10N$,而在 $X=10m$ 处,压力增加到210N,若设面为1单位,则压力面载荷梯度就是(210 N −10 N)/(10m−0)=20N/m。

选择"Main Menu>Solution>Define Loads>Settings>For Surface Ld>Gradient"命令,弹出"Gradient Specification for Surface Loads"对话框,设置相关参数,单击"OK"按钮完成,如图4-6所示。

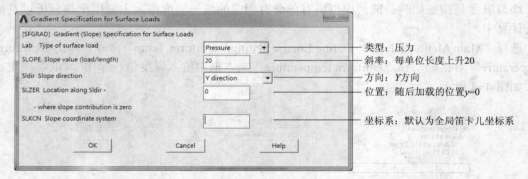

图4-6 "Gradient Specification for Surface Loads"对话框

4.2.4 重复加载方式

在多载荷步求解的分析问题中,经常会碰到需要在同一位置施加不同大小的同一类型载荷情况。为了处理后施加的载荷和前一次施加的载荷之间的关系,ANSYS软件提供了替代方式和累加方式来处理。

选择"Main Menu>Solution>Define Loads>Settings>Replace vs Add>Forces"命令,弹出"Replace/Add Setting for Forces"对话框,在"New force values will"下拉列表中选择重复加载方式,单击"OK"按钮完成,如图4-7所示。

第 4 章　加载和求解技术

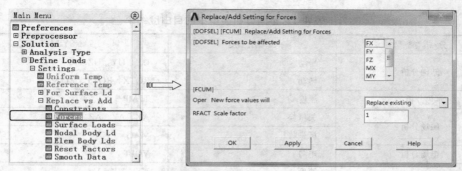

图 4-7　重复加载方式

"New force values will" 下拉列表选项含义如下。

◇　Replace existing（替代）：这是 ANSYS 软件的默认设置，表示当前施加的载荷总是替代前一次在相同位置施加相同类型的载荷，这种方式的最终结果是原有载荷被新载荷取代。

◇　Add existing（累加）：保留以前的载荷，当前的相同位置重复施加的同类型载荷作为载荷增量与原来的载荷相加。这种方式的最终结果是原有载荷值与新载荷值的叠加结果。

4.3　施加载荷

施加载荷就是为模型施加激励和边界条件，通过选择"Main Menu>Solution>Define Loads"下的相关命令菜单完成，如图 4-8 所示。

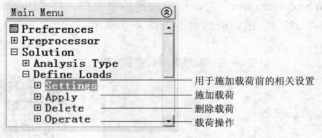

图 4-8　定义载荷菜单

下面主要介绍施加载荷的方法和过程，以及对应"Define Loads"菜单中的"Apply"下的命令。

提示："Define Loads"菜单项内容与用户定义的分析类型、单元属性和材料属性等有关。也就是说 ANSYS 软件会自动根据用户设置分析的相关信息来调整"Define Loads"菜单项的内容。

4.3.1　施加自由度约束

自由度约束又称为 DOF 约束，是对模型在空间中的自由度的约束。自由度约束可施加到节点、关键点、线和面上，用于限制对象某一个方向上的自由度。不同分析类型中可施加的 DOF 自由度约束，见表 4-1。

表 4-1 不同分析类型中的自由度约束

分析类型	自由度	ANSYS 标识符
结构分析	平动	UX、UY、UZ
	转动	ROTX、ROTY、ROTZ
热分析	温度	TEMP
磁场分析	矢量势	AX、AY、AZ
	标量势	MAG
电场分析	电势	VOLT
流场分析	速度	VX、VY、VZ
	压力	PRES
	湍流功能	ENKE
	湍流扩散率	ENDS

提示：节点自由度是求解方程中的基本变量，故也可指定某个节点处的自由度值（指定在实体模型上的自由度约束在求解前自动转化到节点上）。该值一旦指定，它在求解过程中就保持不变。

下面以结构分析为例来介绍自由度约束的施加方法和过程。

1. 在线上施加自由度约束

选择"Main Menu>Solution>Define Loads>Apply>Structural>Displacement>On Lines"命令，弹出实体选取对话框，用鼠标选择线后，单击"OK"按钮，弹出"Apply U, ROT on Lines"对话框，在"DOFs to be constrained"列表框中选择约束类型，在"Displacement value"文本框中输入数值，单击"OK"按钮完成约束，如图 4-9 所示。

图 4-9 在线上施加自由度约束

提示：在"Displacement value"文本框中需输入位移约束值，默认为 0，因此用户若置空即表示位移约束值为 0。用户还可设置为其他值，其中正值表示沿笛卡儿坐标系正向，负值表示沿笛卡儿坐标系负向。

2. 在面上施加自由度约束

选择"Main Menu>Solution>Define Loads>Apply>Structural>Displacement>On Lines"命令，弹出实体选取对话框，用鼠标选择面后，单击"OK"按钮，弹出"Apply U, ROT on Areas"对话框，在"DOFs to be constrained"列表框中选择约束类型，在"Displacement value"文本框中输入数值，单击"OK"按钮完成约束，如图 4-10 所示。

第 4 章 加载和求解技术

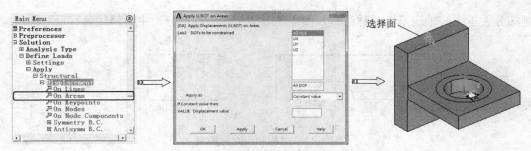

图 4-10 在面上施加自由度约束

3. 在关键点上施加自由度载荷

选择"Main Menu>Solution>Define Loads>Apply>Structural>Displacement>On Keypoints"命令，弹出实体选取对话框，用鼠标选择关键点后，单击"OK"按钮，弹出"Apply U, ROT on KPs"对话框，在"DOFs to be constrained"列表框中选择约束类型，在"Displacement value"文本框中输入数值，单击"OK"按钮完成约束，如图 4-11 所示。

图 4-11 在关键点上施加自由度约束

4. 在节点上施加自由度约束

选择"Main Menu>Solution>Define Loads>Apply>Structural>Displacement>On Nodes"命令，弹出实体选取对话框，用鼠标选择节点后，单击"OK"按钮，弹出"Apply U, ROT on Nodes"对话框，在"DOFs to be constrained"列表框中选择约束类型，在"Displacement value"文本框中输入数值，单击"OK"按钮完成约束，如图 4-12 所示。

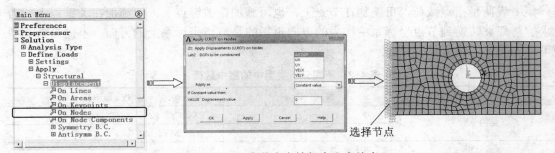

图 4-12 在节点上施加自由度约束

5. 施加对称和反对称约束

如果有限元模型本身具有对称或反对称的特性，则用户可以使用对称或反对称约束来简化模型。例如，在实际问题中，很多模型和载荷往往是具有某种对称结构，故在 ANSYS 软件中可只建立 1/2 或 1/4 模型，采用这种方法建立的分析都需要在对称轴上施加合适的边界条件。

图 4-13 所示模型中深色部分为在 ANSYS 软件中实际建模的部分，其中图 4-13a 中左、

右侧部分关于中间轴线呈轴对称结构，图 4-13b 中上、下侧部分沿中心轴线具有反对称结构。

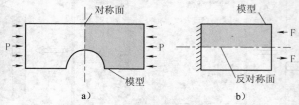

图 4-13 对称和反对称约束

a）2-D 对称边界条件模型 b）2-D 反对称边界条件模型

比较上述两类对称条件，可简单概括它们的特点如下：

1）无论对称还是反对称边界条件，其模型必须是对称的。

2）在模型对称的基础上，由载荷的对称情况决定是反对称还是对称边界条件。如果载荷是对称的，就可以施加对称边界条件。

选择"Main Menu>Solution>Define Loads>Apply>Structural>Displacement>Symmetry B.C.>On Areas"命令，弹出实体选取对话框，用鼠标选择表面后，单击"OK"按钮完成对称约束，如图 4-14 所示。

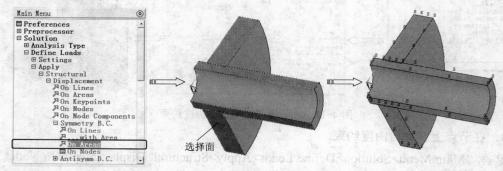

图 4-14 在面上施加对称约束

4.3.2 施加集中载荷

集中载荷是指点载荷，可施加在节点上，也可施加在关键点上。但施加在关键点上的力在求解前都被转换到节点坐标系中，力的方向也指的是节点坐标系上的方向。不同分析类型中可施加的集中载荷见表 4-2。

表 4-2 不同分析类型中的集中载荷

分析类型	集中载荷	ANSYS 标识符
结构分析	力	FX、FY、FZ
	力矩	MX、MY、MZ
热分析	热流率	HEAT
电场分析	电流	AMPS
	电荷	CHARG
流体分析	流体流率	FLOW
磁场分析	电流段	CSGX、CSGY、CSGZ
	磁通量	FLUX
	电荷	CHRG

第 4 章 加载和求解技术

在结构分析中集中载荷主要包括力和力矩，相应的标示符为 FX、FY、FZ、MX、MY、MZ。下面介绍集中力载荷的施加方法。

1．在关键点上施加力载荷

选择"Main Menu>Solution>Define Loads>Apply>Structural>Force/Moment>On Keypoints"命令，弹出实体选取对话框，选择关键点，单击"OK"按钮，弹出"Apply F/M on KPs"对话框，在"Direction of force/mom"下拉列表中选择载荷方向，在"Force/moment value"文本框中输入载荷数值，单击"OK"按钮施加力载荷，如图 4-15 所示。

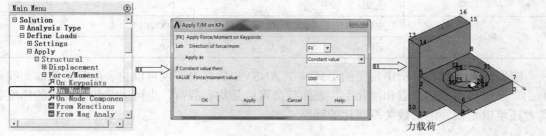

图 4-15　在关键点上施加力载荷

2．在节点上施加力载荷

选择"Main Menu>Solution>Define Loads>Apply>Structural>Force/Moment>On Nodes"命令，弹出实体选取对话框，选择节点，单击"OK"按钮，弹出"Apply F/M on Nodes"对话框，在"Direction of force/mom"下拉列表中选择载荷方向，在"Force/moment value"文本框中输入载荷数值，单击"OK"按钮施加力载荷，如图 4-16 所示。

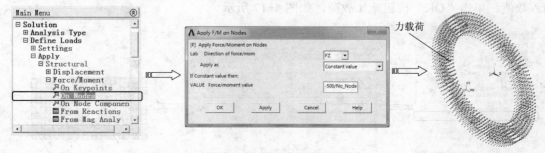

图 4-16　在节点上施加力载荷

4.3.3　施加表面载荷

表面载荷是指分布载荷，可施加在线或面上，也可施加在节点和单元上。不同分析类型中可施加的表面载荷见表 4-3。

表 4-3　不同分析类型中的表面载荷

分 析 类 型	集 中 载 荷	ANSYS 标识符
结构分析	压力	PRES
热分析	对流	HEAT
	热流量	HFLUX

(续)

分析类型	集中载荷	ANSYS 标识符
热分析	热辐射	RAD
流场分析	流体结构界面	FSI
	流体阻抗	IMPD
电场分析	麦克斯韦表面	MXWF
	表面电荷密度	CHARGS
	无限远面	INF
磁场分析	麦克斯韦表面	MXWF
	无限远面	INF

表面载荷是结构分析中常见的形式，在 ANSYS 软件中不仅可以将表面载荷施加到线和面上，还可以施加到节点和单元上，表面载荷可以是均布载荷，也可以是线性变化的梯度载荷，还可以是按一定函数关系变化的载荷。

4.3.3.1 均布载荷

1. 在线上施加均布载荷

选择"Main Menu>Solution>Define Loads>Apply>Structural>Pressure>On Lines"命令，弹出实体选取对话框，用鼠标选择线后，单击"OK"按钮，弹出"Apply PRES on Lines"对话框，在"Apply PRES on lines as a"列表框中选择载荷类型，在"Load PRES value"文本框中输入数值，单击"OK"按钮施加载荷，如图 4-17 所示。

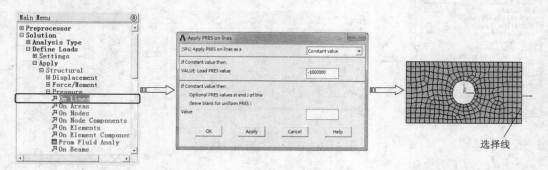

图 4-17 在线上施加均布载荷

提示：正值载荷表示载荷垂直于表面，方向向内，负值载荷表示垂直于表面，方向向外。

2. 在面上施加均布载荷

选择"Main Menu>Solution>Define Loads>Apply>Structural>Pressure>On Areas"命令，弹出实体选取对话框，用鼠标选择面后，单击"OK"按钮，弹出"Apply PRES on Areas"对话框，在"Apply PRES on areas as a"列表框中选择载荷类型，在"Load PRES value"文本框中输入数值，单击"OK"按钮施加载荷，如图 4-18 所示。

第 4 章　加载和求解技术

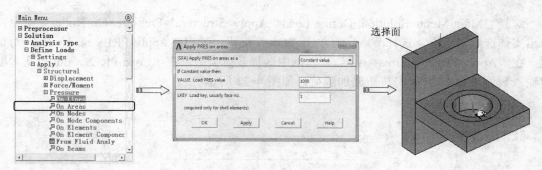

图 4-18　在面上施加均布载荷

3. 在节点上施加均布载荷

选择"Main Menu>Solution>Define Loads>Apply>Structural>Pressure>On Nodes"命令，弹出实体选取对话框，选择节点后，单击"OK"按钮，弹出"Apply PRES on Nodes"对话框，在"Apply PRES on areas as a"列表框中选择载荷类型，在"Load PRES value"文本框中输入数值，单击"OK"按钮施加载荷，如图 4-19 所示。

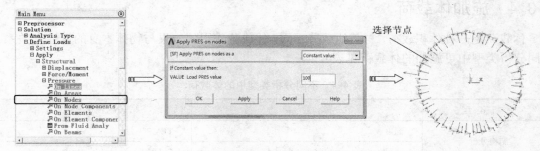

图 4-19　在节点上施加均布载荷

4.3.3.2　梯度载荷

梯度载荷是指线性变化的载荷，可以使用指定斜率功能，用于随后施加的表面载荷。

选择"Main Menu>Solution>Define Loads>Settings>For Surface Ld>Gradient"命令，弹出"Gradient Specification for Surface Loads"对话框，设置相关参数，单击"OK"按钮完成，如图 4-20 所示。

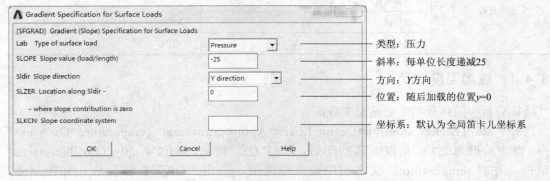

图 4-20　"Gradient Specification for Surface Loads"对话框

选择"Main Menu>Solution>Define Loads>Apply>Structural>Pressure>On Nodes"命令，弹出实体选取对话框，选择节点后，单击"OK"按钮，弹出"Apply PRES on Nodes"对话框，在"Apply PRES on areas as a"列表框中选择载荷类型，在"Load PRES value"文本框中输入数值，单击"OK"按钮施加载荷，如图4-21所示。

图4-21 在节点上施加梯度载荷

4.3.4 施加体载荷

体载荷是一种体积载荷，与其他载荷不同，体载荷作用的效果与物体本身的属性有关系。不同分析类型中可施加的体载荷见表4-4。

表4-4 不同分析类型中的体载荷

分析类型	体载荷	ANSYS标识符
结构分析	温度	TEMP
	通量	FLUE
热分析	热生成率	HGEN
流场分析	热生成率	HGEN
	力密度	FORC
电场分析	温度	TEMP
	体积电荷密度	CHARGD
磁场分析	温度	TEMP
	电流密度	JS
	虚位移	MVDI
	电压降	VLTG

4.3.4.1 施加温度载荷

结构分析中的体载荷主要是温度载荷。

选择"Main Menu>Solution>Define Loads>Apply>Structural>Temperature>On Areas"命令，弹出拾取对话框，拾取所需的面后，单击"OK"按钮，弹出"Apply TEMP on Areas"对话框，在"Temperature"文本框中输入温度值，单击"OK"按钮完成，如图4-22所示。

图 4-22　施加温度载荷

4.3.4.2　施加惯性载荷

惯性载荷是与质量相关的载荷，如重力加速度。惯性载荷有两大类：线性惯性载荷和转动惯性载荷，其中线性惯性载荷是指重力加速度，转动惯性载荷是指由旋转引起的加速度。

1. 施加角速度

选择"Main Menu>Solution>Define Loads>Apply>Structural>Inertia>Angular Veloc>Global"命令，弹出"Apply Angular Velocity"对话框，在总体笛卡儿坐标系中输入角速度分量值，单击"OK"按钮完成施加，如图 4-23 所示。

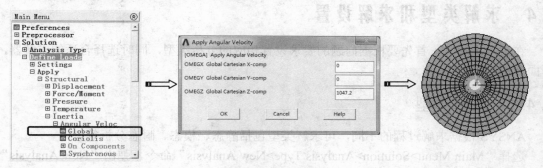

图 4-23　施加角速度

2. 施加角加速度

选择"Main Menu>Solution>Define Loads>Apply>Structural>Inertia>Angular Accel>Global"命令，弹出"Apply Angular Acceleration"对话框，在总体笛卡儿坐标系中输入角加速度分量值，单击"OK"按钮完成施加，如图 4-24 所示。

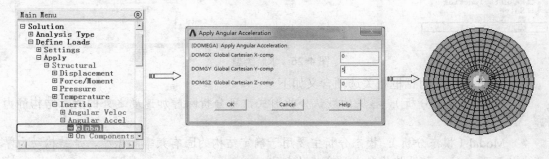

图 4-24　施加角加速度

3. 施加重力加速度

选择"Main Menu>Solution>Define Loads>Apply>Structural>Inertia>Gravity>Global"命令，弹出"Apply (Gravitational) Acceleration"对话框，在总体笛卡儿坐标系中输入重力加速度分量值，单击"OK"按钮完成施加，如图 4-25 所示。

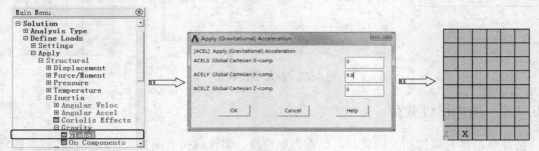

图 4-25 施加重力加速度

提示：重力加速度实际上是对物体施加一个加速度场（非重力场），因此要施加作用力反方向的重力，如负 Y 方向上的重力，此时应给出一个正 Y 方向的加速度；输入加速度值时应注意单位的一致性。

4.4 求解类型和求解设置

在进入求解时，首先要根据问题的要求设置相应的分析类型，同时选择合适的求解器，下面分别加以介绍。

4.4.1 求解类型

ANSYS 根据求解过程的不同，可求解类型包括静态、模态、瞬态分析等。

选择"Main Menu>Solution>Analysis Type>New Analysis"命令，弹出"New Analysis"对话框，如图 4-26 所示。

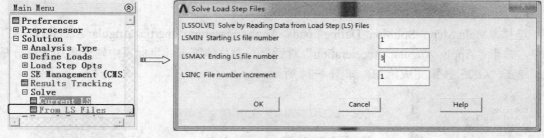

图 4-26 求解类型

"New Analysis"对话框相关选项含义如下。

◆ Static（静态分析）：程序的默认分析形式，可分析除静加速度之外的所有结构静力问题。

◆ Modal（模态分析）：模态分析主要用于确定结构的固有频率和振型，是结构动力学分析中的重要参数，也是其他动力学分析的起点。

第 4 章 加载和求解技术

  ❖ Harmonic（谐分析）：也称为谐响应分析，用于求解线性结构承受正弦波动下系统的响应。理论研究表明，任何持续的周期载荷将在结构系统中产生持续的周期谐响应。
  ❖ Transient（瞬态分析）：又称时间历程分析，主要用于确定结构承受随时间按任意规律变化的载荷时的响应。它可以确定结构在静载荷、瞬态载荷和正弦载荷的任意组合作用下随时间变化的位移、应力和应变。
  ❖ Spectrum（谱分析）：用于模型在确定载荷或随机载荷作用下，获得结构的响应情况。
  ❖ Substructuring/CMS（子结构分析）：子结构也称为超单元，是单元的集合。子结构分析是利用矩阵缩减技术，把系统矩阵缩减到一个较小的自由度集合。

4.4.2 求解设置

虽然 ANSYS 会自动为不同分析问题设置求解，但有时仍然需要用户指定求解方法，设置载荷步、时间或频率等。此时可选择"Main Menu>Solution>Analysis Type>Sol'n Controls"命令，弹出"Solution Controls"对话框，下面介绍常用选项。

1."Basic"选项卡

单击"Solution Controls"对话框中的"Basic"选项卡，弹出基本设置选项，如图 4-27 所示。

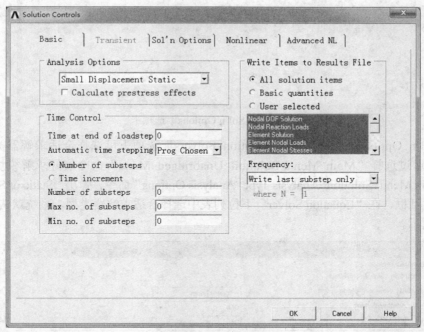

图 4-27 "Basic"选项卡

"Basic"选项卡主要内容包括分析类型、时间控制以及控制写入结果文件的频率等，简单介绍如下。

  ❖ Analysis Options：选择要分析的类型，包括"Small Displacement Static（小变形静力稳态）""Large Displacement Static（大变形静力分析）""Small Displacement Transiet（小变形瞬态）""Large Displacement Transient（大变形瞬态）"。

◆ Time Control: 时间控制选项，其中"Number of substeps"文本框用于输入子步的数目。

◆ Write Items to Results File: 一般选择"All solution items"，表示将所有求解内容全部写入到输出文件中。

2."Sol'n Options"选项卡

"Sol'n Options"选项卡如图4-28所示。

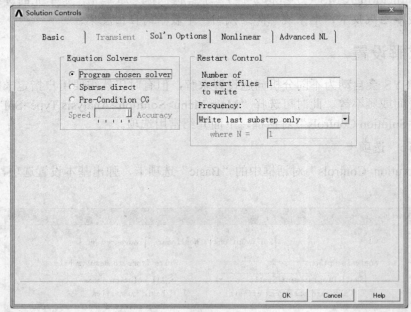

图4-28 "Sol'n Options"选项卡

在"Sol'n Options"选项卡的"Equation Solvers"选项下可选择合适求解器类型。或者用户也可以通过选择"Main Menu>Solution>Unabridged Menu"命令展开求解模块菜单，然后选择"Main Menu>Solution>Analysis Type>Analysis Options"命令，弹出"Static or Steady-State Analysis"对话框，在"Equation Solver"下拉列表中选择合适求解器类型，系统默认为直接法，如图4-29所示。

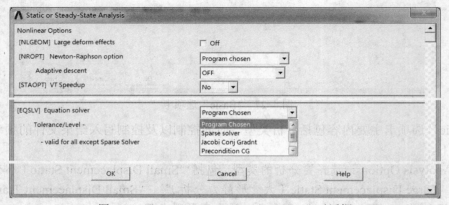

图4-29 "Static or Steady-State Analysis"对话框

第 4 章 加载和求解技术

ANSYS 软件提供了多种求解器,尽管在多数情况下,用户不用管采用何种求解器,但理解求解器及其优缺点是很有好处的。不同求解器的特点见表 4-5。

表 4-5 求解器选用准则

解 法	使用场合	模型大小	内存使用	硬盘使用
直接解法	要求稳定(非线性分析)或内存受限制	低于 50000 自由度	低	高
稀疏矩阵法	要求稳定性和求解速度(非线性分析);线性分析收敛很慢时(尤其对病态矩阵,如形状不好的单元)	自由度为 10000~500000(多用于板壳和梁单元)	中	高
雅可比共轭梯度法	在单场问题(如热、磁、声等)中求解速度很重要时	自由度为 50000~1000000 以上	中	低
不完全乔类斯基共轭梯度法	在多物理场模型中求解速度很重要时,其他迭代很难收敛的模型	自由度为 50000~1000000 以上	高	低
条件共轭梯度法	当求解速度很重要的情况(大型模型的线性分析),尤其适合实体单元的大型模型	自由度为 50000~1000000	高	低

4.5 求解

求解过程是 ANSYS 读取有限元模型及其上的载荷信息,建立联立方程并使用不同的求解器得出求解结果的过程所求得的解包括基本解(一般是节点的自由度值)和派生解(通过对基本解进行数学运算导出的其他所需的解)。通常求解分为求解当前载荷步和根据载荷步文件求解等两种,下面分别加以介绍。

4.5.1 求解当前载荷步

选择"Main Menu>Solution>Solve>Current LS"命令,弹出本次求解相关信息文本框,包括分析类型、载荷步选项等,同时弹出"Solve Current Load Step"对话框,如图 4-30 所示。单击"OK"按钮,则启动 ANSYS 有限元求解。

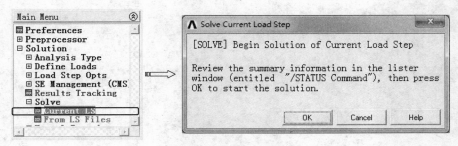

图 4-30 求解当前载荷步

4.5.2 根据载荷步文件求解

针对多载荷步的情况,ANSYS 可以自动依次读取载荷步文件并求解。

选择"Main Menu>Solution>Solve>From LS File"命令,弹出"Solve Load Step Files"对话框,在"Starting LS file number"文本框中输入开始载荷步文件编号,在"Ending LS file number"文本框中输入终止载荷步文件编号,在"File number increment"文本框中输入载荷

步文件增量（表示从第一个载荷步文件开始计算，间隔为 1，直到 3 结束，即计算载荷步文件 1，2，3），如图 4-31 所示。单击"OK"按钮，启动 ANSYS 有限元求解。

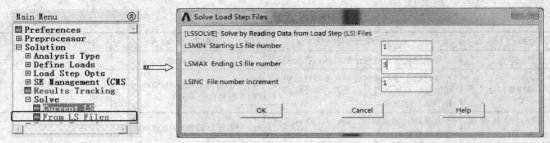

图 4-31 根据载荷步文件求解

4.6 本章小结

本章详细介绍了 ANSYS 加载和求解技术，包括载荷步、子步和施加载荷方式、各种载荷施加方法以及求解等知识。载荷可施加到实体模型上，程序在求解时自动将实体模型上的载荷转移到节点和单元上，也可直接在有限元模型（节点和单元）上施加载荷。

第 5 章　后处理技术

用 ANSYS 软件求解有限元分析后，并不能直观地显示求解结果，必须用后处理器才能显示出输出结果。本章将详细介绍 ANSYS 软件后处理技术，包括后处理概述、通用后处理器和时间历程后处理相关知识。

5.1　后处理概述

后处理就是要查看分析结果，通常用于判断网格是否精确、分析是否正确，用于获得物体对载荷的响应，从而指导设计。ANSYS 软件有两种后处理器：通用后处理器 POST1 和时间历程后处理器 POST26。无论是哪个后处理器，典型的后处理过程为：读入结果文件到数据库中，绘图显示或列表显示所需结果。

5.1.1　结果文件类型

后处理器是根据有限元计算的结果来进行结果分析的，在 ANSYS 软件有限元求解完成后，工作目录中会生成一个结果记录文件，一般称为结果文件。对于不同的分析类型，ANSYS 软件通过不同的扩展名来区分。ANSYS 软件针对不同的学科，使用不同的结果文件，这些结果文件都以二进制格式存放，见表 5-1。

表 5-1　不同学科中的结果文件

分析类型	文件扩展名	说　　明
结构分析	RST	耦合场分析也用该扩展名
热分析	RTH	
流场分析	RFL	管壁分析还可能产生 RSW 的文本文件
磁场分析	RMG	

5.1.2　求解结果类型

根据有限元理论，后处理器所处理的有限元解类型有两种。

（1）基本解（Basic Solution）　指每个节点求解所得自由度解。例如：在结构分析中，用于有限元计算的自由度为位移量；在磁场分析中用于有限元计算的自由度为磁势。这些结果统称为节点解。

（2）派生解（Derived Solution）　ANSYS软件根据基本解计算出来的其他结果数据。例如:在结构分析中,ANSYS 软件通过位移计算出相应的应力和应变等;在磁场分析中,ANSYS 软件通过磁势计算出磁通密度等。

ANSYS 软件中,不同学科的基本解和派生解不同,见表 5-2。

表 5-2 不同学科中的基本解和派生解

分析类型	基本解	派生解
结构分析	位移	应力、应变、反作用力等
热分析	温度	热流量、热流梯度等
流场分析	速度、压力	压力梯度、质量流率等
电场分析	标量电势	电场、电流密度等
磁场分析	磁势	磁通量、磁流密度等

5.2 通用后处理器 POST1

通用后处理器主要用来查看和检查整个模型在某一载荷步和子步(或某特定时间点或频率)的结果。例如:查看某个时刻节点的位移,或者在静态结构分析中显示载荷步 2 的应力分布情况等。

5.2.1 读入结果文件到通用后处理器

进入通用后处理器后,首先需要确定用于后处理的结果文件和结果数据(当直接进行有限元分析后进入后处理器不需要读取,如重新启动 ANSYS 程序则需要使用读取操作),可选择选择"Main Menu>General Postproc>Data & File Opts"命令,弹出"Data and File Options"对话框,"Data to be read"列表用于选择结果类型,"Results file to be read"用于指明结果数据文件,如图 5-1 所示。

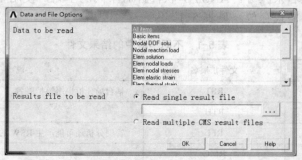

图 5-1 "Data and File Options"对话框

5.2.2 浏览结果数据集信息

结果数据集对应求解过程中的各个载荷步和子步。每个载荷步的一个子步就有一个对应结果数据集来记录该时刻或该频率点上的结果数据。选择"Main Menu>General Postproc>Results Summary"命令,弹出"SET,LIST Command"对话框,记录了这次分析的结果数据集信息,如图 5-2 所示。

第 5 章 后处理技术

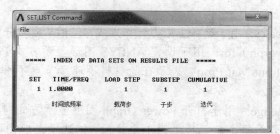

图 5-2 "SET,LIST Command" 对话框

5.2.3 设置结果输出控制

无论是用图形显示还是列表数据，尽管从数据库中读来的都是一样，但由于采用不同的输出控制，所得到的结果不同。ANSYS 软件允许用户根据需要设置结果输出方式以及图形显示方式。

选择"Main Menu>General Postproc>Options for Outp"命令，弹出"Options for Output"对话框，如图 5-3 所示。

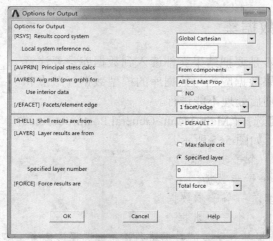

图 5-3 "Options for Output" 对话框

"Options for Output" 对话框相关选项含义如下。

◇ Results coord system: 用于设置结果显示的坐标系，如图 5-4 所示。

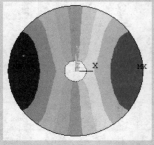

整体坐标系 X 方向变形

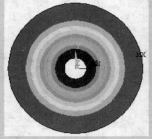

柱坐标系 X 方向变形

图 5-4 设置结果显示坐标系

- Principal stress calcs：用于选择主应力计算方式，包括从应力分量和从主应力 2 种方式。
- Avg rslts（pwr grph）for：用于设置 ANSYS 图形显示方式 Power Graph 的结果平均处理方式，设置为 "All but Mat Prop" 表示在除材料不连续节点不平均外，其他所有节点都进行结果平均处理。
- Facets/element edge：用于打开 Power Graph 图形显示方式时每个单元边的片段数，设置为 "1 facet/edge"，表示每个单元显示为 1 个片段，该选项一般由 ANSYS 程序自动处理。
- Shell results are from：用来选择壳单元输出结果的面，包括 "DEFAULT（默认）" "Top layer（上面）" "Middle layer（中面）" "Bottom layer（下面）" 等。
- Force results are：用于指定在单元节点上显示何种类型的力。选择 "Total force"，表示显示总力；选择 "Static only"，表示只显示静力；选择 "Damping only"，表示只显示阻尼力；选择 "Inertia only"，表示只显示惯性力。

注意：总力并不是合力。合力是各个方向力的矢量和，而总力是某个方向上静力、阻尼力和惯性力的和。

5.2.4 读取结果数据集

在后处理中，第一步是要把结果文件读入到数据库。要注意的是，读入数据库的结果数据应当与数据库的模型数据（节点和单元数据）相匹配，否则后处理不能进行。

要读取结果数据，可选择 "Main Menu>General Postproc>Read Results" 下的相关命令，如图 5-5 所示。

图 5-5　读结果数据命令

- First Set：读第一个子步数据。
- Next Set：读下个子步数据。
- Previous Set：读前一个子步数据。
- Last Set：读最后一个子步数据。
- By Pick：直接选择某一子步的数据进行读取。选择该命令，弹出 "Results File" 对话框，选择所需的子步后，单击 "Read" 按钮即可将该子步的数据读入数据库中，如图 5-6 所示。

图 5-6　"Results File" 对话框

✧ By Load Step: 通过载荷步和子步读取数据。选择该命令，弹出"Read Results by Load Step Number"对话框，在"Read results for"下拉列表中选择读取数据结果类型，在"Load step number"文本框中输入载荷步，在"Substep number"文本框中输入子步数，单击"OK"按钮即可读取相应的结果数据，如图5-7所示。

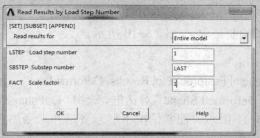

图5-7 "Read Results by Load Step Number"对话框

✧ By Time/Freq: 通过设置时间或频率点来读取结果到数据库中。选择该命令，弹出"Read Results by Time or Frequency"对话框，如图5-8所示。当所设置的时间不是计算时间序列上的值时，如果使用固定时间，则读取的是程序通过线性插值得到的数据；如果使用可调时间，则程序读取的是与该时间点最接近的时间步上的值，如图5-8所示。

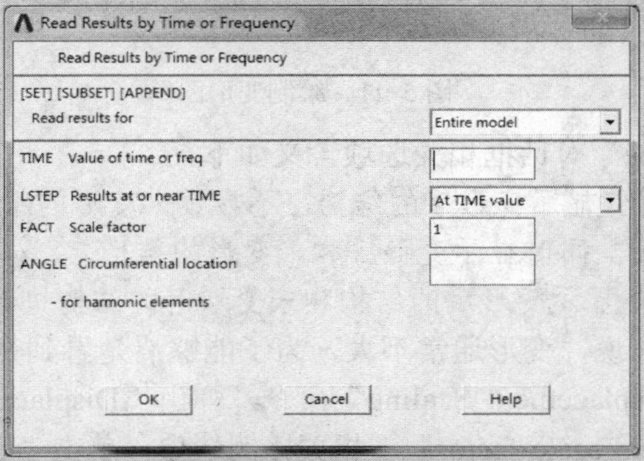

图5-8 "Read Results by Time or Frequency"对话框

✧ By Set Number: 通过数据组号来读取数据。所谓数据组号就是程序在分析过程中对载荷步和子步的编号。选择该命令，弹出"Read Results by Data Set Number"对话框，如图5-9所示。

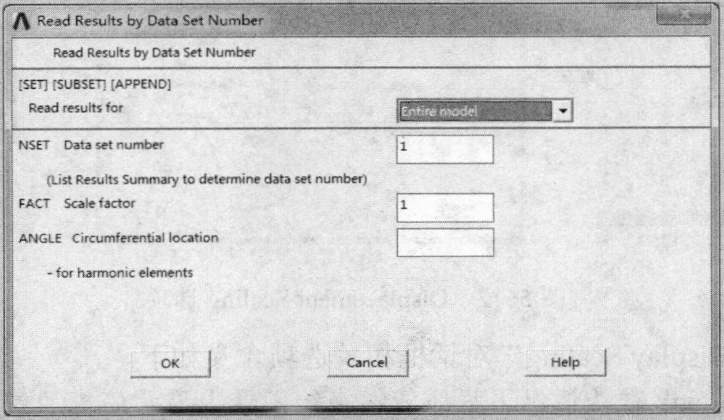

图5-9 "Read Results by Data Set Number"对话框

5.2.5 图形显示计算结果

ANSYS 软件通用后处理器可用多种图形形式显示求解结果,包括变形图、等值线图、矢量图、粒子轨迹图、破裂和压碎图。选择"Main Menu>General Postproc>Plot Results"命令可展开图形绘制菜单,如图 5-10 所示。

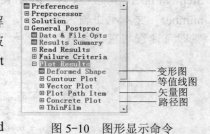

图 5-10 图形显示命令

1. 绘制变形图

选择"Main Menu>General Postproc>Plot Results>Deformed Shape"命令,弹出"Plot Deformed Shape"对话框,选中"Def shape only"单选项,单击"OK"按钮显示变形图,如图 5-11 所示。通常情况下显示变形和未变形边界是不错的选择。

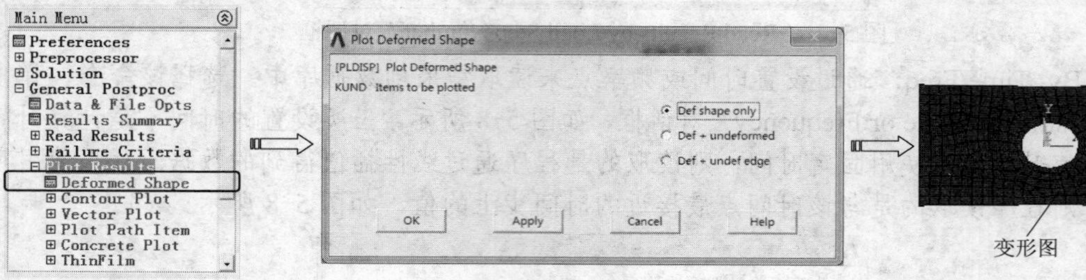

图 5-11 绘制变形图

"Plot Deformed Shape"对话框相关选项含义如下。

◇ Def shape only:仅显示变形后的结构,不显示未变形的结构。
◇ Def+underformed:同时显示变形后和未变形的结构。
◇ Def+under edge:显示变形后的结构和未变形时的结构边界。

因为相对结构尺寸来说,变形通常不大,为了能够清楚看到变形结果,可选择"Utility Menu>PlotCtrls>Style>Displacement Scaling"命令,弹出"Displacement Display Scaling"对话框,选择"Displacement scale factor"下相关比例选项,单击"OK"按钮完成变形显示比例设置,如图 5-12 所示。

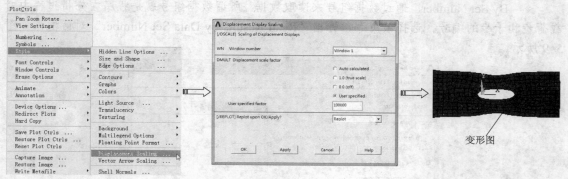

图 5-12 Displacement Scaling 选项

"Displacement Display Scaling"对话框相关选项含义如下。

◇ Auto calculated:默认情况下程序能够在绘图区内显示的模型最大变形为沿着三个坐标方向最大尺寸的百分之五。

第 5 章 后处理技术

- ◇ 1.0 (true scale)：设置显示比例为 1，即显示结构的实际真实变形。
- ◇ 0.0 (off)：关闭结构变形显示。
- ◇ Use specified：自定义显示比例。选择该单选项，并在"User specified factor"文本框中输入缩放比例，可实现按自定义比例显示变形图。

提示：变形图只是简单显示变形效果，让用户对变形有直观的了解。通常因为变形量较小，如果直接对变形结果显示，那么对用户来讲，变形效果不直观，也不明显，所以 ANSYS 程序对变形结果进行夸大。这样变形结果并不代表实际情况，只是一种变形趋势。

2. 绘制等值线图

等值线图适合显示应力、温度等结果在模型上的分布情况。等值线即为把结果中数据相等的点连接起来所形成的封闭曲线。为了直观地用图形表示，ANSYS 程序把不同的等值区域用不同的颜色表示，这种图也称为云图。在 ANSYS 程序中等值线图和云图一般不加以区分。

（1）图形显示节点结果　选择"Main Menu>General Postproc>Plot Results>Contour Plot>Nodal Solu"命令，弹出"Contour Nodal Solution Data"对话框，选中"von Mises stress"选项，单击"OK"按钮显示应力云图，如图 5-13 所示。

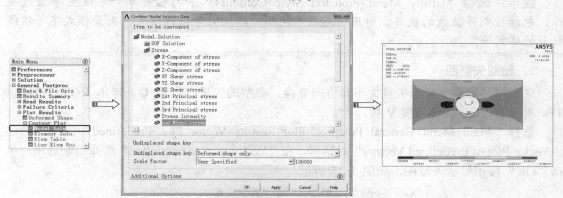

图 5-13　显示应力等值线图

"Contour Nodal Solution Data"对话框相关选项含义如下。

- ◇ Undisplaced shape key：用于设置边界显示选项。"Deformed shape only"表示只显示变形后的结构；"Deformed shape with underformed model"表示显示变形后的等值线图和未变形的结构；"Deformed shape with undeformed edge"表示显示变形后的等值线图和未变形的结构边界。
- ◇ Scale Factor：用户设置显示变形比例因子。
- ◇ Interpolation Nodes："Corner only"表示将单元边界设成 1 段，不显示中间节点；"Corner+midside"表示将单元边界设成 2 段，显示中间节点；"All applicabe"表示将单元边界设定成 4 段。
- ◇ Value for computing the EQV strain：用于设置矢量的平均算法。默认为 0，即先计算节点的值，然后对单元进行平均；如果取 1，则反过来，先求单元的值，再对节点平均。

（2）图形显示单元结果　选择"Main Menu>General Postproc>Plot Results>Contour Plot>Element Solu"命令，弹出"Contour Element Solution Data"对话框，选中"X-Component of elastic strain"选项,单击"OK"按钮显示应变云图,如图5-14所示。

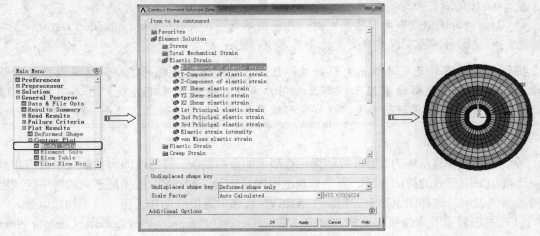

图 5-14　显示应变等值线图

提示:选择"Utility Menu>PlotCtrls>Style>Contours"下的相关命令可设置等值线显示,包括控制等值线的数目、所用值范围和间隔、非均匀等值线设置、矢量模式下等值线标号的样式等。

3. 绘制矢量图

矢量图是用箭头显示矢量大小和方向变换。典型的矢量有位移 U、转角 ROT、热通量 TF、热梯度 TG、流体速度 V 等。

选择"Main Menu>General Postproc>Plot Results>Vector Plot>Predefined"命令,弹出"Vector Plot of Predefined Vectors"对话框,在"Vector item to be plotted"选择绘制选项,单击"OK"按钮显示矢量图,如图 5-15 所示。

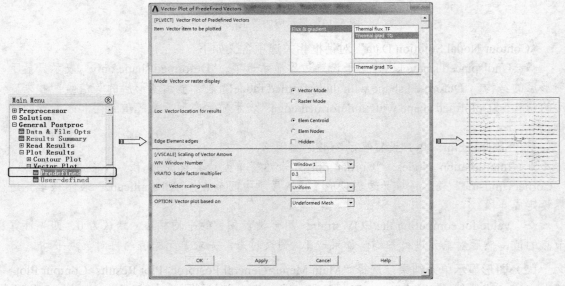

图 5-15　显示矢量图

提示：选择"Utility Menu>PlotCtrls>Style>Vector Arrow Scaling"命令，用于设置箭头的缩放以及箭头模式。

5.2.6 路径的创建和使用

路径（Path）是通用后处理器中一个强大的功能，它是模型上一系列由节点或坐标位置定义的轨迹。路径操作的意义是将某个结果数据映射到模型中一条由用户指定的路径上，对映射到路径上的数据还可以执行各种数学运算和微积分运算，以获得许多有工程意义的计算结果。另外，通过绘制路径图还可以观察沿路径上某结果项的分布状态，可反映一个量随另一个量的变化。

提示：路径定义只适用于二维或三维模型，对一维模型不能使用轨迹。对一维模型，要得到曲线图，可通过设置表数组参量，然后绘制表数组来得到。

1. 定义路径

要查看某结果沿路径的变化情况，可通过选取节点、选取工作平面上的点，或者直接输入坐标值来定义路径。

选择"Main Menu>General Postproc>Path Operations>Define Path>By Nodes"命令，弹出"By Nodes"对话框，选择路径经过的节点，单击"OK"按钮，弹出"By Nodes"对话框，在"Define Path Name"文本框中输入路径名称，单击"OK"按钮创建路径，如图5-16所示。

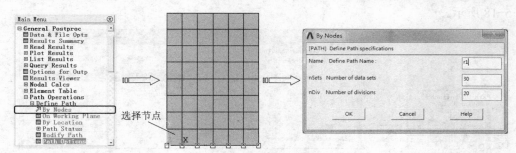

图 5-16 通过节点创建路径

"By Nodes"对话框相关选项如下。

◆ Define Path Name：用于输入路径的名称。可以定义多条路径，但一次只能使用一条路径。路径用路径名来识别和调用。如果设置了一个与已有路径名相同的名字，则已有路径将被覆盖。

◆ Number of data sets：选择一条路径上最多可以映射的数据项目。因为对某条路径来说，可以把应力、应变、温度等映射到路径上。该值表示最多允许多少项目映射到路径上，其值最小为4，表示定义时就生成4个项目，其中有3个坐标值，1个距离值。

◆ Number of divisions：相邻两个定义点之间的分段数。这种分段数将影响数据精确度。

提示：对于每条路径，ANSYS软件提供了4个几何标量参数和3个矢量参数。标量参数为路径上每个点的全局笛卡儿坐标值XG、YG、ZG和从初始点到估计上某一位置的距离参数S。矢量参数为轨迹上所有插值点的位置矢量R、单位切矢量T和单位法向矢量N。

2. 改变当前路径

一个模型中可以定义多个路径，但一次只能以一个路径为当前路径。选择"Main Menu>General Postproc>Path Operations>Recall Path"命令，弹出"Recall Path"对话框，选择当前路径名称，单击"OK"按钮当前路径设置完毕，如图5-17所示。

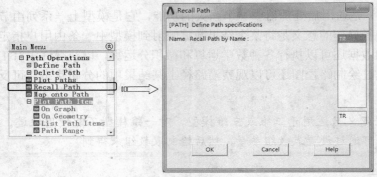

图 5-17 "Recall Path"对话框

3. 映射路径数据

定义路径只是创建了几何路径而已，并没有把结果数据映射到路径上。

选择"Main Menu>General Postproc>Path Operations>Map onto Path"命令，弹出"Map Result Items onto Path"对话框，选择要映射的结果项，单击"OK"按钮，路径映射完成，如图5-18所示。

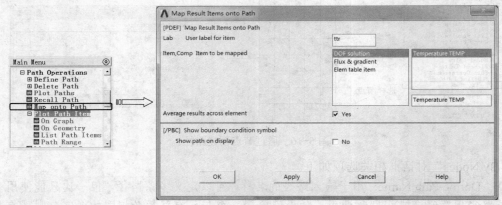

图 5-18 映射路径数据

提示：在创建路径时，ANSYS 自动将4个标量映射到路径上，即路径上每个点的全局笛卡儿坐标值 XG、YG、ZG 和从初始点到路径上某一位置的距离参数 S。

4. 显示路径结果

可通过图形和列表等方式显示沿路径的数据结果。下面分别加以介绍。

（1）路径曲线图 选择"Main Menu>General Postproc>Path Operation>Plot Path Item>On Graph"命令，弹出"Plot of Path Items on Graph"对话框，在"Path items to be graphed"列表中选择路径"TY0"，单击"OK"按钮，显示温度随距离的变化，如图5-19所示。

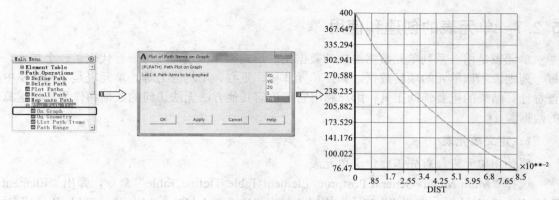

图 5-19 显示径向温度分布的曲线图

用户还可以改变横坐标的数据项。选择"Main Menu>General Postproc>Path Operation>Plot Path Item>Path Range"命令，弹出"Path Range for Lists and Plots"对话框，在"Path distance range"文本框设置横坐标的起止范围，在"Interpolation pt increment"文本框中设置增量的大小，默认为1，列表中选择路径"TY0"，单击"OK"按钮，显示温度随距离的变化，如图 5-20 所示。

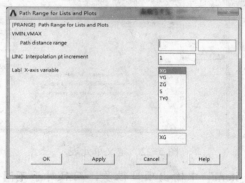

图 5-20 "Path Range for Lists and Plots"对话框

（2）路径云图　选择"Main Menu>General Postproc>Path Operation>Plot Path Item>On Geometry"命令，弹出"Plot of Path Items on Geometry"对话框，在"Path items to be graphed"列表中选择路径"TY0"，单击"OK"按钮，显示温度随距离的变化云图，如图5-21所示。

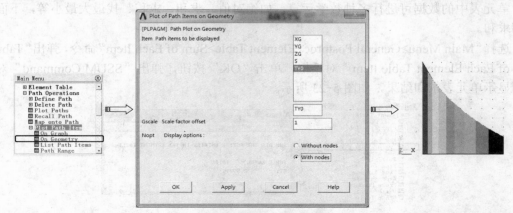

图 5-21 显示径向温度分布的云图

5.2.7 单元表的创建和使用

单元表是由一系列单元数据组成的数据集，形式类似数组，其每一行代表了一个单元，每一列则表示该单元的项目数据，如：单元体积、重心、平均应力等。单元表是 ANSYS 中查看计算结果的重要辅助工具，用户利用它可访问其他方法无法访问的数据和作为数学运算的数据源。

1. 定义单元表

要使用单元表，首先需要定义单元表。

选择"Main Menu>General Postproc>Element Table>Define Table"命令，弹出"Element Table Data"对话框，选择"Add..."按钮，弹出"Define Additional Element Table Items"对话框，在"User label for item"文本框中输入名称，在"Results data item"选择单元表内容，单击"OK"按钮返回"Element Table Data"对话框，单击"Close"按钮关闭对话框，如图 5-22 所示。

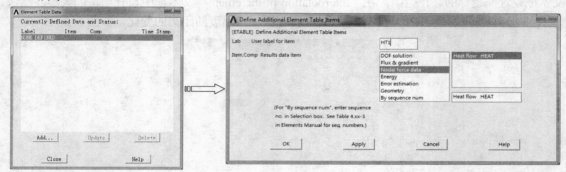

图 5-22 定义单元表

提示："Results data item"中输出项目很多，而且对于不同的单元输出项目可能会不同。因此，建议在定义单元表之前，最好查阅 ANSYS 软件的帮助文档确认要定义的单元输出项存在。

2. 单元表运算

单元表中的数据可进行多种数学运算，如绝对值、求和、求积、找最大最小等，下面仅介绍求和。

选择"Main Menu>General Postproc>Element Table>Sum of Each Item"命令，弹出"Tabular Sum of Each Element Table Item"对话框，单击"OK"按钮，弹出"SSUM Command"对话框，显示单元表求和结果，如图 5-23 所示。

图 5-23 单元表求和运算

3. 删除单元表

选择"Main Menu>General Postproc>Element Table>Define Table"命令，弹出"Element Table Data"对话框，选择要删除的单元表，单击"Delete"按钮完成，如图 5-24 所示。

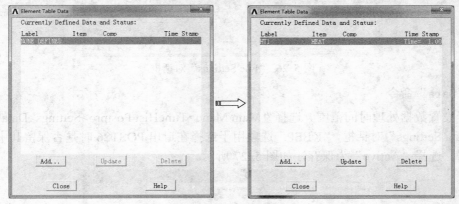

图 5-24 删除单元表

5.3 时间历程后处理器 POST26

时间历程后处理器可用于分析和处理模型中指定节点上随时间或频率变化的结果数据，并可研究节点或单元计算结果与时间或频率的函数关系。时间历程后处理器可通过设置变量来记录随时间或频率变换的结果项，并允许对变量执行各种数学运算，它常用于非线性分析、瞬态分析和谐响应分析，可生成结构随时间的变化动画。

选择"Main Menu>TimeHist Postpro"命令，弹出时间历程后处理菜单，如图 5-25 所示。

时间历程后处理器菜单主要命令如下。

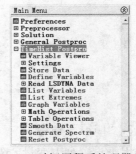

图 5-25 时间历程后处理器菜单

◇ Variable Viewer：用于变量的设置、运算和显示，它集成了时间历程后处理器的多数功能，使得边界相当简单。

◇ Settings：用于 POST26 相关环境设置。

◇ Store Data：用于存储 POST26 后处理器数据。

◇ Define Variables：用于定义变量。

◇ Graph Variables：用于图形输出变量。

提示：一旦用 FINISH 或其他方法退出 POST26，所有设置、定义的矢量、操作结果都不能保存在数据库文件（.DB）中，但是，所有操作可以保存，这方便用户重新对其进行处理。

5.3.1 环境设置

对 POST26 进行环境设置包括以下内容。

1. "File"命令

用于文件设置。选择"Main Menu>TimeHist Postpro>Settings>File"命令，弹出"File

Settings"对话框,其中"Number of variables"选项表示可定义的变量数,"File containing data"选项用于指定POST26后处理文件,如图5-26所示。

图5-26 "File Settings"对话框

2."Data"命令

用于设置数据处理时间范围。选择"Main Menu>TimeHist Postpro>Settings>Data"命令,弹出"Data Settings"对话框,"KEEP"选项用于选择在退出POST26时是否保留其中定义的各种数据,选择"Active"为保存,如图5-27所示。

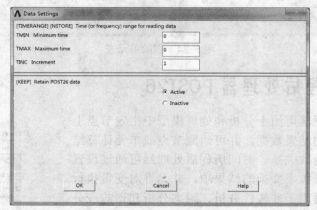

图5-27 "Data Settings"对话框

3."List"命令

用于设置列表变量。选择"Main Menu>TimeHist Postpro>Settings>List"命令,弹出"List Settings"对话框,如图5-28所示。

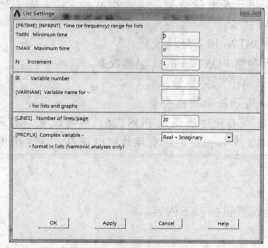

图5-28 "List Settings"对话框

4. "Graph" 命令

用于设置结果-时间曲线选项。选择"Main Menu>TimeHist Postpro>Settings>Graph"命令，弹出"Graph Settings"对话框，如图 5-29 所示。

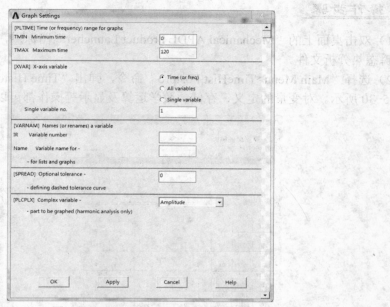

图 5-29 "Graph Settings" 对话框

"Graph Settings"对话框相关选项参数含义如下。

❖ Minimum time 和 Maximum time：用于设置图形中变量的范围。由于 POST26 的变量都是对应于时间（或频率）的，所以设置该值不会影响保存的变量，但只显示在该时间（频率）范围内的变量值。

❖ XVAR：图形的 X 轴变量，默认情况下，图形的横坐标是时间（或频率）。设置为"All variable"，则横坐标是变量号，每条曲线代表了一个时间点上各变量的值；"Single variable"表示指定一个变量号，则将以该变量作为横坐标，绘制其他变量与该变量之间的关系。

❖ VARNAM：对某个变量号的变量命名或重新命名，如果定义的名字中有空格，则空格将被自动压缩，但这个名字不能超过 8 个字符。

❖ SPREAD：用于设置公差曲线，该曲线指示数据传播的范围。如果指定 SPREAD=0.1，则表示公差偏移为±10%。

❖ PLCPLX：设置复数绘制模式，如果是复数，选择其幅值（Amplitude）、相位角（Phase angle）、实部（Real part）和虚部（Imaginary part）。

5.3.2 定义和保存变量

时间历程后处理器中大部分操作都是对变量而言的，变量是结果数据与时间（或频率）一一对应的简表。每个变量都由相应的变量号来代表，变量号 1 代表时间或频率，指定的变量使用 2 以上的变量号。默认情况下，最多可指定 10 个变量，但可以使用修改设置来指定更多的变量。

1. 定义变量

使用变量之前首先要定义变量，下面以瞬态热分析为例来讲解变量定义的方法和过程。

操作步骤

1）双击桌面上的"Mechanical APDL Product Launcher"图标，启动 ANSYS，并打开一个瞬态热分析文件。

2）选择"Main Menu>TimeHist Postpro"命令，弹出"Time History Variables"对话框，如图 5-30 所示。对变量的定义、存储、数学运算及显示等操作都可以在该对话框中进行。

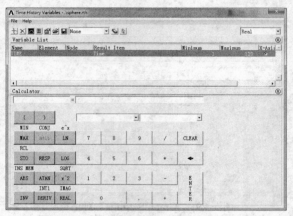

图 5-30 "Time History Variables"对话框

提示：如果关闭了"Time History Variables"对话框，可选择"Main Menu>TimeHist Postpro>Variable"下的"Viewer"命令重新打开。

3）单击 + 按钮，弹出"Add Time-History Variable"对话框，在"Result Item"列表框中依次选择"Nodal Solution"→"DOF Solution"→"Nodal Temperature"作为查看的结果，在"Variable Name"文本框中自动生成变量名称，如图 5-31 所示。

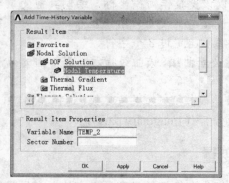

图 5-31 "Add Time-History Variable"对话框

4）单击"OK"按钮，弹出节点拾取对话框，选中模型中的所需节点，如图 5-32 所示。

5）单击"OK"按钮，返回到变量定义对话框，显示出定义的变量"TIME"和"TEMP_2"，如图 5-33 所示。

第 5 章　后处理技术

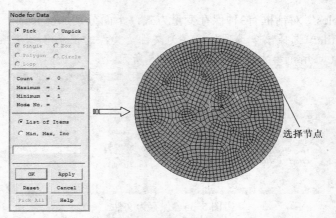

图 5-32　选择节点

图 5-33　显示出定义的变量"TIME"和"TEMP_2"

6）选择"File>Close"命令，关闭"Time History Variables"对话框。

提示：用户可选择"Main Menu>TimeHist Postpro>Define Varible"命令定义变量。

2．保存变量

定义变量建立了指向结果文件中某个数据项的指针。保存变量则把数据从结果文件复制到内存中。

在"Time History Variables"对话框，选择要保存的变量（如 TEMP_2），单击 按钮，弹出"Export Variables"对话框，设置相关参数后，单击"OK"按钮保存变量，如图 5-34 所示。

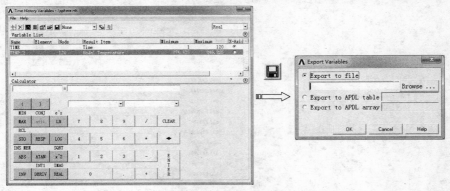

图 5-34　保存变量

"Export Variables"对话框有3种保存变量方式，下面分别加以介绍。

◆ Export to file：选择该单选项，保存为文件，文件的扩展名为"*.csv"（可用EXCEL打开）或"*.prn"（可用记事本打开），如图5-35所示。

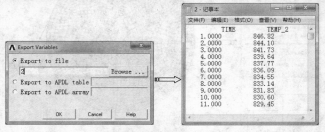

图5-35　保存为文件

◆ Export to APDL table：选中该单选项，输入名称后，单击"OK"按钮，变量存储为APDL表。存储完成后选择"Utility Menu>Parameters>Array Parameters>Define/Edit"命令，选中生成的表，单击"Edit"按钮，可以时间或频率为索引查看存储的APDL的表，如图5-36所示。

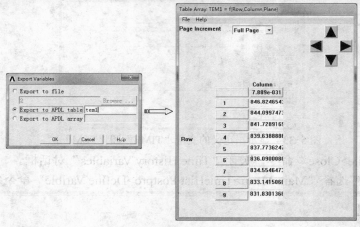

图5-36　存储为APDL表

◆ Export to APDL array：选中该单选项，输入名称后，单击"OK"按钮，变量存储为APDL数组。存储完成后选择"Utility Menu>Parameters>Array Parameters>Define/Edit"命令，选中生成的数组，单击"Edit"按钮，可以1，2，3等为索引查看存储的APDL数组，如图5-37所示。

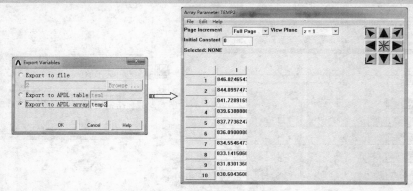

图5-37　存储为APDL数组

第 5 章 后处理技术

5.3.3 查看变量

一旦变量被定义,时间历程后处理器中有两种方式查看变量:时间-变量图形显示方式和列表显示方式。

1. 图形显示

图形显示相对比较简单,可利用变量观察器中的按钮完成,简单介绍如下:

1)选择"Main Menu>TimeHist Postpro>Variable"下的"Viewer"命令,弹出"Time History Variables"对话框,如图 5-38 所示。

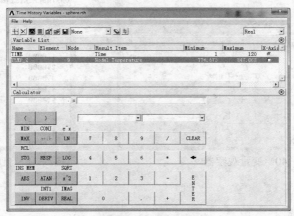

图 5-38 变量观察器

2)在"Variable List"列表中选择要显示的变量(如 TEMP_2),单击▲按钮,即可在图形区显示变量的变化曲线,X 轴为时间变量 TIME,Y 轴为显示的变量数据,如图 5-39 所示。

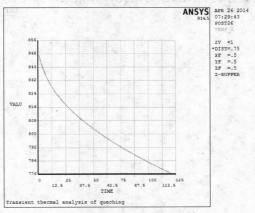

图 5-39 温度随时间变化曲线

提示:(1)在"Variable List"列表中按住"Ctrl"键可同时选中多个变量,单击▲按钮,即可在图形区显示多个变量的变化曲线。

(2)选择 Main Menu>TimeHist Postpro>Graph Variables 命令,选择要绘图的变量来用图形显示其变化。

2. 列表显示

1）选择"Main Menu>TimeHist Postpro>Variable"下的"Viewer"命令，弹出"Time History Variables"对话框，如图5-40所示。

2）在"Variable List"列表中选择要显示的变量（如 TEMP_2），单击按钮，即可弹出窗口显示变量数据，如图5-41所示。

图 5-40　变量观察器

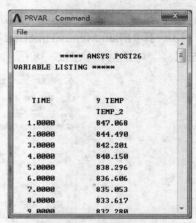
图 5-41　温度随时间变化数据

5.4　本章小结

本章介绍了 ANSYS 后处理技术，包括通用后处理器和时间历程后处理器，涉及内容有读取结果数据、图形显示结果、路径和单元表使用、定义和储存变量、变量图形显示等。熟悉应用后处理技术才能正确分析 ANSYS 有限元计算结果，希望读者学懂学透。

第 6 章 ANSYS 14.5 结构静力学分析实例

线性结构静力学分析用于确定加载结构的位移、应力、应变或反力等,忽略阻尼和惯性影响,假设结构加载及响应随时间变化缓慢。本章首先对 ANSYS 14.5 软件的结构静力学分析进行介绍,然后通过典型案例对结构静力学分析的方法和步骤进行详细讲解。

6.1 结构静力学分析概述

线性结构静力学分析是最基本但又是应用最为广泛的一类分析类型。线性分析包括两个方面的含义:首先是材料为线性,应力、应变关系为线性,变形是可恢复的;其二,结构发生的是小位移、小应变、小转动,结构刚性不因变形而变化。ANSYS 结构分析得出的基本未知量(节点自由度)是位移,其他的一些未知量,如应变、应力和反力可通过节点位移导出。

6.1.1 线性结构静力学分析简介

结构静力学(Static Structural)用于计算在固定不变载荷作用下结构的效应,它不考虑惯性和阻尼的影响,如随时间变化的载荷情况,但可以计算那些固定不变的惯性载荷对结构的影响,如重力和离心力。

静力学分析方程为

$$[K]\{x\} = [F]$$

式中 $[K]$ 为刚度矩阵,$\{x\}$ 为位移矢量,$[F]$ 为静力载荷。如果假设材料为线弹性、结构变形小,则$[K]$为常量矩阵且必须是连续的,$[F]$ 为静态加载到模型上的力,该力不随时间变化,不包括惯性影响因素(质量、阻尼等)。

实际工程中,结构除了承受永久性载荷以外,还会受到动载荷的影响。当载荷变化缓慢,变化周期远大于结构的自振周期时,其动力响应很小,可作为静载荷处理,反之作为动载荷处理。

6.1.2 结构静力学分析步骤

ANSYS 结构静力学分析基本步骤包括指定分析类型、建立有限元模型、加载和求解、结果后处理分析等。

1. 指定分析类型

要进行结构静力学分析,选择"Main Menu>Preference"命令,弹出"Preferences for GUI

Filtering"对话框，选中"Structural"选项，如图6-1所示。

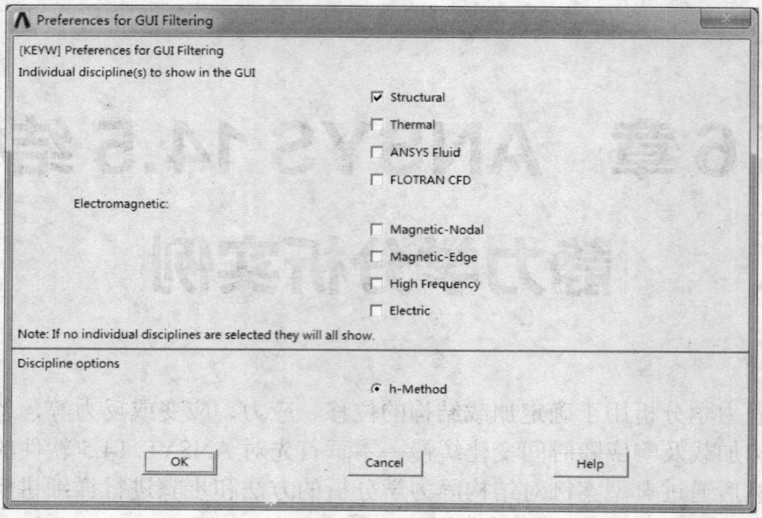

图6-1 "Preferences for GUI Filtering"对话框

2．建立有限元模型

在建立模型过程中，应该首先确立所要分析工程的作业文件名、分析的工作标题，然后通过前处理程序定义单元类型、实常数、材料属性等。需要注意以下事项：

1）在线性静力学分析中，可使用线性或非线性的单元类型。

2）选择的材料属性可以是线性的也可以是非线性的，可以是各向同性或各向异性，可随温度变化也可不随温度变化，但必须设定弹性模量和泊松比这两个材料参数。

3）对应力、应变、变形等感兴趣的区域，单元应划分得密一些；对可能产生应力集中的地方，所划分网格应足够密。

4）ANSYS软件在进行静力学分析时，用四面体和六面体单元求解的结果差别不大，所以对于形状复杂的结果可使用四面体自由网格，这样可大大节约建模工作量。

3．加载和求解

完成模型的建立后即可以开始加载和求解，包括定义分析类型、分析选项、根据分析对象的工作状态和环境施加边界条件和载荷、对结果输出内容进行控制、根据设定的情况进行有限元求解。

（1）定义分析类型　选择"Main Menu>Solution>New Analysis"命令，弹出"New Analysis"对话框，选中"Static"选项，如图6-2所示。

（2）进行求解控制设定　选择"Main Menu>Solution>Analysis Type>Sol'n Controls"命令，弹出"Solution Controls"对话框，在"Basic"选项卡中的"Analysis Options"选项组中选择"Small Displacement Static"（小位移静力问题），"Write Item to Results File"选项组中选择"All solution items"（对所有求解的内容进行全部输出），如图6-3所示。

（3）施加载荷　在结构静力学分析的所有载荷中，惯性载荷独立于模型。除此之外，既可在实体上加载（关键点、线、面），也可在有限元模型上加载（节点、单元）。结构静力学分析中可以使用如下载荷。

第6章 ANSYS 14.5 结构静力学分析实例

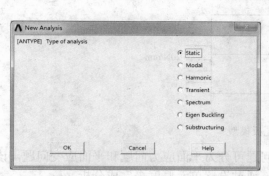

图6-2 "New Analysis"对话框

图6-3 "Solution Controls"对话框

1）位移（UX、UY、UZ、ROTX、ROTY、ROTZ）。这些自由度约束常施加到模型边界上，用以定义刚性支承点。它们也可用于指定对称边界条件及已知运动的点。

2）力（FX、FY、FZ）和力矩（MX、MY、MZ）。这些集中力通常在模型的外边界上指定，其方向按节点坐标系定义。

3）压力（PRES）。通常作用于模型的外部，正压力为指向单元面（起到压缩的效果）。

4）流（FLUE）：用于研究膨胀（由于中子流或其他原因而引起的材料膨胀）或蠕变的效应，只在输入膨胀或蠕变方程时才能使用。

5）重力、旋转。整个结构的惯性载荷。如果要计算惯性效应，必须定义密度。

（4）求解 对于静力学分析，通常只进行一个载荷步的求解，所以可直接利用"Main Menu>Solution>Solve>Current LS"命令对问题进行求解。

4．结果后处理

在结构静力学分析中，其计算结果将被写入结果文件 Jobname.RST。一般结果文件中包含了以下数据：

（1）基本数据 节点位移。

（2）导出数据 节点和单元应力和单元应变、单元集中力和节点支反力等。

在结果的检查中，可以使用通用后处理器，也可以使用时间历程后处理器。通用后处理器可检查整个模型在指定时间步（或子步）下的计算结果；而时间历程后处理器主要用于非线性分析中特定加载历史下的结果跟踪。无论是用通用后处理器还是时间历程后处理器来检查计算结果，程序的数据库都必须包含求解时相同的计算模型，且结果文件 Jobname.RST 必须可用。

6.2 结构静力学分析实例

本节按照由浅入深的原则，通过3个实例来具体讲解 ANSYS 14.5 结构静力学分析的方法和操作步骤。

6.2.1 入门实例——带孔板应力分析

如图6-4所示，带孔板厚度为20mm，左边固定，右边受载荷20N/mm作用。材料为钢，弹性模量为 210GPa，泊松比为 0.3，求其变形和应力分布。

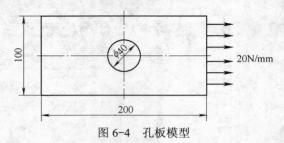

图 6-4 孔板模型

本例是一个工程上常见的平面问题。平面问题可分为平面应力问题和平面应变问题，该例为平面应力问题。平面问题模型可简化为面，通过设置单元厚度来完成分析。

操作步骤

1. 启动 ANSYS 14.5

双击桌面上的"Mechanical APDL Product Launcher"图标，弹出"ANSYS 配置"窗口，在"Simulation Environment"选择"ANSYS"，在"license"选择"ANSYS Multiphysics"，然后指定合适的工作目录，单击"Run"按钮，进入 ANSYS 用户界面。

2. 指定工程名和分析标题

1）选择"Utility Menu>File>Change Jobname"命令，弹出"Change Jobname"对话框，修改工程名称为"holeplate"，如图 6-5 所示。单击"OK"按钮完成修改。

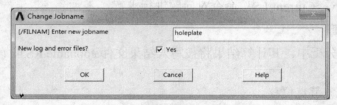

图 6-5 "Change Jobname"对话框

2）选择"Utility Menu>File>Change Title"命令，弹出"Change Title"对话框，修改标题为"plane stress"，如图 6-6 所示。单击"OK"按钮完成修改。

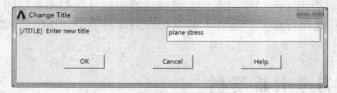

图 6-6 "Change Title"对话框

3）选择"Utility Menu>Plot>Replot"命令，指定的标题"plane stress"将显示在窗口的左下方。

3. 指定分析类型

选择"Main Menu>Preference"命令，弹出"Preferences for GUI Filtering"对话框，勾选"Structural"选项，如图 6-7 所示。单击"OK"按钮确认。

第 6 章 ANSYS 14.5 结构静力学分析实例

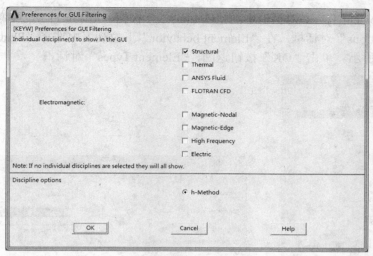

图 6-7 "Preferences for GUI Filtering" 对话框

4．定义单位

在 ANSYS 软件的主界面命令输入窗口中，输入 "/UNIT，SI"，如图 6-8 所示。然后单击 "Enter" 键确认。

图 6-8 输入单位命令

提示：ANSYS 软件没有为系统指定唯一的单位，除了磁场分析之外，可在工程分析中使用任意一种单位制，只要用户在使用中保证所有数据使用同一单位制即可。

5．定义单元类型

1) 选择 "Main Menu>Preprocessor>Element Type>Add/Edit/Delete" 命令，弹出 "Element Types" 对话框，如图 6-9 所示。

2) 单击 "Add…" 按钮，弹出 "Library of Element Types" 对话框，在左边的列表中选择 "Solid" 选项，选择实体单元类型，然后在右边列表中选择 "Quad 8node 183" 单元，如图 6-10 所示。单击 "Library of Element Types" 对话框的 "OK" 按钮，返回 "Element Types" 对话框。

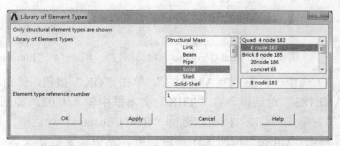

图 6-9 "Element Types" 对话框　　　图 6-10 "Library of Element Types" 对话框

3）单击"Element Types"对话框中的"Options…"按钮，如图 6-11 所示，弹出"PLANE183 element-type options"对话框，在"Element behavior"下拉列表中选择"Plane strs w/thk"选项，如图 6-12 所示。单击"OK"按钮返回，"Element Types"对话框。

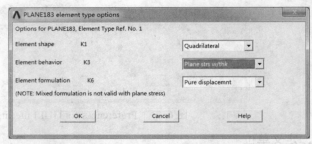

图 6-11 "Element Types"对话框　　图 6-12 "PLANE183 element type options"对话框

4）单击"Close"按钮关闭"Element Types"对话框，结束单元类型的添加。

6. 定义实常数

1）选择"Main Menu>Preprocessor>Real Constants>Add/Edit/Delete"命令，弹出"Real Constants"对话框，此时对话框显示"NONE DEFINED"，表示没有任何实常数被定义，如图 6-13 所示。

2）单击"Add…"按钮，弹出"Element Type for Real Constants"对话框，显示出已经定义的单元类型，如图 6-14 所示。

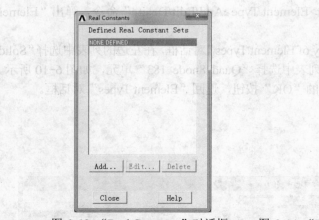
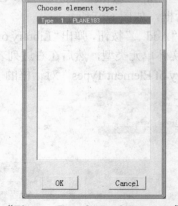

图 6-13 "Real Constants"对话框　　图 6-14 "Element Type for Real Constants"对话框

3）选中"Type 1 PLANE183"，单击"OK"按钮，弹出"Real Constant Set Number 1, for PLANE183"对话框，在"THK"文本框中输入 0.02，如图 6-15 所示。

4）单击"OK"按钮，返回"Real Constant"对话框，显示定义的实常数，如图 6-16 所示，单击"Close"按钮关闭该对话框，结束实常数定义。

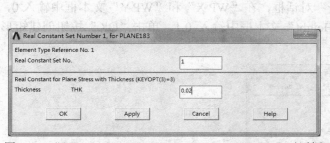

图 6-15 "Real Constant Set Number 1 for PLANE183"对话框　　图 6-16 "Real Constants"对话框

7. 定义材料属性

1）选择"Main Menu>Preprocessor>Materials Props>Material Models"命令，弹出"Define Material Model Behavior"对话框，如图 6-17 所示。

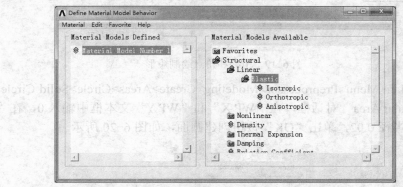

图 6-17 "Define Material Model Behavior"对话框

2）在图 6-17 右侧列表中选择"Structural>Linear>Elastic>Isotropic"，弹出"Linear Isotropic Properties for Material Number 1"对话框，在"EX"文本框中输入 2e11，在"PRXY"文本框中输入 0.3，如图 6-18 所示，单击"OK"按钮返回。

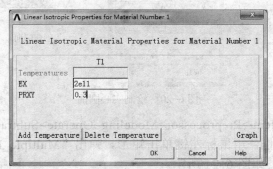

图 6-18 "Linear Isotropic Properties for Material Number 1"对话框

3）在"Define Material Model Behavior"对话框中选择"Material>Exit"命令，退出材料属性窗口，完成材料模型属性的定义。

8. 建立分析模型

1）选择"Main Menu>Preprocessor>Modeling>Create>Areas>Rectangle>By Center & Cornr"命令，弹出"Rectangle by Ctr, Corner"对话框，在"WP X"和"WP Y"文本框中输入 0，在"Width"文本框中输入 0.2，在"Height"文本框中输入 0.1，单击"OK"按钮创建矩形面，如图 6-19 所示。

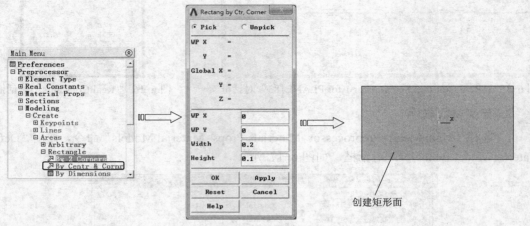

图 6-19 中心和角点绘制矩形

2）选择"Main Menu>Preprocessor>Modeling>Create>Areas>Circle>Solid Circle"命令，弹出"Solid Circular Area"对话框，在"WP X"和"WP Y"文本框中输入 0，在"Radius"文本框中输入圆半径 0.02，单击"OK"按钮创建圆面，如图 6-20 所示。

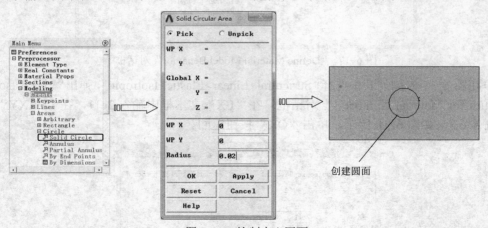

图 6-20 绘制实心圆面

3）选择"Main Menu>Preprocessor>Modeling>Operate>Subtract>Areas"命令，弹出"Subtract Areas"对话框，用鼠标左键单击矩形，弹出"Multiple_Entities"对话框，单击"OK"按钮选中矩形，如图 6-21 所示。

4）单击"Subtract Areas"对话框中的"OK"按钮，再次弹出"Subtract Areas"对话框，用鼠标选择圆，同样弹出"Multiple_Entities"对话框，单击"Next"按钮，选中圆，然后依次单击"OK"按钮完成布尔减运算，如图 6-22 所示。

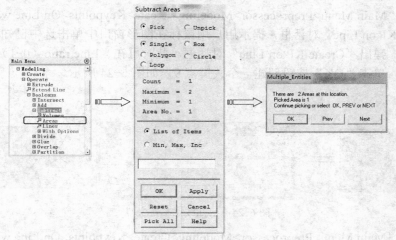

图 6-21 选择矩形

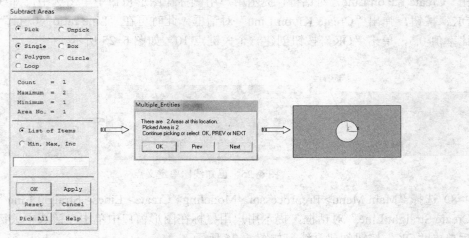

图 6-22 完成布尔减运算

5）选择"Utility Menu→PlotCtrls→Numbering"命令，弹出"Plot Numbering Controls"对话框，勾选"Keypoint numbers"复选框，单击"OK"按钮，图形窗口显示出关键点编号，如图 6-23 所示。

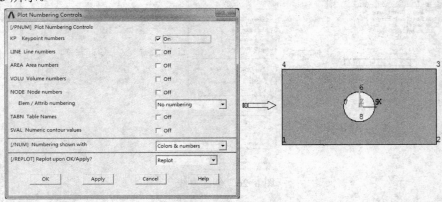

图 6-23 显示关键点编号

6）选择"Main Menu>Preprocessor>Modeling>Create>Keypoints>On Line w/Ratio"命令，弹出"Create KP on Line"对话框，提示用户用鼠标在图形窗口中单击选中已知线，然后单击"OK"按钮，弹出"Create KP on Line"对话框，此时可在"Line ratio（0-1）"文本框中输入比率值0.5，单击"OK"按钮创建一个关键点9，如图6-24所示。

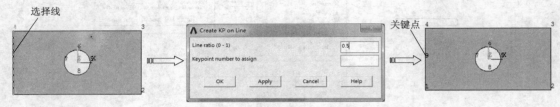

图6-24 已知线比率定义点

7）选择"Main Menu>Preprocessor>Modeling>Create>Keypoints>On Line w/Ratio"命令，弹出"Create KP on Line"对话框，提示用户用鼠标在图形窗口中单击选中已知线，然后单击"OK"按钮，弹出"Create KP on Line"对话框，此时可在"Line ratio（0-1）"文本框中输入比率值0.5，单击"OK"按钮创建一个关键点10，如图6-25所示。

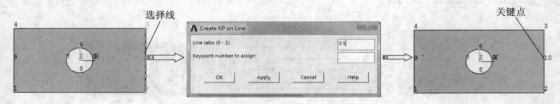

图6-25 已知线比率定义点

8）选择"Main Menu> Preprocessor> Modeling> Create> Lines> Straight Line"命令，弹出"Create Straight Line"对话框，提示用户用鼠标在图形窗口中单击左键选中关键点9和10，然后单击"OK"按钮创建直线，如图6-26所示。

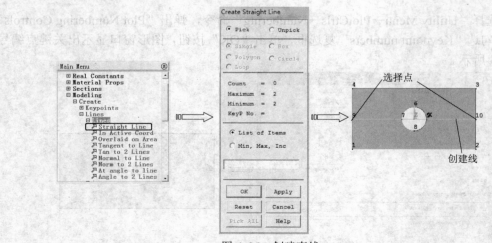

图6-26 创建直线

9）选择"Main Menu> Preprocessor> Modeling>Operate>Booleans>Divide>Area by Line"

命令，弹出"Divide Area by Line"对话框，选择要切割的面，单击"OK"按钮，再次弹出"Divide Area by Line"对话框，选择分割面的线，单击"OK"按钮完成切割运算，如图 6-27 所示。

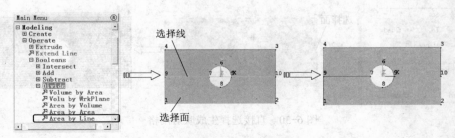

图 6-27 切割运算

9. 划分网格

1）选择"Main Menu> Preprocessor> Meshing> Mesh Tool"命令，弹出"Mesh Tool"对话框，单击"Lines"后的"Set"按钮，弹出"Element Size on Picked Line"对话框，单击"Pick All"按钮，弹出"Element Sizes on Picked Lines"对话框，在"No. of element divisions"文本框中输入 15，单击"OK"按钮完成设置，如图 6-28 所示。

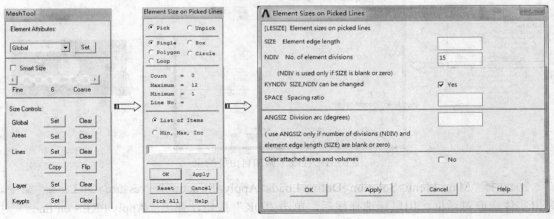

图 6-28 设置线单元数量

2）在网格工具中选择分网对象为"Areas"，网格形状为"Quad"，选择分网形式为"Mapped"，选择"Pick corners"，然后单击"Mesh"按钮，拾取面，单击"Apply"按钮，然后依次选择关键点 9、4、3、10，单击"OK"按钮，生成网格，如图 6-29 所示。

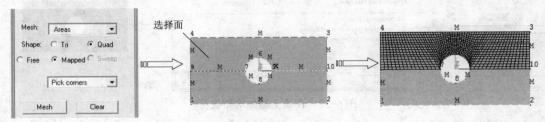

图 6-29 直接选择生成映射网格

3）在网格工具中选择分网对象为"Areas"，网格形状为"Quad"，选择分网形式为

"Mapped",选择"Pick corners",然后单击"Mesh"按钮,拾取面,单击"Apply"按钮,然后依次选择关键点9、1、2、10,单击"OK"按钮生成网格,如图6-30所示。

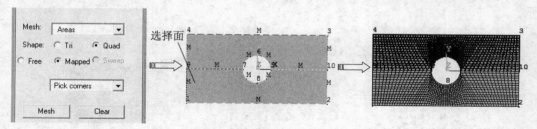

图 6-30　直接选择生成映射网格

10. 施加边界条件和载荷

1)选择"Main Menu>Solution>Define Loads>Apply>Structural>Displacement>On Lines"命令,弹出实体选取对话框,用鼠标选择线后,单击"OK"按钮,弹出"Apply U,ROT on Lines"对话框,在"DOFs to be constrained"列表框中选择约束类型"All DOF",在"Displacement value"文本框中输入数值0,单击"OK"按钮完成约束,如图6-31所示。

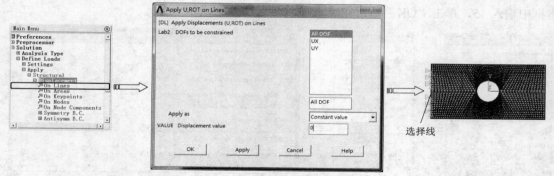

图 6-31　在线上施加自由度约束

2)选择"Main Menu>Solution>Define Loads>Apply>Structural>Pressure>On Lines"命令,弹出实体选取对话框,用鼠标选择线后,单击"OK"按钮,弹出"Apply PRES on lines"对话框,在"Load PRES value"文本框中输入数值–1000000,单击"OK"按钮施加载荷,如图6-32所示。

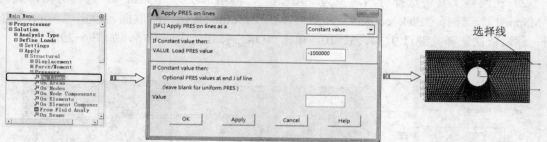

图 6-32　在线上施加均布载荷

11. 求解

1)选择"Main Menu>Solution>Solve>Current LS"命令,弹出图6-33所示的求解信息

窗口，其中"/STATUS Command"窗口显示所要计算模型的求解信息和载荷步信息。

2）单击"Solve Current Load Step"对话框中的"OK"按钮，程序开始求解，求解完成后弹出"Note"对话框，如图 6-34 所示。单击"Close"按钮关闭。

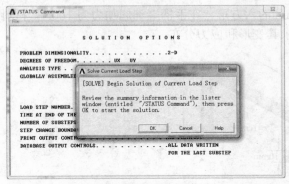

图 6-33　求解信息窗口

图 6-34　"Note"对话框

12．后处理显示结果

1）选择"Main Menu>General Postproc>Plot Results>Deformed Shape"命令，弹出"Plot Deformed Shape"对话框，选中"Def+ undef edge"单选按钮，单击"OK"按钮显示变形图，如图 6-35 所示。由图中可见最大变形为 0.00124mm，变形很小。

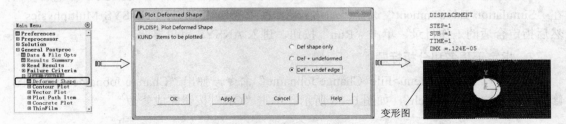

图 6-35　绘制变形图

2）选择"Main Menu>General Postproc>Plot Results>Contour Plot>Nodal Solu"命令，弹出"Contour Nodal Solution Data"对话框，选中"von Mises stress"选项，单击"OK"按钮显示应力云图，如图 6-36 所示。

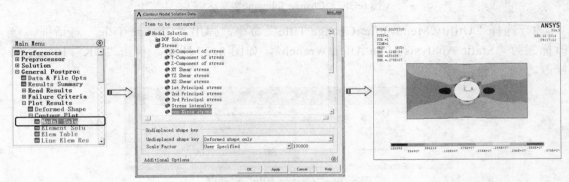

图 6-36　绘制应力等值线图

3）单击工具栏上的 SAVE_DB 按钮，保存数据库文件。

6.2.2 提高实例——扳手弯曲分析

如图 6-37 所示，扳手截面是宽度为 10mm 的六方形，在手柄端部施加力为 100N。材料为钢，弹性模量为 207GPa，泊松比为 0.3，求其变形和应力分布。

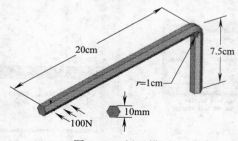

图 6-37 扳手模型

操作步骤

1. 启动 ANSYS 14.5

双击桌面上的"Mechanical APDL Product Launcher"图标，弹出"ANSYS 配置"窗口，在"Simulation Environment"选择"ANSYS"，在"license"选择"ANSYS Multiphysics"，然后指定合适的工作目录，单击"Run"按钮，进入 ANSYS 用户界面。

2. 指定工程名和分析标题

1）选择"Utility Menu>File>Change Jobname"命令，弹出"Change Jobname"对话框，修改工程名称为"wrench"，如图 6-38 所示。单击"OK"按钮完成修改。

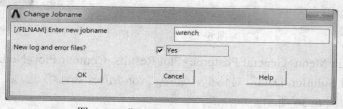

图 6-38 "Change Jobname"对话框

2）选择"Utility Menu>File>Change Title"命令，弹出"Change Title"对话框，修改标题为"Static Analysis of an Allen Wrench"，如图 6-39 所示。单击"OK"按钮完成修改。

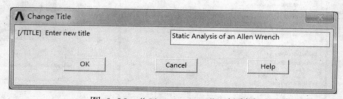

图 6-39 "Change Title"对话框

3）选择"Utility Menu>Plot>Replot"命令，指定的标题"Static Analysis of an Allen Wrench"

显示在窗口的左下方。

3. 指定分析类型

选择"Main Menu>Preference"命令,弹出"Preferences for GUI Filtering"对话框,勾选"Structural"选项,如图 6-40 所示。单击"OK"按钮确认。

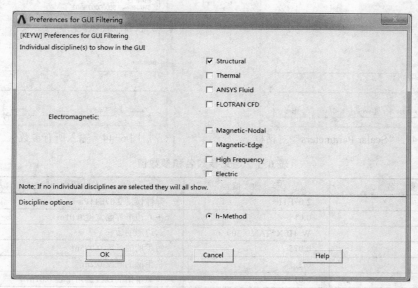

图 6-40 "Preferences for GUI Filtering"对话框

4. 定义单位

1)在 ANSYS 软件的主界面命令输入窗口中,输入"/UNIT,SI",如图 6-41 所示。然后单击"Enter"键确认。

图 6-41 输入单位命令

2)选择"Utility Menu>Parameters>Angular Units"命令,弹出"Angular Units for Parametric Functions"对话框,选择角度单位为"Degrees DEG",单击"OK"按钮完成,如图 6-42 所示。

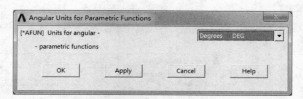

图 6-42 "Angular Units for Parametric Functions"对话框

5. 定义标量参数

1)选择"Utility Menu>Parameters>Scalar Parameters"命令,弹出"Scalar Parameters"对话框,在"Selection"文本框中输入 EXX=2.07E11。输入时不管字母大小写,ANSYS 会将输入字母全部转换为大写,单击"Accept"按钮接受,如图 6-43 所示。

2）重复上述步骤输入表 6-1 中的所有参数，如图 6-44 所示。单击"Close"按钮完成。

图 6-43　"Scalar Parameters"对话框　　　　　图 6-44　输入所有参数

表 6-1　定义参数名和参数值

参　数　名	参　数　值	说　明
EXX	2.07E11	弹性模量 2.07E11Pa
W_HEX	0.01	正六边形界面宽度 0.01m
W_FLAT	W_HEX*TAN（30）	六边形的边长
L_SHANK	0.075	短手柄的长度 0.075m
L_HANDLE	0.2	长手柄的长度 0.2m
BENDRAD	0.01	长短手柄的过渡圆角半径 0.01m
L_ELEM	0.0075	单元边长 0.0075m
NO_D_HEX	2	截面每条的单元分段数 2

6．定义单元类型

1）选择"Main Menu>Preprocessor>Element Type>Add/Edit/Delete"命令，弹出"Element Types"对话框，如图 6-45 所示。

2）单击"Add..."按钮，弹出"Library of Element Types"对话框，在左边的列表中选择"Solid"选项，选择实体单元类型，然后在右边列表中选择"Brick 8node 185"单元，如图 6-46 所示。单击"Library of Element Types"对话框的"OK"按钮，返回"Element Types"对话框。

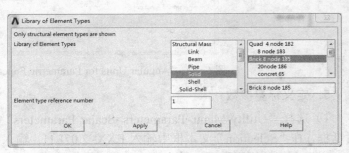

图 6-45　"Element Types"对话框　　　　　图 6-46　"Library of Element Types"对话框

3）单击"Add…"按钮，弹出"Library of Element Types"对话框，在左边的列表中选择"Solid"选项，即选择实体单元类型，然后在右边列表中选择"Quad 4 node 182"单元，如图 6-47 所示。单击"OK"按钮返回"Element Types"对话框。

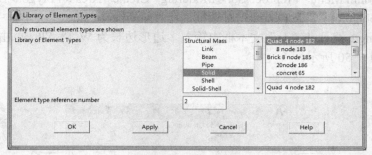

图 6-47 "Library of Element Types"对话框

4）单击"Element Types"对话框的"Close"按钮，结束单元类型的添加。

7. 定义材料属性

1）选择"Main Menu>Preprocessor>Materials Props>Material Models"命令，弹出"Define Material Model Behavior"对话框，如图 6-48 所示。

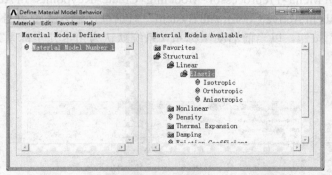

图 6-48 "Define Material Model Behavior"对话框

2）在右侧列表中选择"Structural>Linear>Elastic>Isotropic"，弹出"Linear Isotropic Properties for Material Number 1"对话框，在"EX"文本框中输入 exx，在"PRXY"文本框中输入 0.3，如图 6-49 所示。单击"OK"按钮返回。

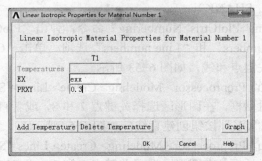

图 6-49 "Linear Isotropic Properties for Material Number 1"对话框

3）在"Define Material Model Behavior"对话框中选择"Material>Exit"命令，退出材料

属性窗口，完成材料模型属性的定义。

8．建立分析模型

1）选择"Main Menu> Preprocessor> Modeling> Create> Areas>Polygon>By Side Length"命令，弹出"Polygon by Side Length"对话框，在"Number of sides"文本框中输入多边形的边数 6，在"Length of each side"文本框中输入多边形边长为 W_FLAT，单击"OK"按钮创建多边形，如图 6-50 所示。

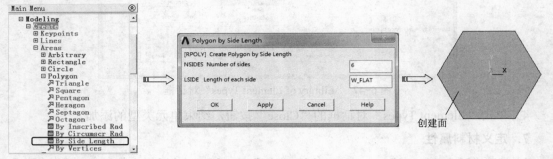

图 6-50　边长绘制正多边形

2）选择"Main Menu>Preprocessor>Modeling>Create>Keypoints>In Active CS"命令，弹出"Create Keypoints in Active Coordinate System"对话框，输入关键点号为 7 和坐标值（0，0，0），单击"OK"按钮，以当前活动坐标系（系统默认为笛卡儿坐标系）定义一个关键点，如图 6-51 所示。

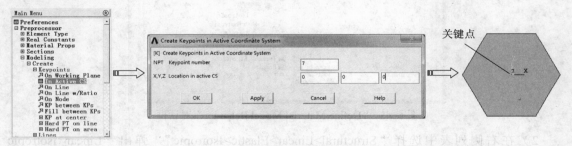

图 6-51　在活动坐标系中定义关键点 7

3）重复上述步骤分别创建：关键点 8，坐标为（0，0，-L_SHANK）；关键点 9，坐标为（0，L_HANDLE，-L_SHANK）。

4）选择"Utility Menu>PlotCtrls>Numbering"命令，弹出"Plot Numbering Controls"对话框，勾选"Keypoint numbers"和"Line numbers"选项，单击"OK"按钮，如图 6-52 所示。此时显示所创建的关键点和线，如图 6-53 所示。

5）选择"Main Menu> Preprocessor> Modeling> Create> Lines> Straight Line"命令，弹出"Create Straight Line"对话框，在图形区选择关键点 7 和 8，或者直接输入两点编号"7，8"绘制直线 L7，然后单击"OK"按钮创建直线，如图 6-54 所示。

6）选择"Main Menu> Preprocessor> Modeling> Create> Lines> Straight Line"命令，弹出"Create Straight Line"对话框，在图形区选择关键点 8 和 9，或者直接输入两点编号"8，9"绘制直线 L8，然后单击"OK"按钮创建直线，如图 6-55 所示。

第 6 章 ANSYS 14.5 结构静力学分析实例

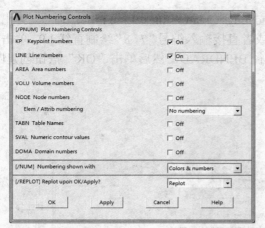

图 6-52 "Plot Numbering Controls"对话框

图 6-53 绘制的关键点

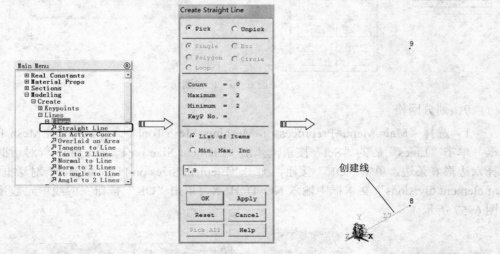

图 6-54 创建直线

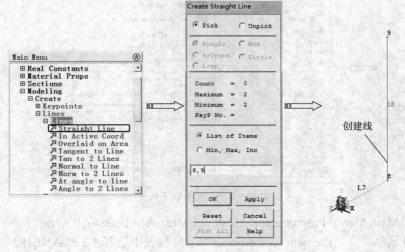

图 6-55 创建直线

7) 选择"Main Menu>Preprocessor>Modeling>Create>Lines>Line Fillet"命令，弹出"Line Fillet"对话框，在图形区选择线 L7 和 L8，或者直接输入编号"7，8"绘制直线 L9，单击"OK"按钮，弹出"Line Fillet"对话框，输入半径 BENDRAD，然后单击"OK"按钮创建圆角，如图 6-56 所示。

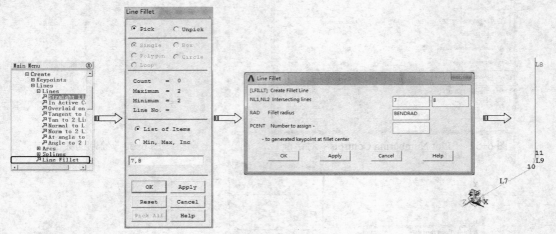

图 6-56 创建圆角

9．划分网格

1) 选择"Main Menu>Preprocessor>Meshing>Mesh Tool"命令，弹出"Mesh Tool"对话框，单击"Lines"后的"Set"按钮，弹出"Element Size on Picked Lines"对话框，依次选择六边形 6 条边，单击"OK"按钮，弹出"Element Sizes on Picked Lines"对话框，在"No. of element divisions"文本框中输入 NO_D_HEX，单击"OK"按钮完成线单元数量设置，如图 6-57 所示。

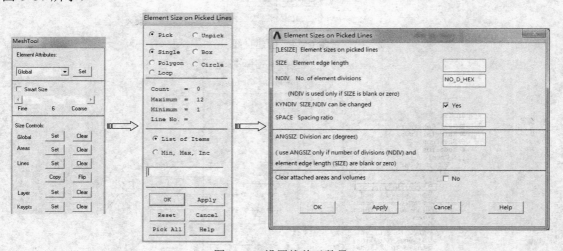

图 6-57 设置线单元数量

2) 选择"Main Menu>Preprocessor>Meshing>Mesh Attributes>All Areas"命令，弹出"Area Attributes"对话框，在"Element type number"下拉列表中选择"2 PLANE182"，单击"OK"按钮完成面单元类型设置，如图 6-58 所示。

第6章 ANSYS 14.5 结构静力学分析实例

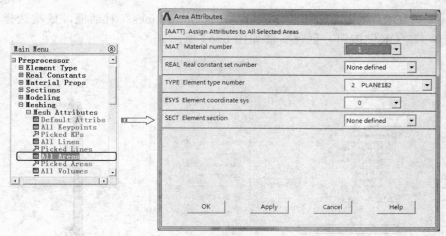

图 6-58 设置面单元类型

3）在网格工具中选择分网对象为"Areas"，网格形状为"Quad"，选择分网形式为"Mapped"，选择"Pick corners"，然后单击"Mesh"按钮，拾取面后，单击"Apply"按钮，然后依次选择关键点 1、3、5，生成网格如图 6-59 所示。

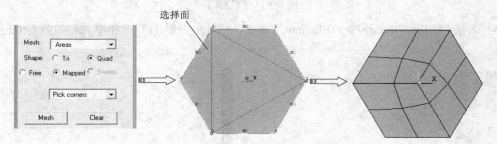

图 6-59 直接选择生成映射网格

4）选择"Main Menu>Preprocessor>Meshing>Mesh Tool"命令，弹出"Mesh Tool"对话框，单击"Global"后的"Set"按钮，弹出"Global Element Sizes"对话框，在"Element edge length"文本框中输入 L_ELEM，单击"OK"按钮完成单元边长的设置，如图 6-60 所示。

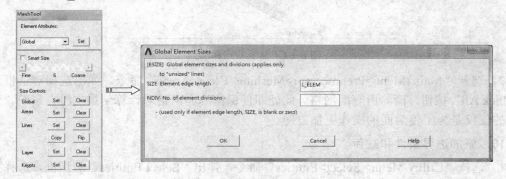

图 6-60 设置单元边长

5）选择"Main Menu>Preprocessor>Modeling>Operate>Extrude>Areas>Along Lines"命令，弹出"Sweep Areas along Lines"对话框，单击"Pick All"按钮选择模型中已经定

义的面，单击"OK"按钮，弹出"Sweep Areas along Lines"对话框，依次选择直线L7、L9、L8，单击"OK"按钮，创建实体如图6-61所示。

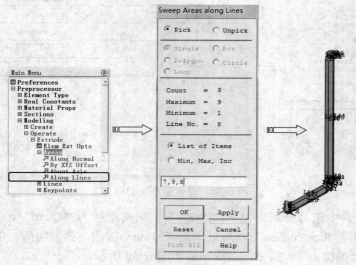

图6-61 创建实体

6）选择"Utility Menu>Plot>Element"命令，可显示扳手的节点和单元，如图6-62所示。

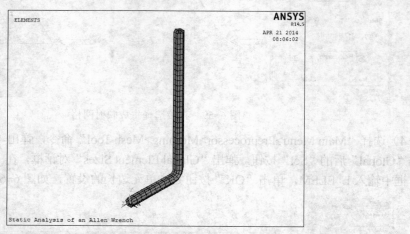

图6-62 显示节点和单元

7）选择"Main Menu>Preprocessor>Meshing>Clear>Areas"命令，弹出选择对话框，单击"Pick All"按钮，清除所有面网格。此处即使保留源面网格对计算结果也没有影响，删除的目的仅仅是为了使后面的操作更加方便。

10．施加边界条件和载荷

1）选择"Utility Menu> Select>Entities"命令，弹出"Select Entities"对话框，选择拾取对象为"Areas"，拾取方式为"By Num/Pick"，选择"From Full"选项，单击"Apply"按钮，弹出拾取对话框，在图形区选择所需扳手底面，单击"OK"按钮完成选取，单击"Plot"按钮显示所选取的面，如图6-63所示。

第6章 ANSYS 14.5 结构静力学分析实例

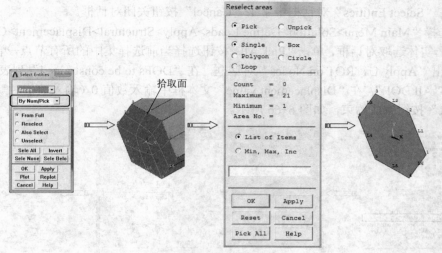

图6-63 键盘和鼠标选取面

2）在"Select Entities"对话框中选择拾取对象为"Lines",拾取方式为"Exterior",选择已选择面的边界线,单击"Apply"按钮完成选取,单击"Plot"按钮显示所选取的线,如图6-64所示。

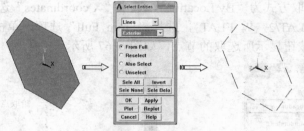

图6-64 选择边界线

3）在"Select Entities"对话框中选择拾取对象为"Nodes",拾取方式为"Attached to",表示选择与某一种图元相关联的节点,选中"Lines, all"选项,单击"Apply"按钮完成选取,单击"Plot"按钮显示所选取的节点,如图6-65所示。

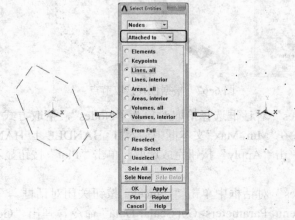

图6-65 选择节点

153

4）在"Select Entities"对话框中单击"Cancel"按钮关闭对话框。

5）选择"Main Menu>Solution>Define Loads>Apply>Structural>Displacement>On Lines"命令，弹出实体选取对话框，单击"Pick All"按钮选择当前选择集中的所有节点，单击"OK"按钮，弹出"Apply U，ROT on Nodes"对话框，在"DOFs to be constrained"列表框中选择约束类型"All DOF"，在"Displacement value"文本框中输入数值0（输入数值时默认为0），单击"OK"按钮完成约束，如图6-66所示。

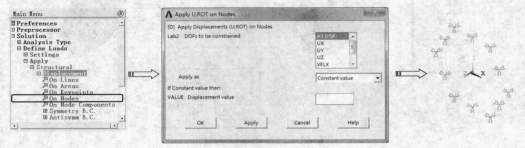

图6-66 施加自由度约束

6）选择"Utility Menu>Select>Everything"命令，选取所有图元、单元和节点。

7）选择"Utility Menu>Select>Entities"命令，弹出"Select Entities"对话框，选择拾取对象为"Nodes"，拾取方式为"By Location"，选中"X coordinates"选项，在"Min, Max"文本框中输入"W_FLAT/2，W_FLAT"，选择"From Full"选项，单击"Apply"按钮完成选取，单击"Plot"按钮显示所选取的节点，如图6-67所示。

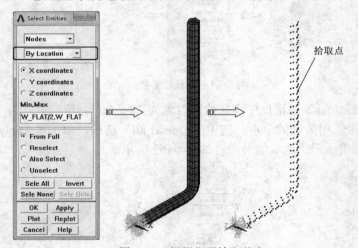

图6-67 根据位置拾取节点

8）在"Select Entities"对话框选择拾取对象为"Nodes"，拾取方式为"By Location"，选中"Y coordinates"选项，在"Min, Max"文本框中输入"L_HANDLE，L_HANDLE-3*L_ELEM"，选择"Reselect"选项，单击"Apply"按钮完成选取，单击"Plot"按钮显示所选取的节点，如图6-68所示。

9）在"Select Entities"对话框中单击"Cancel"按钮关闭对话框。

10）选择"Utility Menu>Parameters>Get Scalar Data"命令，弹出"Get Scalar Data"对话

框,在左侧列表中选择"Model data"(模型数据),在右侧列表中选择"For selected set"(从选择集),如图 6-69 所示。

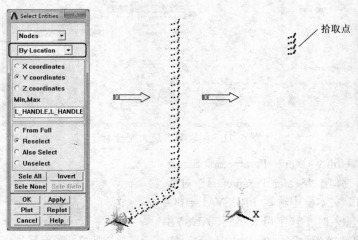

图 6-68 根据位置拾取节点

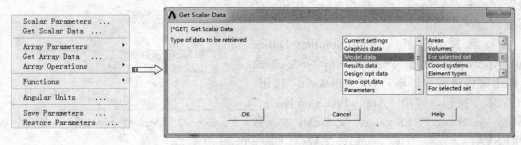

图 6-69 "Get Scalar Data"对话框

11)单击"OK"按钮,弹出"Get Data for Selected Entity Set"对话框,提取当前集中的节点 Y 坐标最小值为 MinY,单击"Apply"按钮,如图 6-70 所示。

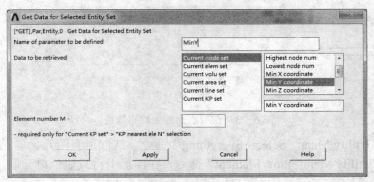

图 6-70 提取节点最小 Y 坐标

12)在弹出的"Get Scalar Data"对话框中左侧列表中选择"Model data"(模型数据),在右侧列表中选择 For selected set(从选择集),单击"OK"按钮,弹出"Get Data for Selected Entity Set"对话框,提取当前集中的节点 Y 坐标最大值为 MaxY,单击"OK"按钮,如图 6-71 所示。

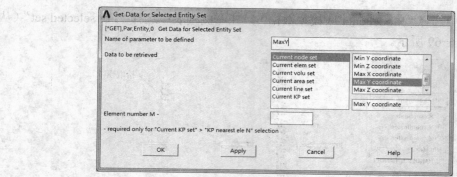

图 6-71 提取节点最大 Y 坐标

13）选择"Utility Menu>Parameters>Scalar Parameters"命令，弹出"Scalar Parameters"对话框，在"Selection"文本框中输入 PRESVAL=100/（MaxY-MinY），输入时不管字母大小写，ANSYS 会将输入字母全部转换为大写，单击"Accept"按钮接受，如图 6-72 所示。单击"Close"按钮关闭对话框。

14）选择"Main Menu>Solution>Define Loads>Apply>Structural>Pressure>On Nodes"命令，弹出实体选取对话框，单击"Pick All"按钮，单击"OK"按钮，弹出"Apply PRES on Nodes"对话框，在"Load PRES value"文本框中输入数值 PRESVAL，单击"OK"按钮施加载荷，如图 6-73 所示。

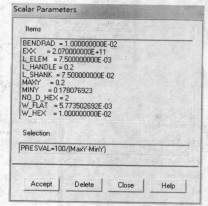

图 6-72 "Scalar Parameters"对话框

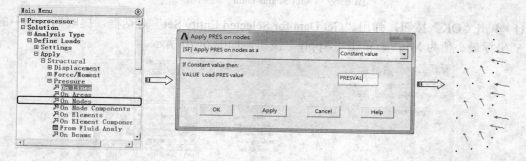

图 6-73 在节点上施加均布载荷

15）选择"Utility Menu>Select>Everything"命令，选取所有图元、单元和节点。

16）选择"Utility Menu>Plot>Element"命令，在图形中将只显示单元以及位移和施加的外载荷。

11. 求解

1）选择"Main Menu>Solution>Solve>Current LS"命令，弹出图 6-74 所示的求解信息窗口，其中"/STATUS Command"窗口显示所要计算模型的求解信息和载荷步信息。

2）单击"Solve Current Load Step"对话框中的"OK"按钮，程序开始求解，求解完成后弹出"Note"对话框,如图 6-75 所示。单击"Close"按钮关闭。

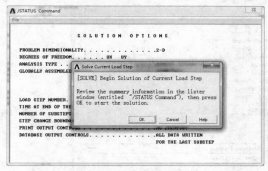

图 6-74 求解信息窗口

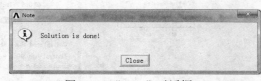

图 6-75 "Note"对话框

12. 后处理显示结果

1)选择"Main Menu>General Postproc>Plot Results>Deformed Shape"命令,弹出"Plot Deformed Shape"对话框,选中"Def+ undef edge"选项,如图 6-76 所示。

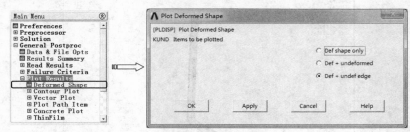

图 6-76 启动变形命令

2)单击"OK"按钮显示变形图,如图 6-77 所示。由图中可见最大变形为 0.0000455mm,变形很小。

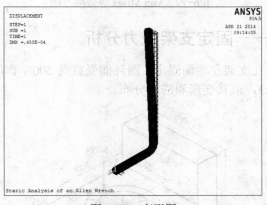

图 6-77 变形图

3)选择"Main Menu>General Postproc>Plot Results>Contour Plot>Nodal Solu"命令,弹出"Contour Nodal Solution Data"对话框,选中"von Mises stress"选项,如图 6-78 所示。

4)单击"OK"按钮显示应力云图,如图 6-79 所示。

5)单击工具栏上的 SAVE_DB 按钮,保存数据库文件。

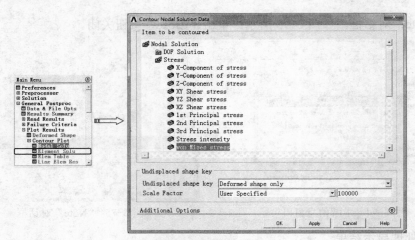

图 6-78 启动绘制应力等值线命令

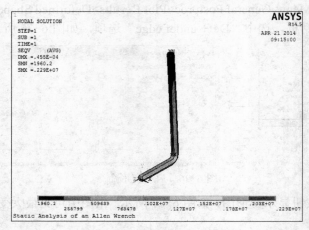

图 6-79 Von Mises 等效应力图

6.2.3 经典实例——固定支架受力分析

如图 6-80 所示，带孔支架左端面固定，圆环面受载荷 500N 作用。材料为钢，弹性模量为 210GPa，泊松比为 0.3，求其变形和应力分布。

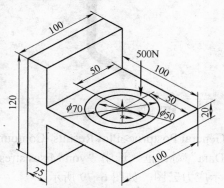

图 6-80 固定支架模型

第 6 章 ANSYS 14.5 结构静力学分析实例

本例是一个工程上常见的实体静力学问题，采用实体建模方法创建模型。为了绘制规则的网格，采用扫掠网格划分方法。

操作步骤

1. 启动 ANSYS 14.5

双击桌面上的"Mechanical APDL Product Launcher"图标，弹出"ANSYS 配置"窗口，在"Simulation Environment"选择"ANSYS"，在"license"选择"ANSYS Multiphysics"，然后指定合适的工作目录，单击"Run"按钮，进入 ANSYS 用户界面。

2. 指定工程名和分析标题

1）选择"Utility Menu>File>Change Jobname"命令，弹出"Change Jobname"对话框，修改工程名称为"bracket"，如图 6-81 所示。单击"OK"按钮完成修改。

2）选择"Utility Menu>File>Change Title"命令，弹出"Change Title"对话框，修改标题为"plane stress"，如图 6-82 所示。单击"OK"按钮完成修改。

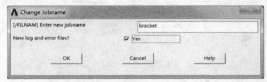

图 6-81 "Change Jobname"对话框

图 6-82 "Change Title"对话框

3）选择"Utility Menu>Plot>Replot"命令，指定的标题"plane stress"显示在窗口的左下方。

3. 指定分析类型

选择"Main Menu>Preference"命令，弹出"Preferences for GUI Filtering"对话框，勾选"Structural"选项，如图 6-83 所示。单击"OK"按钮确认。

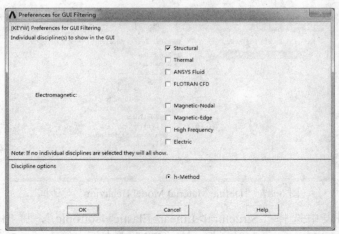

图 6-83 "Preferences for GUI Filtering"对话框

4. 定义单位

在 ANSYS 软件的主界面命令输入窗口中输入"/UNIT, SI"，如图 6-84 所示。然后单击"Enter"键确认。

图 6-84 输入单位命令

5．定义单元类型

1）选择"Main Menu>Preprocessor>Element Type>Add/Edit/Delete"命令，弹出"Element Types"对话框，如图 6-85 所示。

2）单击"Add…"按钮，弹出"Library of Element Types"对话框，在左边的列表中选择"Solid"选项，即选择实体单元类型，然后在右边列表中选择"Brick 8node 185"单元，如图 6-96 所示，单击"OK"按钮，返回"Element Types"对话框。

图 6-85 "Element Types"对话框

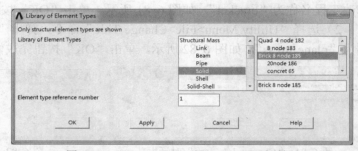

图 6-86 "Library of Element Types"对话框

3）单击"Close"按钮关闭单元类型对话框，结束单元类型的添加。

6．定义材料属性

1）选择"Main Menu>Preprocessor>Materials Props>Material Models"命令，弹出"Define Material Model Behavior"对话框，如图 6-87 所示。

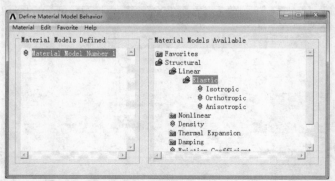

图 6-87 "Define Material Model Behavior"对话框

2）在右侧列表中选择"Structural>Linear>Elastic>Isotropic"，弹出"Linear Isotropic Properties for Material Number 1"对话框，在"EX"文本框中输入 2.1e5，在"PRXY"文本框中输入 0.3，如图 6-88 所示。单击"OK"按钮返回。

3）在"Define Material Model Behavior"对话框中选择"Material>Exit"命令，退出材料属性窗口，完成材料模型属性的定义。

第6章 ANSYS 14.5 结构静力学分析实例

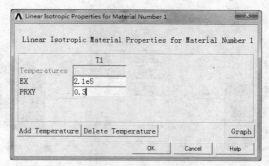

图 6-88 "Linear Isotropic Properties for Material Number 1"对话框

7. 建立分析模型

1）选择"Main Menu>Preprocessor>Modeling>Create>Volumes>Block>By Dimensions"命令，弹出"Create Block by Dimensions"对话框，在"X-coordinates""Y-coordinates"和"Z-coordinates"文本框中输入角点的 X、Y、Z 坐标分别为（-50，50，10）、（50，-50，-10），单击"OK"按钮创建长方体，如图 6-89 所示。

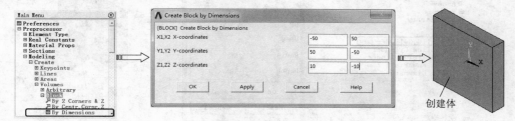

图 6-89 通过对角点生成长方体

2）选择"Main Menu> Preprocessor> Modeling> Create>Volumes>Block>By Dimensions"命令，弹出"Create Block by Dimensions"对话框，在"X-coordinates""Y-coordinates"和"Z-coordinates"文本框中输入角点的 X、Y、Z 坐标分别为（-50，50，60）、（-75，-50，-60），单击"OK"按钮创建长方体，如图 6-90 所示。

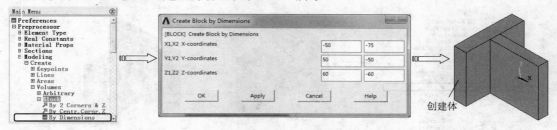

图 6-90 通过对角点生成长方体

3）选择"Utility Menu>WorkPlane>Offset WP by Incrments"命令，弹出"Offset WP"对话框，在"X，Y，Z Offset"文本框中按格式输入平移增量（,,20），然后单击"Enter"键，表示将工作平面沿 Z 轴平移 20mm，单击"OK"按钮关闭对话框，如图 6-91 所示。

4）选择"Main Menu> Preprocessor> Modeling> Create>Volumes>Cylinder>Solid Cylinder"命令，弹出"Solid Cylinder"对话框，在"WP X"和"WP Y"文本框中输入底面中心 X、Y 坐标（0，0），在"Radius"文本框中输入半径 25，在"Depth"文本框中输入高度-50，单

击"OK"按钮创建圆柱体,如图6-92所示。

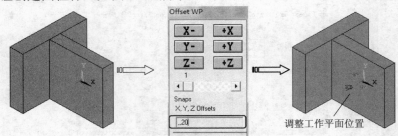

图6-91 调整工作平面位置

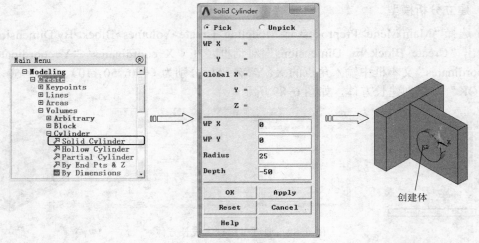

图6-92 绘制实心圆柱

5)选择"Main Menu> Preprocessor> Modeling>Operate>Subtract>Areas"命令,弹出"Subtract Volumes"对话框,用鼠标单击左键拾取右侧长方体,单击"OK"按钮,弹出"Subtract Volumes"对话框,用鼠标选择圆柱,依次单击"OK"按钮完成布尔减运算,如图6-93所示。

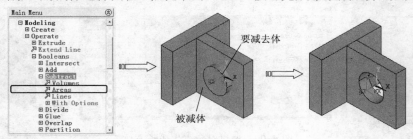

图6-93 体减运算

6)选择"Main Menu> Preprocessor> Modeling> Create> Arcs>Full Circle"命令,弹出"Full Circle"对话框,选择"WP Coordinates"选项,在其下文本框中输入(0,0)作为原点,单击"Enter"键,然后输入35作为半径,单击"Enter"键绘制圆,如图6-94所示。

7)选择"Utility Menu>Plot>Lines"命令,显示所创建的圆,如图6-94所示。

8)选择"Main Menu> Preprocessor> Modeling>Operate>Extrude>Lines>Along Lines"命令,弹出"Sweep Lines along Lines"对话框,选择上一步绘制的圆,单击"OK"按钮,再

次弹出"Sweep Lines along Lines"对话框,选择图6-95所示的线,单击"OK"按钮将线拉伸成面,如图6-95所示。

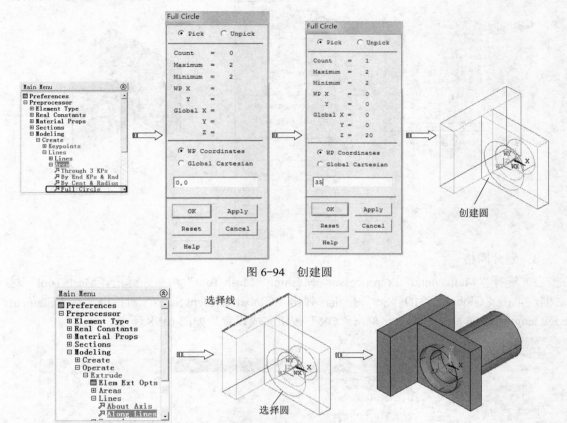

图6-94 创建圆

图6-95 拉伸线成面

9)选择"Main Menu> Preprocessor> Modeling>Operate>Booleans>Divide>Volume by Area"命令,弹出"Divide Vol by Area"对话框,选择左侧体为要切割的体,单击"OK"按钮,再次弹出"Divide Vol by Area"对话框,选择上一步创建的圆柱面作为分割面,单击"OK"按钮完成切割运算,如图6-96所示。

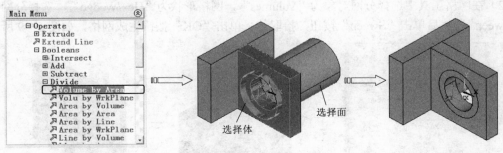

图6-96 切割运算

10)选择"Main Menu> Preprocessor> Modeling>Operate>Booleans>Glue>Volumes"命令,弹出"Glue Volumes"对话框,选择要粘接的体,单击"OK"按钮完成粘接运算,如图6-97所示。

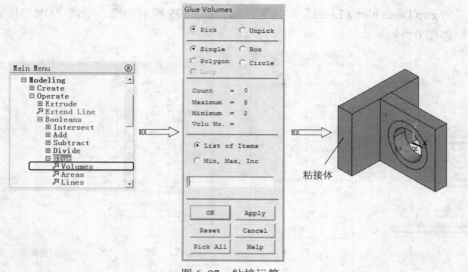

图6-97 粘接运算

8. 划分网格

1）选择"Main Menu> Preprocessor> Meshing> Mesh Tool"命令，弹出"Mesh Tool"对话框，单击"Global"后的"Set"按钮，弹出"Global Element Sizes"对话框，在"Element edge length"文本框中输入2，单击"OK"按钮完成设置，如图6-98所示。

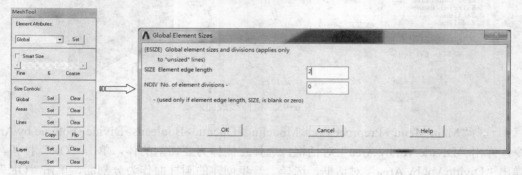

图6-98 设置单元尺寸

2）在网格工具中选择分网对象为"Volumes"，网格形状为"Hex/Wedge"，选择分网形式为"Sweep"，然后单击"Sweep"按钮，拾取体，单击"OK"按钮生成网格，如图6-99所示。

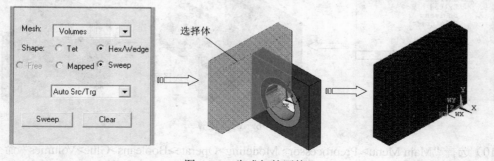

图6-99 生成扫掠网格

3）在网格工具中选择分网对象为"Volumes"，网格形状为"Hex/Wedge"，选择分网形式为"Sweep"，然后单击"Sweep"按钮，拾取体，单击"OK"按钮生成网格，如图 6-100 所示。

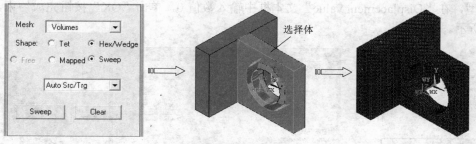

图 6-100　生成扫掠网格

4）在网格工具中选择分网对象为"Volumes"，网格形状为"Hex/Wedge"，选择分网形式为"Sweep"，然后单击"Sweep"按钮，拾取体，单击"OK"按钮生成网格，如图 6-101 所示。

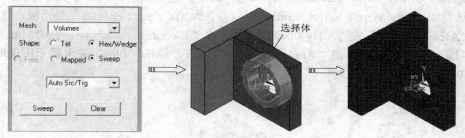

图 6-101　生成扫掠网格

5）单击"Mesh Tool"对话框中的"Close"按钮，关闭网格划分工具。

9. 施加边界条件和载荷

1）选择"Utility Menu>Select>Entities"命令，弹出"Select Entities"对话框，选择拾取对象为"Nodes"，拾取方式为"By Location"，选中"X coordinate"单选按钮，在"Min, Max"文本框中输入坐标值-75，单击"OK"按钮完成节点选取，如图 6-102 所示。

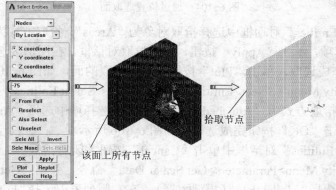

图 6-102　通过位置选取

2）选择"Main Menu>Solution>Define Loads>Apply>Structural>Displacement>On Lines"命令，弹出实体选取对话框，单击"Pick All"按钮选择当前选择集中的所有节点，单击"OK"按钮，弹出"Apply U，ROT on Nodes"对话框，在"DOFs to be constrained"列表框中选择约束类型，在"Displacement value"文本框中输入数值0，单击"OK"按钮完成约束，如图6-103所示。

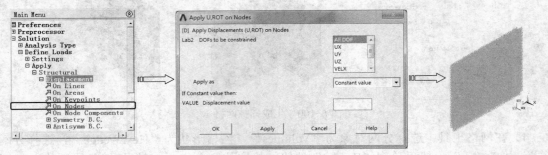

图6-103 施加自由度约束

3）选择"Utility Menu> Select>Everything"命令，选取所有图元、单元和节点。

4）选择"Utility Menu> Select>Entities"命令，弹出"Select Entities"对话框，选择拾取对象为"Areas"，拾取方式为"By Location"，选中"Z coordinate"选项，在"Min，Max"文本框中输入坐标值10，单击"Apply"按钮完成选取，单击"Plot"按钮显示所选取的面，如图6-104所示。

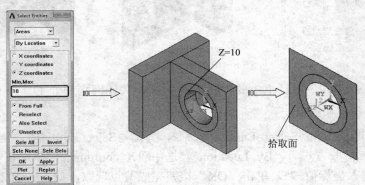

图6-104 通过位置选取面

5）在"Select Entities"对话框中选择拾取对象为"Areas"，拾取方式为"By Num/Pick"，选择"Reselect"选项，单击"Apply"按钮，弹出拾取对话框，在图形区选择所需小圆环面，单击"OK"按钮完成选取，单击"Plot"按钮显示所选取的面，如图6-105所示。

6）选择"Utility Menu> Select>Entities"命令，弹出"Select Entities"对话框，选择拾取对象为"Nodes"，拾取方式为"Attached to"，在中部的选择域中选择"Areas，all"（面上所有节点）选项，单击"OK"按钮完成选取，如图6-106所示。

7）在"Select Entities"对话框中单击"Cancel"按钮关闭对话框。

8）选择"Utility Menu>Parameters>Get Scalar Data"命令，弹出"Get Scalar Data"对话框，在左侧列表中选择"Modal data"（模型数据），在右侧列表中选择"For selected set"（从选择集），如图6-107所示。

第6章 ANSYS 14.5 结构静力学分析实例

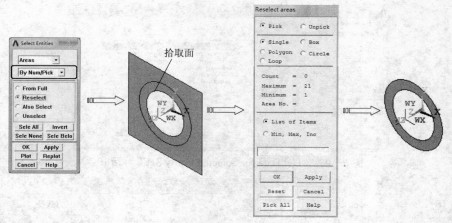

图 6-105　键盘和鼠标选取面

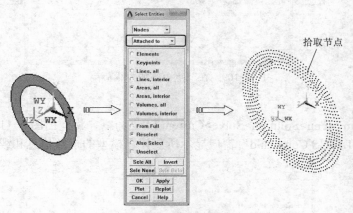

图 6-106　附属选取节点

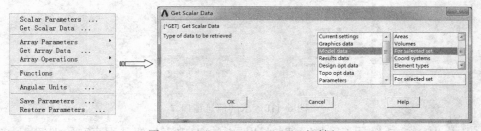

图 6-107　"Get Scalar Data"对话框

9）单击"OK"按钮，弹出"Get Data for Selected Entity Set"对话框，提取当前集中的节点数目，如图 6-108 所示。

10）选择"Main Menu>Solution>Define Loads>Apply>Structural>Force/Moment>On Nodes"命令，弹出实体选取对话框，单击"Pick All"按钮选择当前选择集的所有节点，弹出"Apply F/M on Nodes"对话框，在"Direction of force/mom"下拉列表中选择"FZ"，在"Force/moment value"文本框中输入数值-500/No_Nodes，单击"OK"按钮施加力载荷，如图 6-109 所示。

11）选择"Utility Menu>Select>Everything"命令，选取所有图元、单元和节点。

12）选择"Utility Menu>Plot>Element"命令，在图形中只显示单元、位移和施加的外载荷。

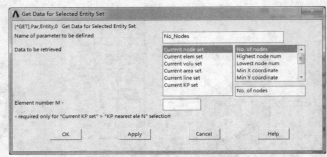

图 6-108 "Get Data for Selected Entity Set"对话框

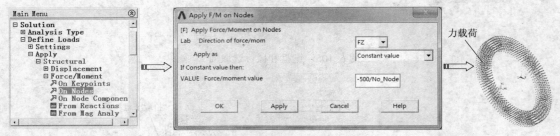

图 6-109 在节点上施加力载荷

10. 求解

1)选择"Main Menu>Solution>Solve>Current LS"命令,将弹出图 6-110 所示的求解信息窗口,其中"/STATUS Command"窗口显示所要计算模型的求解信息和载荷步信息。

图 6-110 求解信息窗口

2)单击"Solve Current Load Step"对话框中的"OK"按钮,程序开始求解,求解完成后弹出"Note"对话框,如图 6-111 所示。单击"Close"按钮关闭。

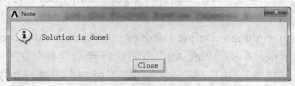

图 6-111 "Note"对话框

11. 后处理显示结果

1)选择"Main Menu>General Postproc>Plot Results>Deformed Shape"命令,弹出"Plot

Deformed Shape"对话框,选中"Def+ undef edge"选项,如图 6-112 所示。

图 6-112 启动变形命令

2)单击"OK"按钮显示变形图,如图 6-113 所示。由图中可见最大变形为 0.006935mm,变形很小。

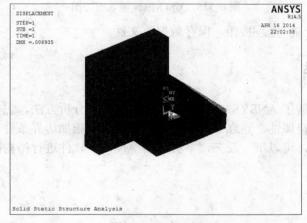

图 6-113 变形图

3)选择"Main Menu>General Postproc>Plot Results>Contour Plot>Nodal Solu"命令,弹出"Contour Nodal Solution Data"对话框,选中"von Mises stress"选项,如图 6-114 所示。

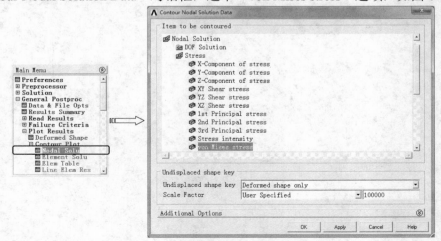

图 6-114 启动绘制应力等值线命令

4)单击"OK"按钮显示应力云图,如图 6-115 所示。

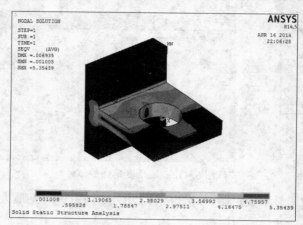

图 6-115　Von Mises 等效应力图

5)单击工具栏上的 SAVE_DB 按钮,保存数据库文件。

6.3　本章小结

本章结合实例讲解了 ANSYS 14.5 软件的结构静力学分析方法,包括指定分析类型、定义单元类型、定义材料属性、建立分析模型、划分网格、施加边界条件和载荷、求解和后处理等。读者通过学习,可以举一反三,掌握应用 ANSYS 软件进行结构静力学分析的一般流程和操作方法。

第 7 章 ANSYS 14.5 结构动力学分析实例

结构动力学分析是用来确定惯性和阻尼起主要作用时结构的动力学行为的技术。本章通过典型案例，对结构动力学的分析方法和步骤进行讲解，包括音叉、旋转轮盘模态分析，弹簧质点、连杆谐响应分析，弯管、从动杆瞬态动力学分析等。

7.1 结构动力学分析概述

7.1.1 结构动力学分析简介

结构动力学分析是用来确定惯性和阻尼起主要作用时结构的动力学行为的技术，本节介绍结构动力学基本知识。

结构动力学分析是结构动力学的一个分支，着重研究结构对于动载荷的响应（如位移、应力等的时间历程），以便确定结构的承载能力和动力学特性，或者为改善结构的性能提供依据。结构动力学同结构静力学的主要区别在于它要考虑结构因振动而产生的惯性力（见达朗伯原理）和阻尼力，而它同刚体动力学之间的主要区别在于要考虑结构因变形而产生的弹性力。

结构振动的幅值、频率和相位是振动的三要素。幅值是振动强度的标志，它可以用峰值、有效值、平均值等不同的方法表示。振动位移是研究强度和变形的重要依据；振动加速度与作用力或载荷成正比，是研究动力强度和疲劳的重要依据；振动速度决定了噪声的高低，人对机械振动的敏感程度在很大频率范围内是由振动速度决定的。此外，振动速度还与能量和功率有关，并决定力的动量。

不同的频率成分反映系统内不同的振源，通过频谱分析，将测量所得的振动利用傅立叶变换分解成不同零件各自的振动波形，可以确定主要频率成分及其幅值大小，由频率的分布判断发生振动的来源，采取相应的措施，如转轴或轴承。

振动信号的相位信息十分重要。相位分析就是将测量所得的振动，分解成不同零件各自的振动波形后，由频率的相位差异判断发生振动的模式，如转轴变形或转轴对心不良。因此，可利用相位关系确定共振点、测量振型、旋转件平衡、有源振动控制、降噪等。对于复杂振动的波形分析，各谐波的相位关系是不可缺少的。

结构动力学分析的最终目的是确定在动力载荷作用下，结构的内力、位移、反力等量值随时间的变化规律，从而找出最大值，以作为设计分析的依据。

7.1.2 结构动力学分析类型

ANSYS 14.5 软件提供了 5 种结构动力学分析方法,下面分别加以介绍。

1. 模态(Modal)分析

模态分析是用于确定结构振动特性的一种技术,这些振动特性包括固有频率、振型和振型参与系数(即在特定方向上某个振型在多大程度上参与了振动)等。模态分析是动力学分析的最基础内容。振动模态是弹性结构固有的、整体的特性。通过模态分析方法搞清楚结构在某一易受影响的频率范围内的各阶主要模态的特性,就可以预估结构在此频段内在外部或内部各种振源作用下产生的实际振动响应。因此,模态分析是结构动态设计及设备故障诊断的重要方法。机器、建筑物、航天航空飞行器、船舶、汽车等的实际振动千姿百态、瞬息变化,模态分析提供了研究各类振动特性的一条有效途径。通过模态分析可帮助设计人员确定结构的固有频率和振型,从而使结构设计避免共振,并指导工程师预测在不同载荷作用下的机构振动形式。

ANSYS 软件提供了 7 种模态提取方法:分块(Lanczos)法、子空间(Subspace)法、Power Dynamics 法、缩减(Reduced/Householder)法、非对称(Unsymmetric)法、阻尼(Damp)法、QR 阻尼法。其中,前四种方法(分块法、子空间法、PowerDynamics 法和缩减法)是最常用的模态提取方法。表 7-1 比较了这四种模态提取方法,并分别对每一种方法进行了简要描述。

表 7-1 模态分析方法

模态提取法	适用范围	内存要求	存储要求
分块法	默认提取方法 用于提取大模型的多阶模态(40 阶以上) 在模型中包含形状较差的实体和壳单元时采用此法 最适用于由壳或壳与实体组成的模型 速度快,但要求比子空间法内存多 50%	中	低
子空间法	用于提取大模型的少数阶模态(40 阶以下) 适合于较好的实体及壳单元组成的模型 可用内存有限时该法运行良好	低	高
Power Dynamics 法	用于提取大模型的少数阶模态(20 阶以下) 适合于 100K 以上自由度模型的特征值快速求解 对于网格较粗的模型只能得到频率近似值 复频情况时可能遗漏模态	高	低
缩减法	用于提取小到中等模型(小于 10K 自由度)的所有模态 选取合适主自由度时可获取大模型的少数阶(40 阶以下)模态,此时频率计算的精度取决于主自由度的选取	低	低

2. 谐响应(Harmonic Response)分析

谐响应分析也称为频率响应分析或扫频分析。它是一种特殊的时域分析,计算结构在正弦激励(激励随时间呈正弦规律变化)载荷作用下的稳态振动,也就是受迫振动分析(不考虑激振开始时的瞬态振动),同时可计算相应的幅值、频率等,如图 7-1 所示。

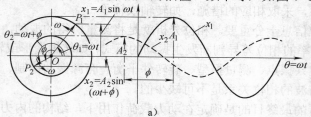

图 7-1 简谐振动与响应曲线

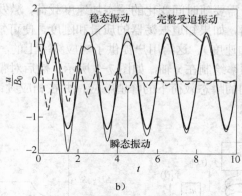

图 7-1 简谐振动与响应曲线（续）
a）简谐振动 b）响应曲线

谐响应分析的目的在于计算出结构在几种频率下的响应值（通常是位移）对频率的曲线，从而使设计人员能预测结构的持续性动力特性，验证设计是否能克服共振、疲劳以及其他受迫振动引起的有害效果，如旋转设备（如压缩机、发动机、泵、涡轮机械等）的支座、固定装置和部件，受涡流（流体的漩涡运动）影响的结构，例如涡轮叶片、飞机机翼、桥和塔等。

谐响应分析是一种线性分析，任何非线性特性即使定义也被忽略。ANSYS 软件提供了以下 3 种谐响应分析方法：

(1) 完全法 完全法是最易使用的方法，它采用完整的系统矩阵计算谐响应（没有矩阵缩减）。矩阵可以是对称的或非对称的。使用完全法时不必考虑如何选取主自由度或振型。由于使用完整矩阵，因此不涉及质量矩阵的近似，允许有非对称矩阵。这种矩阵在声学或轴承问题中很典型，如用单一处理过程计算出所有的位移和应力。完全法允许定义各种类型的载荷，如节点力、外加的（非零）位移、单元载荷（压力和温度）。此外，完全法允许在实体模型上定义载荷。

(2) 缩减法 缩减法通过采用主自由度和缩减矩阵来压缩问题的规模。主自由度处的位移被计算出来后，解可以被扩展到初始的完整DOF集上。这种方法的优点是在采用Frontal求解器时比完全法更快且开销小，且可以考虑预应力效果。缩减法初始解只计算主自由度处的位移，要得到完整的位移、应力和力的解则需执行扩展过程，且不能施加单元载荷（压力、温度等），所有载荷必须施加在用于定义的主自由度上。

(3) 模态叠加法 模态叠加法通过对模态分析得到的振型（特征矢量）乘上因子并求和来计算出结构的响应。对于许多问题，此法比缩减法或完全法更快且开销小；模态分析中施加的载荷可以通过LVSCALE命令用于谐相应分析中，可以使解按结构的固有频率聚集，便可得到更平滑、更精确的响应曲线图，可以包含预应力效果；同时，允许考虑整形阻尼。

3. 响应谱（Response Spectrum）分析

用于确定载荷谱对结构的响应分析，如地震响应谱作用下结构的振动。

响应谱分析是一种将模态分析结果和已知谱联系起来计算结果位移、速度、加速度、力、应力的分析方法，响应谱分析可以认为是取代耗时的时间域瞬态分析的一种方法，如果用户只想知道结构的峰值响应，而不是针对整个时间历时，可以采用响应谱分析快速地分析，如动应力等。

为了构建响应谱,用户需要随时间变化的瞬态加速度载荷,激发加速度在一定质量和刚度下受制于单自由度的振荡器,如果知道振荡器的质量和刚度,便可知道它的频率,然后测量振荡器的峰值响应(一般为加速度)。这给用户提供了响应频率上的一个数据点,峰值响应绘制在 y 轴,而激振器的自然频率绘制在 x 轴,如图 7-2 所示。然后对带不同自然频率的激振器重复上述过程,再次测量相同的瞬态载荷下的峰值响应,并在相应频谱的基础上绘制图解。

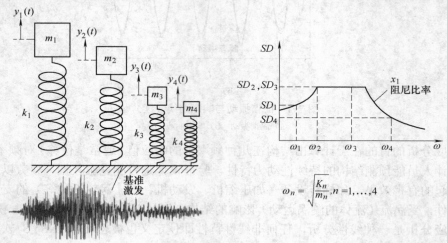

图 7-2 响应曲线

响应谱分析可以作为一种设计工具,它用于计算结构对多频信息瞬态激励的响应,这些激励可能来源于地震、飞行噪声/飞行过程、导弹发射等。频谱是载荷时间历程在频率域上的表示法,可以使用响应波谱分析而非时间历史分析,来估测结构对随机载荷或与时间有关的载荷环境(如地震、风载荷、海浪载荷、喷气发动机推力或火箭发动机振动)的响应。

4. 瞬态结构(Transient Structural)动力学分析

瞬态结构动力学是确定结构承受随时间按任意规律变化的载荷时的响应,其输入的数据是时间函数的载荷,而输出的结果是随时间变化的位移、应变、应力等。利用瞬态结构动力学分析可确定结构在静载荷、瞬态载荷和简谐载荷的随机组合下随时间变化的位移、应变、应力和力。

ANSYS 瞬态结构动力学分析可采用 3 种方法:完全(Full)法、模态叠加法及缩减(Reduced)法。

(1)完全法 完全法采用完整的系统矩阵计算瞬态响应(没有矩阵缩减)。它是三种方法中功能最强的,允许包括各类非线性特性(塑性、大变形、大应变等)。如果并不想包括任何非线性,应当考虑使用另外两种方法中的一种。这是因为完全法是三种方法中开销最大的一种。完全法的优点是:容易使用,不必关心选择主自由度或振型;允许各种类型的非线性特性;采用完整矩阵,不涉及质量矩阵近似;一次分析就能得到所有的位移和应力;允许施加所有类型的载荷,如节点力、外加的(非零)位移(不建议采用)和单元载荷(压力和温度),还允许通过TABLE数组参数指定表边界条件;允许在实体模型上施加载荷。完全法的缺点是它比其他方法开销大。

(2)模态叠加法 模态叠加法通过对模态分析得到的振型(特征值)乘上因子并求和来计算结构的响应。模态叠加法的优点是:对于许多问题,它比缩减法或完全法更快,开销更小；只要模态分析不采用PowerDynamics方法，通过LVSCALE命令将模态分析中施加的单元载荷引入到瞬态分析中；允许考虑模态阻尼（阻尼比作为振型号的函数）。模态叠加法的缺点是：整个瞬态分析过程中时间步长必须保持恒定，不允许采用自动时间步长；唯一允许的非线性是简单的点点接触（间隙条件）；不能施加强制位移（非零）位移。

（3）缩减法　缩减法通过采用主自由度及缩减矩阵压缩问题规模。在主自由度处的位移被计算出来后，ANSYS软件可将解扩展到原有的完整自由度集上。缩减法的优点是比完全法快且开销小。缩减法的缺点是：初始解只计算主自由度的位移，第二步进行扩展计算，得到完整空间上的位移、应力和力；不能施加单元载荷（压力，温度等），但允许施加加速度；所有载荷必须加在用户定义的主自由度上（限制在实体模型上施加载荷）；整个瞬态分析过程中时间步长必须保持恒定，不允许用自动时间步长。

5. 随机振动（Random Vibration）分析

随机振动分析也称为功率谱密度分析。现实很多情况下载荷是不稳定的，如行驶在粗糙路面上的汽车车轮产生的载荷、地震产生的水平加速度、空气湍流产生的压力、海浪或强风产生的压力。当物体作随机振动时，用户预先不能确定物体上某监测点在未来某个时刻运动参量的瞬时值。因此，随机振动和确定性振动有本质的不同，是不能用时间的确定性函数来描述的一种振动现象。但这种振动现象存在着一定的统计规律性，通常使用其统计特征进行描述。从概率统计学角度出发，将时间历程的统计样本转变为功率谱密度函数（PSD）—随机载荷时间历程的统计响应，在功率谱密度函数的基础上进行随机振动分析，得到响应的概率统计值。

7.1.3 结构动力学分析步骤

对于不同动力学分析类型，ANSYS 软件的分析步骤稍有不同，下面以模态分析为例来讲解 ANSYS 结构动力学分析步骤，包括指定分析类型、建立有限元模型、加载和求解、结果后处理分析等。

1. 指定分析类型

要进行结构动力学分析，选择"Main Menu>Preference"命令，弹出"Preferences for GUI Filtering"对话框，勾选中"Structural"选项，如图 7-3 所示。

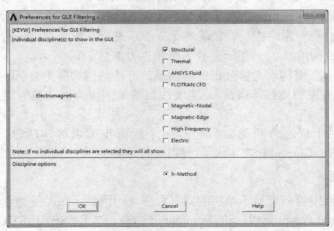

图 7-3 "Preferences for GUI Filtering"对话框

2. 建立有限元模型

在建立模型过程中,应该首先确立所要分析工程的作业文件名,分析的工作标题,然后通过前处理程序定义单元类型、实常数、材料属性等。需要注意以下事项:

1)在模态分析中,必须定义材料密度(DENS)。
2)模态分析只能使用线性单元和线性材料,非线性性质将被忽略。

3. 加载和求解

完成模型的建立后就可以开始加载和求解,包括定义分析类型和分析选项,根据分析对象的工作状态和环境施加边界条件和载荷,对结果输出内容进行控制,根据设定的情况进行有限元求解。

(1)指定分析类型 选择"Main Menu>Solution>New Analysis"命令,弹出"New Analysis"对话框,选中"Modal"选项,如图7-4所示。

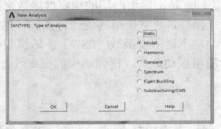
图7-4 "New Analysis"对话框

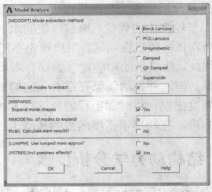
图7-5 "Solution Analysis"对话框

(2)进行分析控制设定 选择"Main Menu>Solution>Analysis Type>Analysis Options"命令,弹出"Modal Analysis"对话框,如图7-5所示。

◆ Mode extraction Method:用于选择适当的模态提取方法,建议采用"Block Lanczos(分块兰索斯法)"法。

◆ No. of modes to extract:用于输入模态的提取数目。

◆ No. of modes to expand:用于输入扩展模态的数目,建议与模态提取数目相等。模态扩展常用于在后处理中观察振型、计算单元应力、进行后续的频谱分析。

◆ Incl prestress effects?:用于是否选择预应力效应。

(3)施加载荷 在结构动力学分析中施加载荷方法与结构静力分析相同,主要是施加边界条件(包括位移约束和外部体载荷)。需要注意的是,因为振动被假定为自由振动,所以外部载荷将被忽略。

(4)求解 对于模态分析通常只进行一个载荷步的求解,所以可直接利用"Main Menu>Solution>Solve>Current LS"命令对问题进行求解。

4. 结果后处理

在通用后处理器中可列表显示结构的固有频率,图形显示振型等。查看固有频率可选择"Main Menu>General Postproc>Results Summary"命令,弹出"SET,LIST Command"对话框,弹出"SET,LIST Command"对话框,显示模态计算结果如图7-6所示。

第 7 章　ANSYS 14.5 结构动力学分析实例

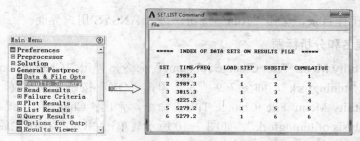

图 7-6　"SET,LIST Command"对话框

查看振型可选择"Main Menu>General Postproc>Read Results>By Pick"命令，选择一个固有频率，然后通过选择"Main Menu>General Postproc>Plot Results>Contour Plot>Nodal Solu"命令，弹出"Contour Nodal Solution Data"对话框，选择"Nodal Solution>DOF Solution>Displacement vector sum"，单击"OK"按钮显示变形云图，如图 7-7 所示。

 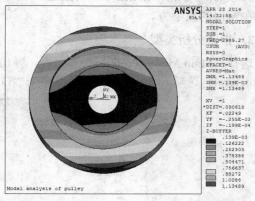

图 7-7　显示振型

7.2　模态分析实例

执行动力学分析的第一步通常是计算忽略阻尼情况下的固有频率和振型，模态分析可用于确定结构的固有频率和振型，也可以对有预应力的结构模态进行分析，如旋转叶轮的模态分析等。本节按照由浅入深的原则，以 2 个实例来具体讲解 ANSYS 14.5 结构动力学中模态分析的方法和操作步骤。

7.2.1　入门实例——音叉模态分析

本例中通过一个简单的音叉来分析在端部圆周边固定时的前 6 阶固有频率，如图 7-8 所示。

操作步骤

图 7-8　音叉

1. 启动 ANSYS 14.5

双击桌面上的"Mechanical APDL Product Launcher"图标，弹出"ANSYS 配置"窗口，在"Simulation Environment"选择"ANSYS"，在"license"选择"ANSYS Multiphysics"，

然后指定合适的工作目录，单击"Run"按钮，进入 ANSYS 用户界面。

2．指定工程名和分析标题

1）选择"Utility Menu>File>Change Jobname"命令，弹出"Change Jobname"对话框，修改工程名称为"tuningfork"，如图 7-9 所示。单击"OK"按钮完成修改。

2）选择"Utility Menu>File>Change Title"命令，弹出"Change Title"对话框，修改标题为"Modal analysis of tuningfork"，如图 7-10 所示。单击"OK"按钮完成修改。

图 7-9 "Change Jobname"对话框

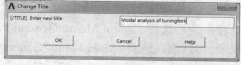
图 7-10 "Change Title"对话框

3）选择"Utility Menu>Plot>Replot"命令，指定的标题"Modal analysis of tuningfork"显示在窗口的左下方。

3．指定分析类型

选择"Main Menu>Preference"命令，弹出"Preferences for GUI Filtering"对话框，勾选"Structural"选项，如图 7-11 所示。单击"OK"按钮确认。

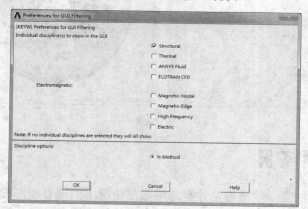
图 7-11 "Preferences for GUI Filtering"对话框

4．定义单位

在 ANSYS 软件的主界面命令输入窗口中，输入"/UNIT,SI"，如图 7-12 所示。然后单击"Enter"键确认。

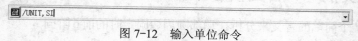
图 7-12 输入单位命令

5．定义单元类型

1）选择"Main Menu>Preprocessor>Element Type>Add/Edit/Delete"命令，弹出"Element Types"对话框，如图 7-13 所示。

2）单击"Add…"按钮，弹出"Library of Element Types"对话框，在左边的列表中选择"Solid"选项，即选择实体单元类型，然后在右边列表中选择"Brick 20node 186"单元，如图 7-14 所示。

单击"Library of Element Types"对话框的"OK"按钮，返回"Element Types"对话框。

图 7-13 "Element Types"对话框

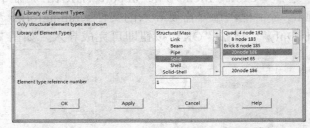

图 7-14 "Library of Element Types"对话框

3）单击"Close"按钮，关闭"Element Types"对话框，结束单元类型的添加。

6. 定义材料属性

1）选择"Main Menu>Preprocessor>Materials Props>Material Models"命令，弹出"Define Material Model Behavior"对话框，如图 7-15 所示。

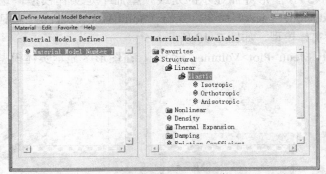

图 7-15 "Define Material Model Behavior"对话框

2）在右侧列表中选择"Structural→Linear>Elastic→Isotropic"，弹出"Linear Isotropic Properties for Material Number 1"对话框，在"EX"文本框中输入 1.93e11，在"PRXY"文本框中输入 0.31，如图 7-16 所示。单击"OK"按钮返回。

3）在右侧列表中选择"Density"，弹出"Density for Material Number1"对话框，在"DENS"文本框中输入密度为 7750，如图 7-17 所示。单击"OK"按钮确认。

图 7-16 "Linear Isotropic Properties for Material Number 1"对话框

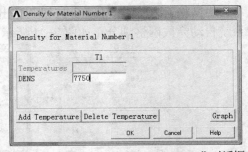

图 7-17 "Density for Material Number1"对话框

4）在"Define Material Model Behavior"对话框中选择"Material>Exit"命令，退出材料属性窗口，完成材料模型属性的定义。

7．建立分析模型

1）选择"Utility Menu>File>import>PARA…"命令，弹出"ANSYS Connection for Parasolid"对话框，选择需要导入的文件（tuningfork.x_t），在"Geometry Type"中选择"Solids Only"，单击"OK"按钮即可完成导入，如图 7-18 所示。

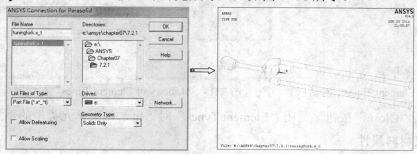

图 7-18　导入模型

2）导入后，ANSYS 图形界面显示的是线模型而不是实体模型，选择"Utility Menu>PlotCtrls>Style>Solid Model Facet"命令，弹出"Solid Model Facets"对话框，选择"Normal Faceting"即可显示实体模型，如图 7-19 所示。

3）选择"Utility Menu>Plot>Volumes"命令，在图形区显示实体模型，如图 7-20 所示。

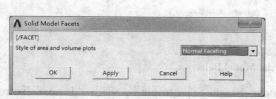

图 7-19　"Solid Model Facets"对话框

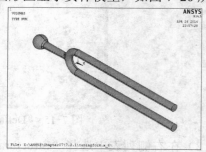

图 7-20　显示模型实体

8．划分网格

1）选择"Main Menu>Preprocessor>Meshing>MeshTool"命令，弹出"MeshTool"对话框，勾选"Smart Size"选项，并将智能网格划分水平调整为 5，选择网格划分器类型为"Free"（自由网格），单击"Mesh"按钮，弹出"Mesh Volume"对话框，单击"Pick All"按钮，系统自动完成网格划分，如图 7-21 所示。

图 7-21　网格划分

2）单击"Mesh Tool"对话框中的"Close"按钮,关闭网格划分工具。

9. 施加边界条件和载荷

选择"Main Menu>Solution>Define Loads>Apply>Structural>Displacement>On Areas"命令,弹出实体选取对话框,拾取球头面,弹出"Apply U,ROT on Areas"对话框,在"DOFs to be constrained"列表框中选择约束类型"All DOF",在"Displacement value"文本框中输入数值0,单击"OK"按钮完成约束,如图7-22所示。

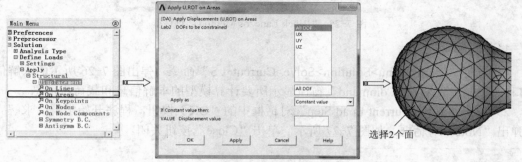

图7-22 施加自由度约束

10. 设置分析类型和求解选项

1）选择"Main Menu>Solution>Analysis Type>New Analysis"命令,弹出"New Analysis"对话框,选中"Modal"选项,如图7-23所示。单击"OK"按钮确认。

2）选择"Main Menu>Solution>Analysis Type>Analysis Options"命令,弹出"Modal Analysis"对话框,在"Mode extraction method"中选中"Block Lanczos"选项,在"No. of modes to extract"文本框中输入6,在"No. of modes to expand"文本框中输入6,如图7-24所示。单击"OK"按钮确认。

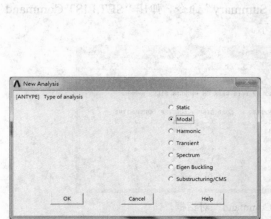
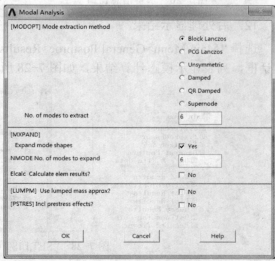

图7-23 "New Analysis"对话框   图7-24 "Modal Analysis"对话框

3）系统弹出"Block Lanczos Method"对话框,在该对话框设置起止频率,此处保持默认值,单击"OK"按钮完成设置,如图7-25所示。

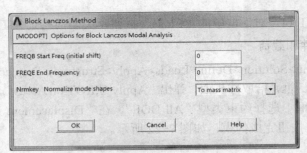

图 7-25 "Block Lanczos Method"对话框

11. 求解

1) 选择"Main Menu>Solution>Solve>Current LS"命令,弹出图 7-26 所示的求解信息窗口,其中"/STATUS Command"窗口显示所要计算模型的求解信息和载荷步信息。

2) 单击"Solve Current Load Step"对话框中的"OK"按钮,程序开始求解,求解完成后弹出"Note"对话框,如图 7-27 所示。单击"Close"按钮关闭。

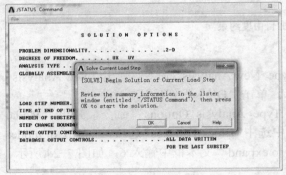
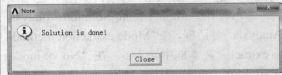

图 7-26 求解信息窗口　　　　　　图 7-27 "Note"对话框

12. 后处理显示结果

选择"Main Menu>General Postproc>Results Summary"命令,弹出"SET,LIST Command"对话框,列表显示模态计算结果,如图 7-28 所示。

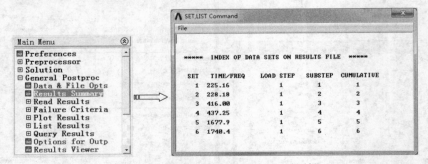

图 7-28 "SET,LIST Command"对话框

7.2.2 提高实例——旋转轮盘模态分析

本例中对旋转轮盘进行离心载荷引起的预应力模态分析,轮盘转速为 1000r/min,材料为

钢,如图 7-29 所示。

图 7-29 旋转轮盘

1. 启动 ANSYS 14.5

双击桌面上的"Mechanical APDL Product Launcher"图标,弹出"ANSYS 配置"窗口,在"Simulation Environment"选择"ANSYS",在"license"选择"ANSYS Multiphysics",然后指定合适的工作目录,单击"Run"按钮,进入 ANSYS 用户界面。

2. 指定工程名和分析标题

1)选择"Utility Menu>File>Change Jobname"命令,弹出"Change Jobname"对话框,修改工程名称为"pulley",如图 7-30 所示。单击"OK"按钮完成修改。

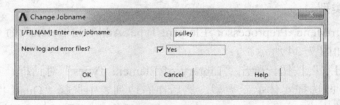

图 7-30 "Change Jobname"对话框

2)选择"Utility Menu>File>Change Title"命令,弹出"Change Title"对话框,修改标题为"Modal analysis of pulley",如图 7-31 所示。单击"OK"按钮完成修改。

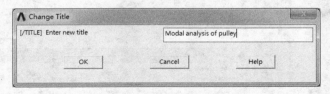

图 7-31 "Change Title"对话框

3)选择"Utility Menu>Plot>Replot"命令,指定的标题"Modal analysis of pulley"显示在窗口的左下方。

3. 指定分析类型

选择"Main Menu>Preference"命令,弹出"Preferences for GUI Filtering"对话框,勾选"Structural"选项,如图 7-32 所示。单击"OK"按钮确认。

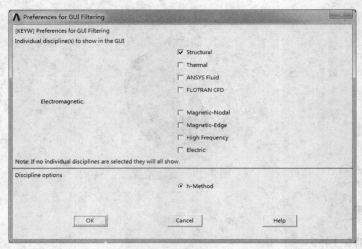

图 7-32 "Preferences for GUI Filtering" 对话框

4. 定义单位

在 ANSYS 软件的主界面命令输入窗口中，输入"/UNIT,SI"，如图 7-33 所示。然后单击"Enter"键确认。

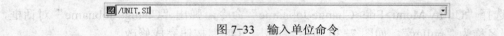

图 7-33 输入单位命令

5. 定义单元类型

1）选择"Main Menu>Preprocessor>Element Type>Add/Edit/Delete"命令，弹出"Element Types"对话框，如图 7-34 所示。

2）单击"Add..."按钮，弹出"Library of Element Types"对话框，在左边的列表中选择"Solid"选项，即选择实体单元类型，然后在右边列表中选择"Quad 4 node 182"单元，如图 7-35 所示。单击"Library of Element Types"对话框"OK"按钮，返回"Element Types"对话框。

图 7-34 "Element Types" 对话框　　图 7-35 "Library of Element Types" 对话框

3）单击"Add..."按钮，弹出"Library of Element Types"对话框，在左边的列表中选择"Solid"

选项,即选择实体单元类型,然后在右边列表中选择"Brick 8node 185"单元,如图 7-36 所示。单击"Library of Element Types"对话框"OK"按钮,返回"Element Types"对话框。

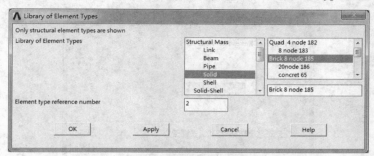

图 7-36 "Library of Element Types" 对话框

4) 单击"Close"按钮,关闭"Element Types"对话框,结束单元类型的添加。

6. 定义材料属性

1) 选择"Main Menu>Preprocessor>Materials Props>Material Models"命令,弹出"Define Material Model Behavior"对话框,如图 7-37 所示。

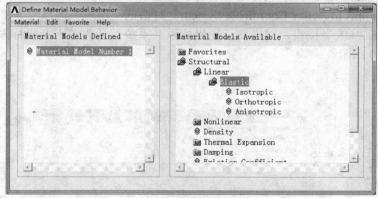

图 7-37 "Define Material Model Behavior" 对话框

2) 在右侧列表中选择"Structural>Linear>Elastic>Isotropic",弹出"Linear Isotropic Properties for Material Number 1"对话框,在"EX"文本框中输入 2.1e11,在"PRXY"文本框中输入 0.3,如图 7-38 所示。单击"OK"按钮返回。

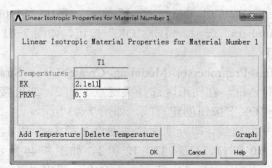

图 7-38 "Linear Isotropic Properties for Material Number 1" 对话框

3)在右侧列表中选择"Density",弹出"Density for Material Number1"对话框,在"DENS"文本框中输入密度为7850,如图7-39所示。单击"OK"按钮确认。

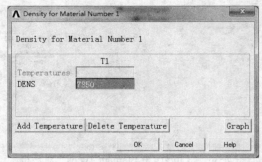

图7-39 "Density for Material Number1"对话框

4)在"Define Material Model Behavior"对话框中选择"Material>Exit"命令,退出材料属性窗口,完成材料模型属性的定义。

7. 建立分析模型

1)选择"Main Menu>Preprocessor>Modeling>Create>Keypoints>In Active CS"命令,弹出"Create Keypoints in Active Coordinate System"对话框,输入关键点号为1和坐标值(0,0.014,0),单击"OK"按钮,以当前活动坐标系(系统默认为笛卡儿坐标系)定义一个关键点,如图7-40所示。

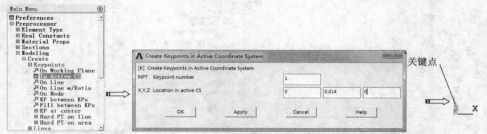

图7-40 在活动坐标系中定义关键点1

2)重复上述步骤分别创建关键点坐标为(0.045,0.014)、(0.045,0.0325)、(0.027,0.0325)、(0.027,0.05)、(0.042,0.05)、(0.042,0.0685)、(0,0.0685)、(0,0.05)、(0.015,0.05)、(0.015,0.0225)、(0,0.0225)。

3)选择"Utility Menu>PlotCtrls>Numbering"命令,弹出"Plot Numbering Controls"对话框,勾选"Keypoint numbers"选项,单击"OK"按钮,如图7-41所示。此时显示所创建的关键点,如图7-42所示。

4)选择"Main Menu>Preprocessor>Modeling>Create>Lines>Straight Line"命令,弹出"Create Straight Line"对话框,在图形区选择关键点1和2,或直接输入两点编号"1,2"绘制直线L1,然后单击"OK"按钮创建直线,如图7-43所示。

5)重复上述步骤分别创建线,即分别连接关键点2和3,3和4,4和5,5和6,6和7,7和8,8和9,9和10,10和11,11和12,12和1,如图7-44所示。

6)选择"Utility Menu>PlotCtrls>Numbering"命令,弹出"Plot Numbering Controls"对话框,勾选"Line numbers"选项,单击"OK"按钮,如图7-44所示。

第 7 章 ANSYS 14.5 结构动力学分析实例

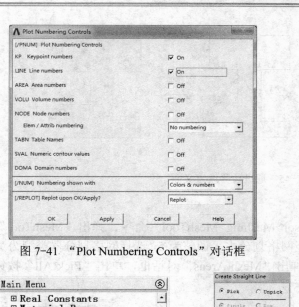

图 7-41 "Plot Numbering Controls"对话框

图 7-42 绘制的关键点

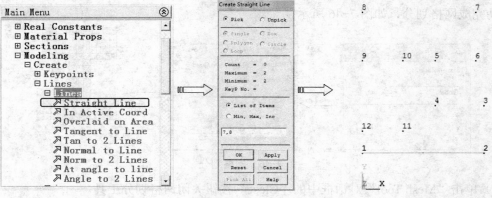

图 7-43 创建直线

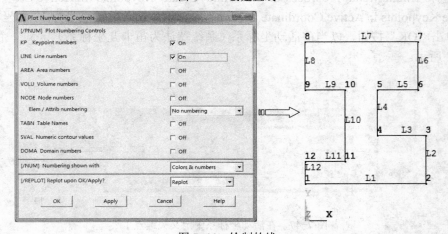

图 7-44 绘制的线

7）选择"Main Menu>Preprocessor>Modeling>Create>Areas>Arbitrary>By Lines"命令，弹出"Create Area By Lines"对话框，选择"Loop"单选按钮，选择任意一条直线，系统自动选择所有线，成一个封闭区域），然后单击"OK"按钮创建面，如图 7-45 所示。

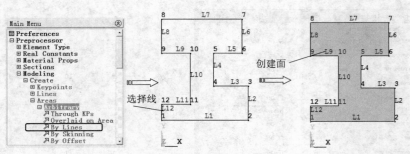

图 7-45 通过边界线定义面

8. 划分网格

1) 选择"Main Menu>Preprocessor>Meshing>MeshTool"命令,弹出"MeshTool"对话框,勾选"Smart Size"选项,并将智能网格划分水平调整为 5,选择网格划分器类型为"Free"(自由网格),单击"Mesh"按钮,弹出"Mesh Areas"对话框,单击"Pick All"按钮,系统自动完成网格划分,如图 7-46 所示。

图 7-46 网格划分

2) 单击"Mesh Tool"对话框中的"Close"按钮关闭网格划分工具。

3) 选择"Main Menu>Preprocessor>Modeling>Create>Keypoints>In Active CS"命令,弹出"Create Keypoints in Active Coordinate System"对话框,输入关键点号为 13 和坐标值(0,0,0),单击"OK"按钮,以当前活动坐标系(系统默认为笛卡儿坐标系)定义一个关键点,如图 7-47 所示。

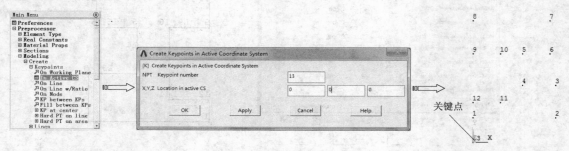

图 7-47 在活动坐标系中定义关键点 1

4) 重复上述步骤,创建关键点 14,坐标为(0.01,0)。

5) 选择"Main Menu>Preprocessor>Modeling>Operate>Extrude>Elem Ext Opts"命令,弹出"Element Extrusion Options"对话框,在"Element type number"选中"2 SOLID185",在"No. Elem divs"文本框中输入 18,勾选"Clear area(s)after ext"为 yes,单击"OK"按钮

完成设置，如图 7-48 所示。

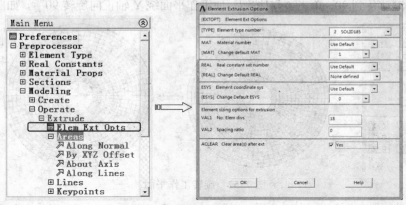

图 7-48　设置单元拉伸选项

6）选择"Main Menu> Preprocessor> Modeling>Operate>Extrude>Areas>About Axis"命令，弹出"Sweep Areas about Axis"对话框，选择绘制好二维网格的面，单击"OK"按钮，然后从图形区选择作为定义关键轴的点 13 和 14，单击"OK"按钮完成，如图 7-49 所示。

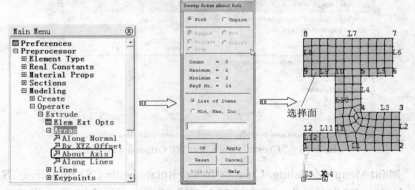

图 7-49　选择面

7）系统弹出"Sweep Areas about Axis"对话框，在"ARC length in degrees"文本框中设为 360，"No. of volume segments"文本框设为 4（一周内创建体的数据），如图 7-50 所示。单击"OK"按钮，完成拉伸网格划分，如图 7-51 所示。

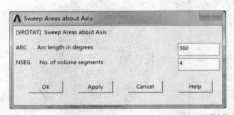

图 7-50　"Sweep Areas about Axis"对话框

图 7-51　创建拉伸网格

9．施加边界条件和载荷

1）选择"Utility Menu>PlotCtrls>Pan Zoom Rotate"命令，弹出"Pan-Zoom-Rotate"对话框，单击"Right"按钮，将图形窗口中的视图改为右视图。

2）选择"Utility Menu>WorkPlane>Offset WP by Increments"命令，弹出"Offset WP"对话框，拖动角度滚动条到 90，单击 [↻+X] 按钮，使工作平面绕 Y 轴正向旋转 90°，如图 7-52 所示。

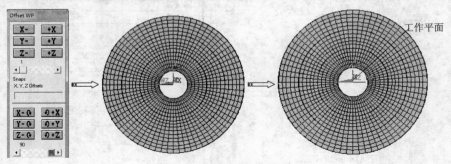

图 7-52 旋转工作平面

3）选择"Utility Menu>WorkPlane>Local Coordinate Systems>Create Local CS>At WP Origin"命令，弹出"Create Local CS at WP Origin"对话框，在"Ref number of new coord sys"文本框中输入 11，在"Type of coordinate system"下拉列表中选择"Cylindrical 1"，单击"OK"按钮，创建柱坐标系，并将新坐标系定义为激活坐标系，如图 7-53 所示。

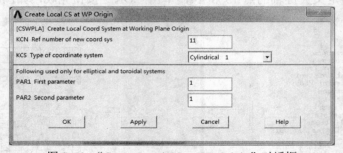

图 7-53 "Create Local CS at WP Origin"对话框

4）选择"Main Menu>Modeling>Create>Nodes>Rotate Node CS>To Active CS"命令，弹出"Rotate Nodes into CS"对话框，单击"Pick All"按钮选择所有节点，单击"OK"按钮，将所有节点都移到当前激活柱坐标系，如图 7-54 所示。

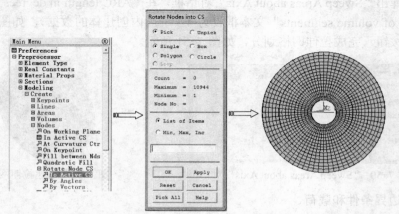

图 7-54 旋转节点坐标系

5）选择"Main Menu>Solution>Define Loads>Apply>Structural>Displacement>On Nodes"命令，弹出实体选取对话框，选择"Circle"拾取方式拾取内圈所有节点，弹出"Apply U,ROT on Nodes"对话框，在"DOFs to be constrained"列表框中选择约束类型 UY、UZ（盘心的节点轴向和周向固定，径向自由），在"Displacement value"文本框中输入数值 0，单击"OK"按钮完成约束，如图 7-55 所示。

图 7-55 施加自由度约束

6）选择"Main Menu>Solution>Define Loads>Apply>Structural>Inertia>Angular Veloc"命令，弹出"Apply Angular Velocity"对话框，输出在总体笛卡儿坐标系中的角速度分量值 104.67（绕 X 轴旋转 104.67rad/s），单击"OK"按钮完成施加，如图 7-56 所示。

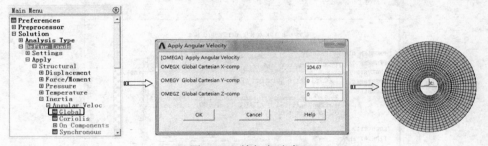

图 7-56 施加角速度

10. 设置静力学分析类型和求解选项

1）选择"Main Menu>Solution>Analysis Type>New Analysis"命令，弹出"New Analysis"对话框，选中"Static"选项，如图 7-57 所示。单击"OK"按钮确认。

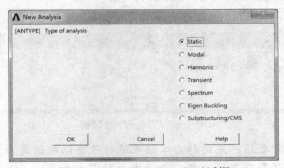

图 7-57 "New Analysis"对话框

2）选择"Main Menu>Solution>Unabridged Menu"命令，展开命令菜单，然后选择"Main Menu>Solution>Analysis Type>Analysis Options"命令，弹出"Static or Steady-State Analysis"

对话框,选择"Incl prestress effect?"为 Yes(打开预应力选项),如图 7-58 所示。单击"OK"按钮确认。

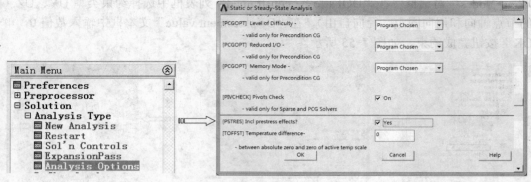

图 7-58 设置预应力选项

11. 求解静力学

1)选择"Main Menu>Solution>Solve>Current LS"命令,弹出图 7-59 所示的求解信息窗口,其中"/STATUS Command"窗口显示所要计算模型的求解信息和载荷步信息。

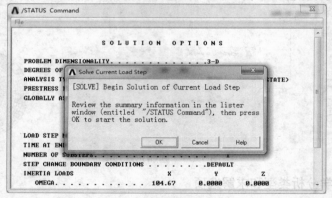

图 7-59 求解信息窗口

2)单击"Solve Current Load Step"对话框中的"OK"按钮,程序开始求解,求解完成后弹出"Note"对话框,如图 7-60 所示。单击"Close"按钮关闭。

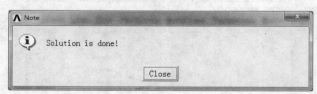

图 7-60 "Note"对话框

提示:在完成静力学之后,应对静力学结果进行观察以检验是否正确,结果正确之后再进行模态分析,此处为了节省篇幅省略,请读者自行完成。

12. 设置动力学分析类型和求解选项

1)选择"Main Menu>Solution>Analysis Type>New Analysis"命令,弹出"New Analysis"

对话框,选中"Modal"选项,如图 7-61 所示。单击"OK"按钮确认。

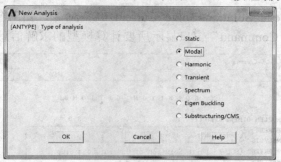

图 7-61 "New Analysis" 对话框

2)选择"Main Menu>Solution>Analysis Type>Analysis Options"命令,弹出"Modal Analysis"对话框,在"Mode extraction method"中选中"Block Lanczos"选项,在"No. of modes to extract"文本框中输入 6,在"No. of modes to expand"文本框中输入 6,勾选"Incl prestress effects"为 Yes,如图 7-62 所示。单击"OK"按钮确认。

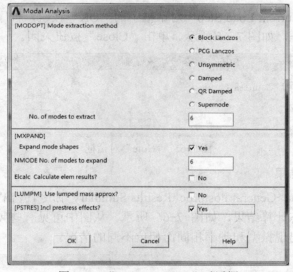

图 7-62 "Modal Analysis" 对话框

3)系统弹出"Block Lanczos Method"对话框,在该对话框设置起止频率,此处保持默认值,然后单击"OK"按钮完成设置,如图 7-63 所示。

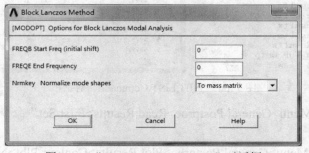

图 7-63 "Block Lanczos Method" 对话框

13. 求解动力学

1）选择"Main Menu>Solution>Solve>Current LS"命令，弹出图7-64所示的求解信息窗口，其中"/STATUS Command"窗口显示所要计算模型的求解信息和载荷步信息。

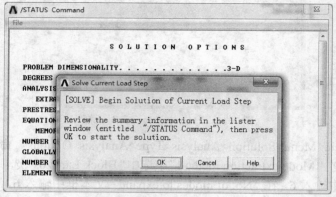

图7-64 求解信息窗口

2）单击"Solve Current Load Step"对话框中的"OK"按钮，程序开始求解，求解完成后弹出"Note"对话框，如图7-65所示。单击"Close"按钮关闭。

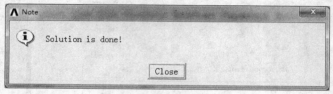

图7-65 "Note"对话框

14. 后处理显示结果

1）选择"Main Menu>General Postproc>Results Summary"命令，弹出"SET,LIST Command"对话框，列表显示模态计算结果，如图7-66所示。从图中可见有些频率相同，这是由于轮盘结构是对称的，会出现振型和频率相同而相位不同的情况。

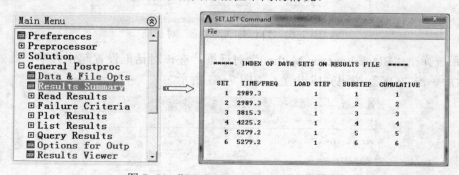

图7-66 "SET,LIST Command"对话框

2）选择"Main Menu>General Postproc>Read Results>First Set"命令，读取旋转轮盘的第一阶模态。

3）选择"Main Menu>General Postproc>Plot Results>Contour Plot>Nodal Solu"命令，弹

第 7 章 ANSYS 14.5 结构动力学分析实例

出"Contour Nodal Solution Data"对话框,选中"Displacement vector sum"选项,绘制第一阶振型,如图 7-67 所示。

图 7-67 绘制第一阶振型

4)重复上述过程,可绘制其他的振型图,如图 7-68 所示。

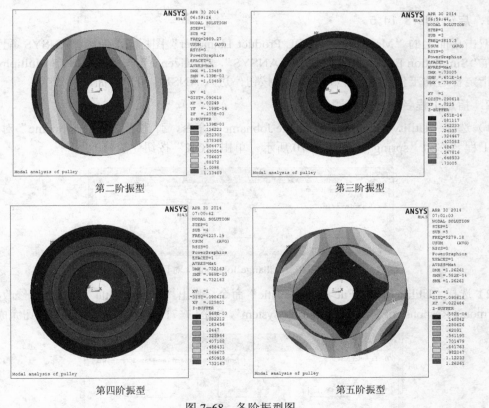

图 7-68 各阶振型图

7.3 谐响应分析实例

当激励为简谐函数时,谐响应分析用于确定稳定简谐载荷下结构的响应。例如:回转机器对轴承和支承结构施加稳态的交变作用力,这些作用力随旋转速度的不同而引起不同的偏转和应力,此时就需要分析结构对稳态简谐载荷的响应。本节按照由浅入深的原则,以 2 个实例来具体讲解 ANSYS 14.5 结构动力学中谐响应分析的方法和操作步骤。

7.3.1 入门实例——弹簧质点谐响应分析

如图 7-69 所示的弹簧质点系统，在质量块 m_1 上作用一个谐振力 $F_1\sin\omega t$，试确定质量块 m_2 的振幅响应。材料质量 $m_1=m_2=0.5\mathrm{kg}$，刚性系数 $k_1=k_2=k_c=200\mathrm{N/m}$，施加体载荷 $F_1=200\mathrm{N}$。

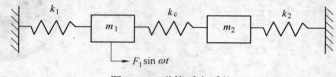

图 7-69　弹簧质点系统

操作步骤

1. 启动 ANSYS 14.5

双击桌面上的"Mechanical APDL Product Launcher"图标，弹出"ANSYS 配置"窗口，在"Simulation Environment"选择"ANSYS"，在"license"选择"ANSYS Multiphysics"，然后指定合适的工作目录，单击"Run"按钮，进入 ANSYS 用户界面。

2. 指定工程名和分析标题

1）选择"Utility Menu>File>Change Jobname"命令，弹出"Change Jobname"对话框，修改工程名称为"spring"，如图 7-70 所示。单击"OK"按钮完成修改。

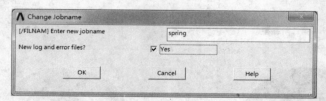

图 7-70　"Change Jobname"对话框

2）选择"Utility Menu>File>Change Title"命令，弹出"Change Title"对话框，修改标题为"Harmonic Response of Two-Mass-Spring System"，如图 7-71 所示。单击"OK"按钮完成修改。

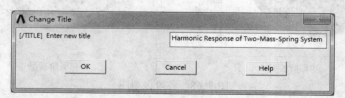

图 7-71　"Change Title"对话框

3）选择"Utility Menu>Plot>Replot"命令，指定的标题"Harmonic Response of Two-Mass-Spring System"显示在窗口的左下方。

3. 指定分析类型

选择"Main Menu>Preference"命令，弹出"Preferences for GUI Filtering"对话框，勾选

"Structural"选项，如图 7-72 所示。单击"OK"按钮确认。

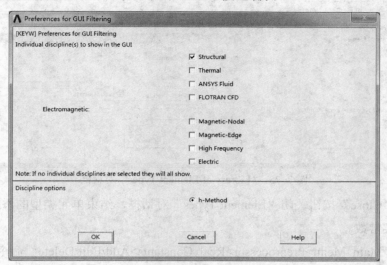

图 7-72 "Preferences for GUI Filtering" 对话框

4．定义单元类型

1）选择"Main Menu>Preprocessor>Element Type>Add/Edit/Delete"命令，弹出"Element Types"对话框，如图 7-73 所示。

2）单击"Add…"按钮，弹出"Library of Element Types"对话框，在左边的列表中选择"Combination"选项，然后在右边列表中选择"Spring-damper14"单元类型，如图 7-74 所示。单击"Library of Element Types"对话框的"OK"按钮，返回"Element Types"对话框。

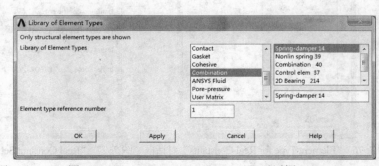

图 7-73 "Element Types"对话框　　　　图 7-74 "Library of Element Types"对话框

3）单击"Add…"按钮，弹出"Library of Element Types"对话框，在左边的列表中选择"Structure Mass"选项，然后在右边列表中选择"3D mass 21"单元类型，如图 7-75 所示。单击"Library of Element Types"对话框的"OK"按钮，返回"Element Types"对话框。

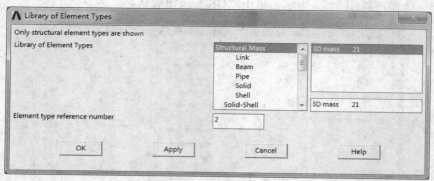

图 7-75 "Library of Element Types" 对话框

4)单击"Close"按钮关闭"Element Types"对话框,结束单元类型的添加。

5. 定义实常数

1)选择"Main Menu>Preprocessor>Real Constants>Add/Edit/Delete"命令,弹出"Real Constants"对话框,此时对话框显示"NONE DEFINED",表示没有任何实常数被定义。

2)单击"Add..."按钮,弹出"Element Type for Real Constants"对话框,显示出已经定义的单元类型,如图 7-76 所示。选中"Type 1 COMBIN14",单击"OK"按钮,弹出"Real Constant Set Number 1 for COMBIN14"对话框,在"Spring constant"文本框中输入 200,如图 7-77 所示。单击"OK"按钮返回"Real Constants"对话框。

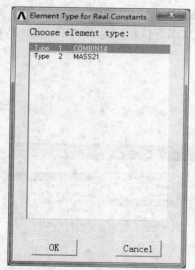
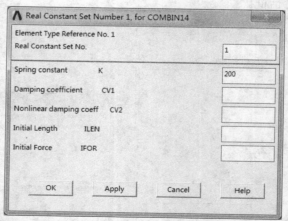

图 7-76 "Element Type for Real Constants"对话框　图 7-77 "Real Constant Set Number 1 for COMBIN14"对话框

3)单击"Add..."按钮,弹出"Element Type for Real Constants"对话框,显示出已经定义的单元类型,如图 7-78 所示。选中"Type 2 MASS21",单击"OK"按钮,弹出"Real Constant Set Number 2 for MASS21"对话框,在"Mass in X direction"文本框中输入 200,如图 7-79 所示。单击"OK"按钮返回。

4)单击"Close"按钮,关闭"Real Constants"对话框,结束实常数定义。

第7章 ANSYS 14.5 结构动力学分析实例

图 7-78 "Element Type for Real Constants" 对话框

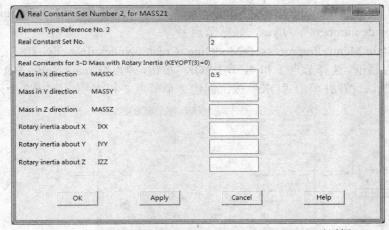

图 7-79 "Real Constant Set Number 2 for MASS21" 对话框

6．建立有限元模型

1）选择 "Main Menu>Preprocessor>Modeling>Create>Nodes>In Active CS" 命令，弹出 "Create Nodes in Active Coordinate System" 对话框，输入节点号为 1 和坐标值 (0，0，0)，单击 "OK" 按钮，以当前活动坐标系（系统默认为笛卡儿坐标系）定义一个节点，如图 7-80 所示。

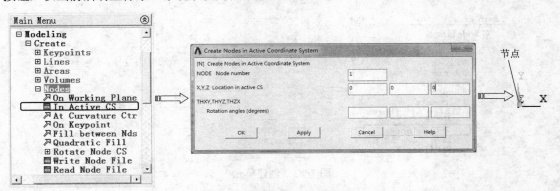

图 7-80 在活动坐标系中定义节点 1

2）选择"Main Menu>Preprocessor>Modeling>Create>Nodes>In Active CS"命令，弹出"Create Nodes in Active Coordinate System"对话框，输入节点号为4和坐标值（1，0，0），单击"OK"按钮，以当前活动坐标系（系统默认为笛卡儿坐标系）定义节点，如图7-81所示。

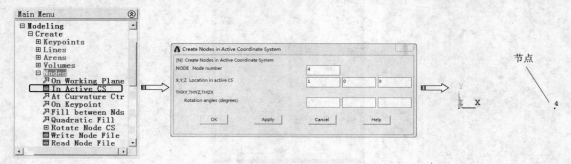

图7-81 在活动坐标系中定义节点4

3）选择"Utility Menu>PlotCtrls>Numbering"命令，弹出"Plot Numbering Controls"对话框，选择"Node numbers"为yes，显示节点号。

4）选择"Main Menu>Preprocessor>Modeling>Create>Nodes>In Active CS"命令，弹出"Fill between Nds"对话框，选择节点1和4，单击"OK"按钮，弹出"Create Nodes Between 2 Nodes"对话框，接受默认设置并单击"OK"按钮创建2个节点2和3，如图7-82所示。

图7-82 插入节点

5）选择"Main Menu>Preprocessor>Modeling>Create>Elements>Auto Numbered>Thru Nodes"命令，弹出"Elements from Nodes"对话框，选择节点1和2，单击"OK"按钮，创建一个单元，如图7-83所示。

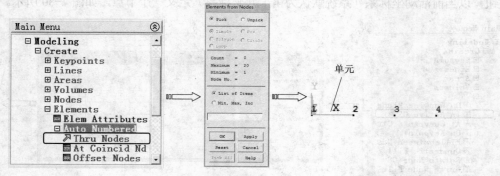

图7-83 创建单元

6）重复上述过程，分别选择节点2、3和3、4，创建其他2个单元，如图7-84所示。

第7章 ANSYS 14.5 结构动力学分析实例

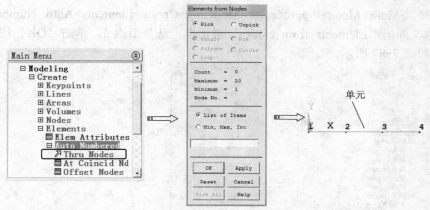

图 7-84 创建单元

7）选择"Main Menu> Preprocessor> Modeling> Create> Elements> Elem Attributes"命令，弹出"Element Attributes"对话框，在"Element type number"中选择"2 MASSS21"，在"Real constant set number"中选择 2，单击"OK"按钮完成设置，如图 7-85 所示。

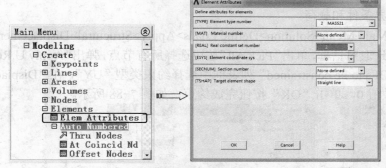

图 7-85 设置单元属性

8）选择"Main Menu>Preprocessor>Modeling>Create>Elements>Auto Numbered>Thru Nodes"命令，弹出"Elements from Nodes"对话框，选择节点 2，单击"OK"按钮，创建一个单元，如图 7-86 所示。

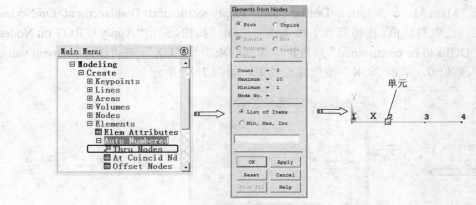

图 7-86 创建单元

9)选择"Main Menu>Preprocessor>Modeling>Create>Elements>Auto Numbered>Thru Nodes"命令,弹出"Elements from Nodes"对话框,选择节点3,单击"OK"按钮,创建一个单元,如图7-87所示。

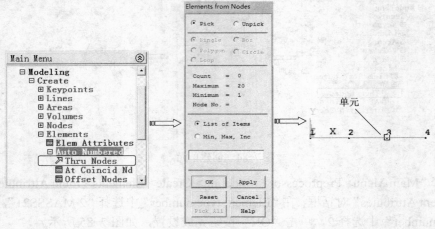

图7-87 创建单元

7. 施加边界条件和载荷

1)选择"Main Menu>Solution>Define Loads>Apply>Structural>Displacement>On Nodes"命令,弹出实体选取对话框,单击"Pick All"按钮选择所有节点,弹出"Apply U,ROT on Nodes"对话框,在"DOFs to be constrained"列表框中选择约束类型"UY",在"Displacement value"文本框中输入数值0,单击"OK"按钮完成约束,如图7-88所示。

图7-88 施加自由度约束

2)选择"Main Menu>Solution>Define Loads>Apply>Structural>Displacement>On Nodes"命令,弹出实体选取对话框,选择节点1和4,单击"OK"按钮,弹出"Apply U,ROT on Nodes"对话框,在"DOFs to be constrained"列表框中选择约束类型"UX",在"Displacement value"文本框中输入数值0,单击"OK"按钮完成约束,如图7-89所示。

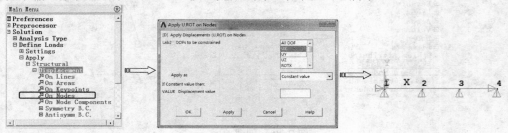

图7-89 施加自由度约束

8. 设置模态分析类型和求解选项

1）选择"Main Menu>Solution>Analysis Type>New Analysis"命令，弹出"New Analysis"对话框，选中"Modal"选项，如图 7-90 所示。单击"OK"按钮确认。

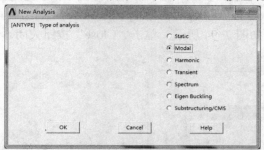

图 7-90 "New Analysis"对话框

2）选择"Main Menu>Solution>Analysis Type>Analysis Options"命令，弹出"Modal Analysis"对话框，在"Mode extraction method"中选中"Block Lanczos"选项，在"No. of modes to extract"文本框中输入 6，在"No. of modes to expand"文本框中输入 6，如图 7-91 所示。单击"OK"按钮确认。

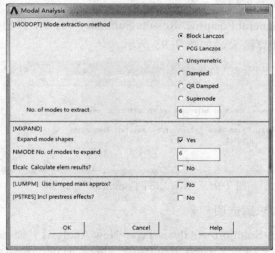

图 7-91 "Modal Analysis"对话框

3）系统弹出"Block Lanczos Method"对话框，在该对话框设置起止频率，此时保持默认值，单击"OK"按钮完成设置，如图 7-92 所示。

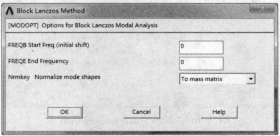

图 7-92 "Block Lanczos Method"对话框

9. 模态分析求解

1）选择"Main Menu>Solution>Solve>Current LS"命令，弹出图 7-93 所示的求解信息窗口，其中"/STATUS Command"窗口显示所要计算模型的求解信息和载荷步信息。

2）单击"Solve Current Load Step"对话框中的"OK"按钮，程序开始求解，求解完成后弹出"Note"对话框，如图 7-94 所示。单击"Close"按钮关闭。

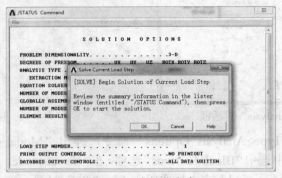

图 7-93 求解信息窗口

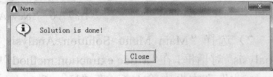

图 7-94 "Note"对话框

10. 模态分析后处理显示结果

选择"Main Menu>General Postproc>Results Summary"命令，弹出"SET,LIST Command"对话框，列表显示模态计算结果，如图 7-95 所示。

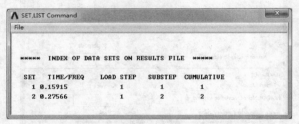

图 7-95 "SET,LIST Command"对话框

11. 设置分析类型和求解选项

1）选择"Main Menu>Solution>Analysis Type>New Analysis"命令，弹出"New Analysis"对话框，选中"Harmonic"选项，如图 7-96 所示。单击"OK"按钮确认。

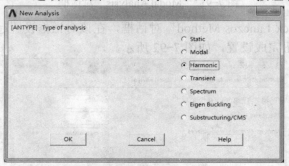

图 7-96 "New Analysis"对话框

2）选择"Main Menu>Solution>Analysis Type>Analysis Options"命令，弹出"Harmonic

Analysis"对话框,在"Solution method"中选择"Mode Superpos'n(模态叠加法)"选项,在"DOF printout format"中选择"Real+imaginary"(结果输出设置按照幅值和相位),如图7-97所示。单击"OK"按钮确认。

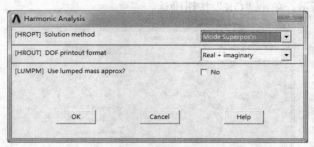

图7-97 "Harmonic Analysis"对话框

3)系统弹出"Mode Sup Harmonic Analysis"对话框,在"Maximum mode number"文本框中输入2,其他默认设置,单击"OK"按钮完成,如图7-98所示。

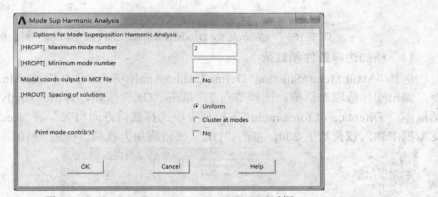

图7-98 "Mode Sup Harmonic Analysis"对话框

12. 设置载荷步选项

选择"Main Menu>Solution>Load Step Opts>Time Frequency>Freq and Substeps"命令,弹出"Harmonic Frequency and Substep Options"对话框。在"Harmonic freq range"文本框中输入0和2,在"Number of substeps"文本框中输入"100",在"KBC"中选择"stepped"(阶跃加载),如图7-99所示。单击"OK"按钮确认。

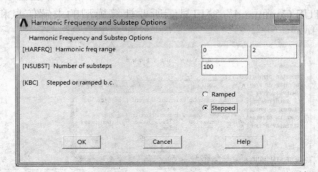

图7-99 "Harmonic Frequency and Substep Options"对话框

13. 设置输出控制

选择"Main Menu>Solution>Load Step Opts>Output Ctrls>DB/Results File"命令,弹出"Controls for Database and Results File Writing"对话框。在"File write frequency"中选择"Every substep"选项,如图7-100所示。单击"OK"按钮确认。

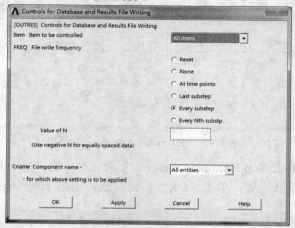

图7-100 "Controls for Database and Results File Writing"对话框

14. 施加边界条件和载荷

选择"Main Menu>Solution>Define Loads>Apply>Structural>Force/Moment>On Nodes"命令,弹出实体选取对话框,选择节点2,单击"OK"按钮,弹出"Apply F/M on Nodes"对话框,在"Direction of force/mom"下拉列表中选择载荷方向"FX",在"Real part of force/mom"文本框中输入载荷数值200,单击"OK"按钮施加力载荷,如图7-101所示。

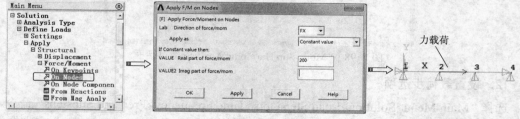

图7-101 在节点上施加力载荷

15. 求解谐响应分析

1)选择"Main Menu>Solution>Solve>Current LS"命令,弹出图7-102所示的求解信息窗口,其中"/STATUS Command"窗口显示所要计算模型的求解信息和载荷步信息。

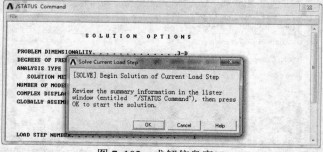

图7-102 求解信息窗口

2）单击"Solve Current Load Step"对话框中的"OK"按钮，程序开始求解，求解完成后弹出"Note"对话框，如图 7-103 所示。单击"Close"按钮关闭。

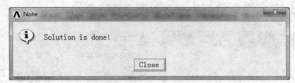

图 7-103 "Note"对话框

16. 时间历程后处理器

1）选择"Main Menu>TimeHist Postpro"命令，弹出"Time History Variables"对话框，如图 7-104 所示。

2）选择"File>Open Results"命令，弹出"Select Results File"对话框，选择结果文件"spring.rfrq"，如图 7-105 所示。单击"打开"按钮，读入结果文件并关闭对话框。

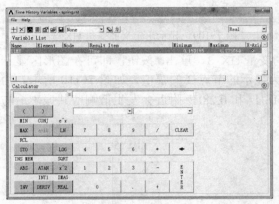

图 7-104 "Time History Variables"对话框   图 7-105 "Select Results File"对话框

3）系统弹出"Select Database File"对话框，选择"spring.db"数据库文件，如图 7-106 所示。单击"打开"按钮关闭对话框，返回到"Time History Variables"对话框，如图 7-107 所示。

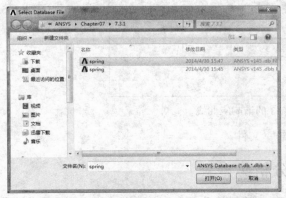

图 7-106 "Select Database File"对话框   图 7-107 "Time History Variables"对话框

4）单击 ± 按钮，弹出"Add Time-History Variable"对话框，在"Result Item"列表框中

依次选择 "Nodal Solution>DOF Solution>X-Component of displacement"，如图 7-108 所示。

5）单击 "OK" 按钮，弹出节点拾取对话框，选中节点 3，单击 "OK" 按钮，返回到变量定义对话框，显示出定义的变量 UX_3，如图 7-109 所示。

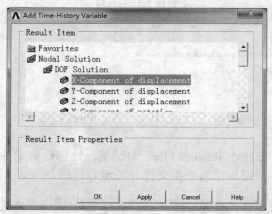 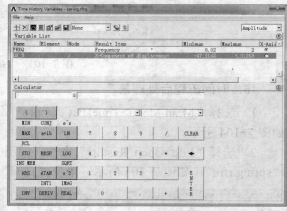

图 7-108 "Add Time-History Variable" 对话框   图 7-109 显示出定义的变量 UX_3

6）在 "Variable List" 列表中选择要显示的变量 UX_3，单击■按钮，即可在图形区显示变量的变化曲线，X 轴为时间变量 Freq，Y 轴为显示的节点 3 的幅值，如图 7-110 所示。由图可见，节点 3 在简谐激振作用下，在频率 0.16Hz 和 0.28Hz 附近会发生谐响应共振，这与前面模态分析中的固有频率几乎相同。

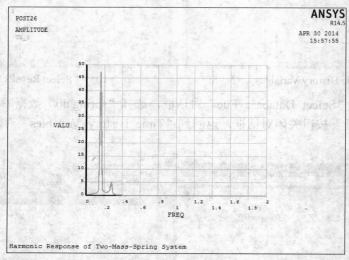

图 7-110 节点 3 的谐响应曲线

7）单击工具栏上的 SAVE_DB 按钮，保存数据库文件。

7.3.2 提高实例——连杆谐响应分析

如图 7-111 所示的连杆，弹性模量 210GPa，泊松比为 0.3，密度为 7850kg/m³，大端孔固定，小端孔每个节点上作用 20N 谐振拉力，试对其进行谐响应分析。

第7章 ANSYS 14.5 结构动力学分析实例

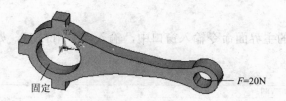

图 7-111 连杆

操作步骤

1. 启动 ANSYS 14.5

双击桌面上的"Mechanical APDL Product Launcher"图标，弹出"ANSYS 配置"窗口，在"Simulation Environment"选择"ANSYS"，在"license"选择"ANSYS Multiphysics"，然后指定合适的工作目录，单击"Run"按钮，进入 ANSYS 用户界面。

2. 指定工程名和分析标题

1) 选择"Utility Menu>File>Change Jobname"命令，弹出"Change Jobname"对话框，修改工程名称为"rod"，如图 7-112 所示。单击"OK"按钮完成修改。

2) 选择"Utility Menu>File>Change Title"命令，弹出"Change Title"对话框，修改标题为"Harmonic Response of Rod"，如图 7-113 所示。单击"OK"按钮完成修改。

图 7-112 "Change Jobname"对话框

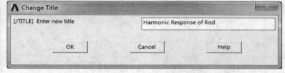

图 7-113 "Change Title"对话框

3) 选择"Utility Menu>Plot>Replot"命令，指定的标题"Harmonic Response of Rod"显示在窗口的左下方。

3. 指定分析类型

选择"Main Menu>Preference"命令，弹出"Preferences for GUI Filtering"对话框，勾选"Structural"选项，如图 7-114 所示。单击"OK"按钮确认。

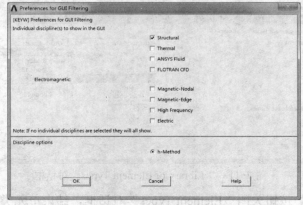

图 7-114 "Preferences for GUI Filtering"对话框

4. 定义单位

在 ANSYS 软件的主界面命令输入窗口中，输入"/UNIT,SI"，如图 7-115 所示。然后单击"Enter"键确认。

图 7-115　输入单位命令

5. 定义单元类型

1）选择"Main Menu>Preprocessor>Element Type>Add/Edit/Delete"命令，弹出"Element Types"对话框，如图 7-116 所示。

2）单击"Add..."按钮，弹出"Library of Element Types"对话框，在左边的列表中选择"Solid"选项，即选择实体单元类型，然后在右边列表中选择"Brick 8node 185"单元，如图 7-117 所示。单击"Library of Element Types"对话框的"OK"按钮，返回"Element Types"对话框。

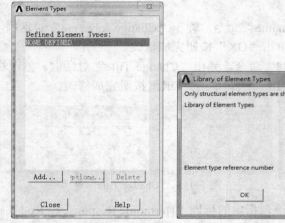

图 7-116　"Element Types"对话框

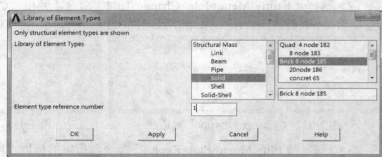

图 7-117　"Library of Element Types"对话框

3）单击"Add..."按钮，弹出"Library of Element Types"对话框，在左边的列表中选择"Solid"选项，即选择实体单元类型，然后在右边列表中选择"Brick 8 node 185"单元，如图 7-118 所示。单击"Library of Element Types"对话框的"OK"按钮，返回"Element Types"对话框

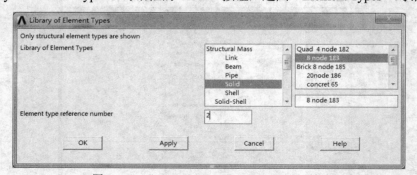

图 7-118　"Library of Element Types"对话框

4）单击"Close"按钮关闭"Element Types"对话框，结束单元类型的添加。

6. 定义材料属性

1）选择"Main Menu>Preprocessor>Materials Props>Material Models"命令，弹出"Define Material Model Behavior"对话框，如图 7-119 所示。

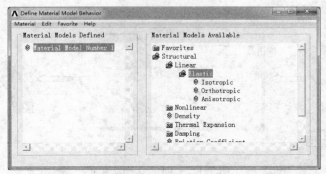

图 7-119 "Define Material Model Behavior"对话框

2）在右侧列表中选择"Structural>Linear>Elastic>Isotropic"，弹出"Linear Isotropic Properties for Material Number 1 对话框，在"EX"文本框中输入 2.1e11，在"PRXY"文本框中输入 0.30，如图 7-120 所示。单击"OK"按钮返回。

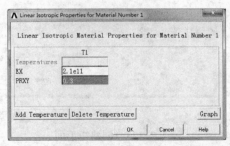

图 7-120 "Linear Isotropic Properties for Material Number 1"对话框

3）在右侧列表中选择"Density"，弹出"Density for Material Number1"对话框，在"DENS"文本框中输入密度 7850，如图 7-121 所示。单击"OK"按钮确认。

图 7-121 "Density for Material Number1"对话框

4）在"Define Material Model Behavior"对话框中选择"Material>Exit"命令，退出材料属性窗口，完成材料模型属性的定义。

7. 建立分析模型

1）选择"Main Menu>Preprocessor>Modeling>Create>Areas>Circle>By Dimensions"命令，

弹出"Circular Area by Dimensions"对话框,在"RAD1"和"RAD2"文本框中分别输入圆环的外径为 2.1,内径为 1.5,在"THETA1"和"THETA2"文本框中分别输入圆环的起始角度 0 和终止角度 180,单击"OK"按钮创建扇形圆环面,如图 7-122 所示。

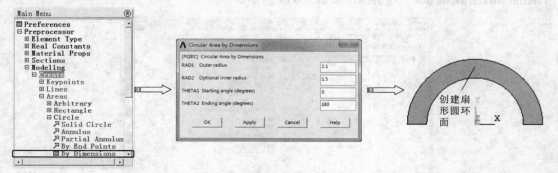

图 7-122　创建扇形圆环面

2)选择"Main Menu>Preprocessor>Modeling>Create>Areas>Rectangle>By Dimensions"命令,弹出"Create Rectangle by Dimensions"对话框,输入顶点坐标(-0.45,1.8)、(0.45,2.7),单击"OK"按钮创建矩形面,如图 7-123 所示。

图 7-123　创建矩形面

3)选择"Main Menu>Preprocessor>Modeling>Create>Areas>Rectangle>By Dimensions"命令,弹出"Create Rectangle by Dimensions"对话框,输入顶点坐标(-2.7,0)、(-1.8,0.45),单击"OK"按钮创建矩形面,如图 7-124 所示。

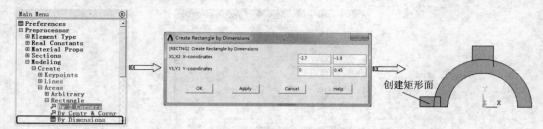

图 7-124　创建矩形面

4)选择"Main Menu>Preprocessor>Modeling>Create>Areas>Circle>By Dimensions"命令,弹出"Circular Area by Dimensions"对话框,在"RAD1"和"RAD2"文本框中分别输入圆环的外径 2.1 和内径 1.5,在"THETA1"和"THETA2"文本框中分别输入圆环的起始角度 45 和终止角度 180,单击"OK"按钮创建圆环面,如图 7-125 所示。

第 7 章 ANSYS 14.5 结构动力学分析实例

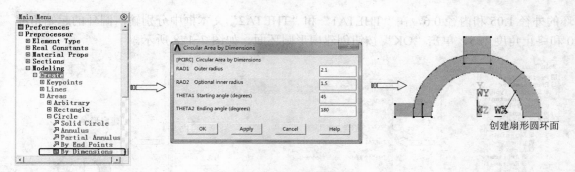

图 7-125 创建扇形圆环面

5）选择"Utility Menu>WorkPlane>Offset WP to>XYZ Locations +"命令，弹出"Offset WP to XYZ Location"对话框，输入移动的坐标 9.75，单击"OK"按钮可移动工作平面，如图 7-126 所示。

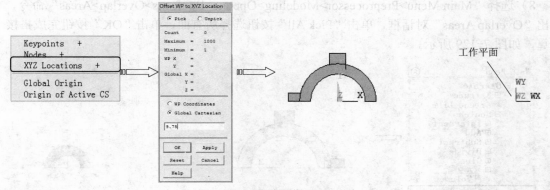

图 7-126 移动工作平面到坐标

6）选择"Main Menu>Preprocessor>Modeling>Create>Areas>Circle>By Dimensions"命令，弹出"Circular Area by Dimensions"对话框，在"RAD1"和"RAD2"文本框中分别输入圆环的外径 1.05 和内径 0.6，在"THETA1"和"THETA2"文本框中分别输入圆环的起始角度 0 和终止角度 180，单击"OK"按钮创建圆环面，如图 7-127 所示。

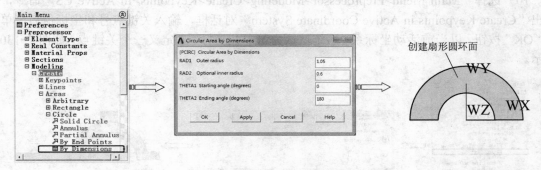

图 7-127 创建扇形圆环面

7）选择"Main Menu>Preprocessor>Modeling>Create>Areas>Circle>By Dimensions"命令，弹出"Circular Area by Dimensions"对话框，在"RAD1"和"RAD2"文本框中分别输入圆

环的外径 1.05 和内径 0.6，在"THETA1"和"THETA2"文本框中分别输入圆环的起始角度 0 和终止角度 135，单击"OK"按钮创建扇形圆环面，如图 7-128 所示。

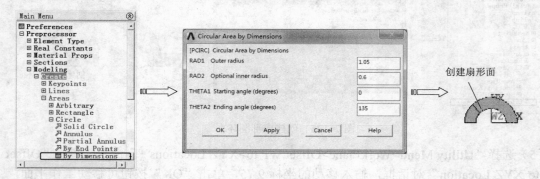

图 7-128 创建扇形圆环面

8）选择"Main Menu>Preprocessor>Modeling>Operate>Booleans>Overlap>Areas"命令，弹出"Overlap Areas"对话框，单击"Pick All"按钮选择所有面，单击"OK"按钮完成搭接运算，如图 7-129 所示。

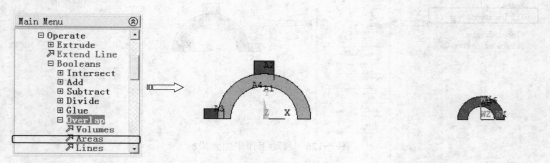

图 7-129 搭接运算

9）选择"Utility Menu>WorkPlane>Align WP with>Global Cartesian"命令，可将工作平面设定为全局笛卡儿坐标系所在平面，即原点为全局笛卡儿坐标系原点。

10）选择"Main Menu>Preprocessor>Modeling>Create>Keypoints>In Active CS"命令，弹出"Create Keypoints in Active Coordinate System"对话框，输入关键点号和坐标值后，单击"OK"按钮，以当前活动坐标系（系统默认为笛卡儿坐标系）定义一个关键点，如图 7-130 所示。

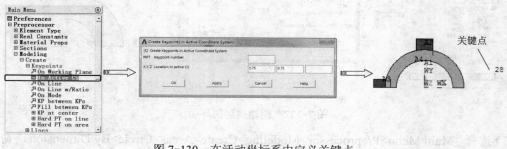

图 7-130 在活动坐标系中定义关键点

11) 重复上述步骤分别创建其余3个关键点，坐标为（4.875，0.6）、（6.0，0.495）、（7.125，0.42）。

12) 选择"Utility Menu>PlotCtrls>Numbering"命令，弹出"Plot Numbering Controls"对话框，勾选"Keypoint numbers""Line numbers"和"Area numbers"选项，单击"OK"按钮，此时显示所创建的关键点、线和面，如图7-131所示。

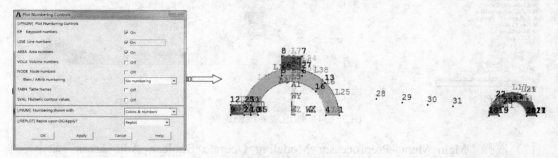

图7-131 显示关键点线面

13) 选择"Utility Menu>WorkPlane>Change Active CS to>Global Cylindrical"命令，可将坐标系转换成圆柱坐标系。

14) 选择"Main Menu>Preprocessor>Modeling>Create>Splines>Spline thru KPs"命令，弹出"B-Spline"对话框，输入关键点号"13，28，29，30，32，22"，单击"OK"按钮创建样条，如图7-132所示。

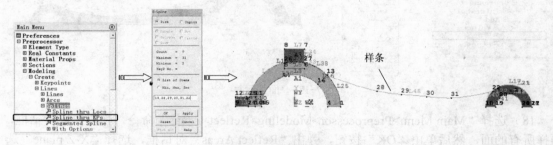

图7-132 创建样条线

15) 选择"Main Menu>Preprocessor>Modeling>Create>Lines>Straight Line"命令，弹出"Create Straight Line"对话框，在图形区选择关键点1和18，或直接输入两点编号"1，18"，然后单击"OK"按钮创建直线，如图7-133所示。

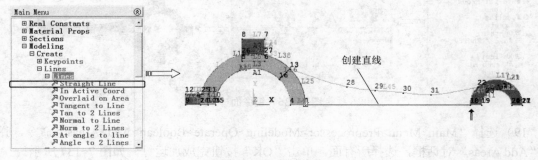

图7-133 创建直线

16）选择"Main Menu>Preprocessor>Modeling>Create>Areas>Arbitrary>By Lines"命令，弹出"Create Area By Lines"对话框，输入线号"46，40，45，25"，然后单击"OK"按钮创建面，如图 7-134 所示。

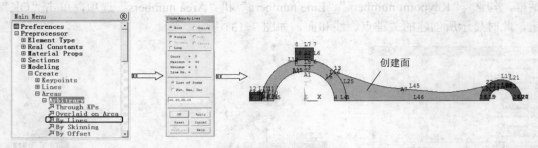

图 7-134　通过边界线创建面

17）选择"Main Menu>Preprocessor>Modeling>Operate>Boolean>Add>Areas"命令，弹出"Add Areas"对话框，单击"Pick All"按钮选择所有面，单击"OK"按钮完成加运算，如图 7-135 所示。

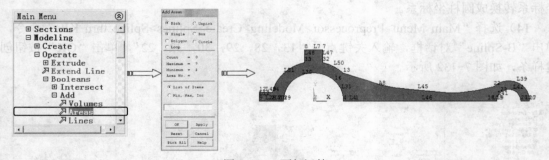

图 7-135　面加运算

18）选择"Main Menu>Preprocessor>Modeling>Reflect>Areas"命令，弹出拾取对话框，选择所有的面，然后单击"OK"按钮，弹出"Reflect Areas"对话框，选择"X-Z plane"选项，单击"OK"按钮完成镜像，如图 7-136 所示。

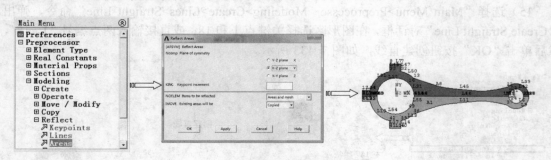

图 7-136　镜像面

19）选择"Main Menu>Preprocessor>Modeling>Operate>Boolean>Add>Areas"命令，弹出"Add Areas"对话框，选择所有面，单击"OK"按钮完成加运算，如图 7-137 所示。

第7章 ANSYS 14.5 结构动力学分析实例

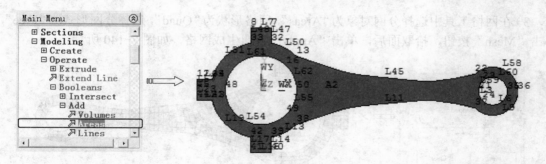

图 7-137　面加运算

8. 划分网格

1）选择"Main Menu>Preprocessor>Meshing>Mesh Tool"命令，弹出"Mesh Tool"对话框，单击"Global"后的"Set"按钮，弹出"Global Element Sizes"对话框，在"Element edge length"文本框中输入 0.2，单击"OK"按钮完成，如图 7-138 所示。

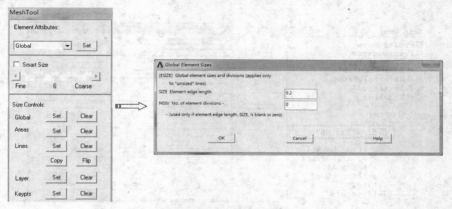

图 7-138　设置单元边长

2）选择"Main Menu>Preprocessor>Meshing>Mesh Attributes>All Areas"命令，弹出"Area Attributes"对话框，在"Element type number"下拉列表中选择"2 PLANE183"，单击"OK"按钮完成，如图 7-139 所示。

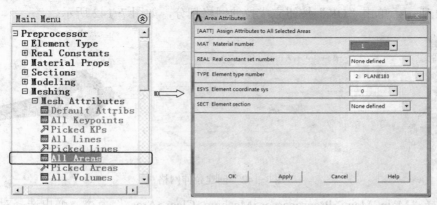

图 7-139　设置面单元类型

3）在网格工具中选择分网对象为"Areas",网格形状为"Quad",选择分网形式为"Free",单击"Mesh"按钮,拾取面后,单击"Apply"按钮生成网格,如图 7-140 所示。

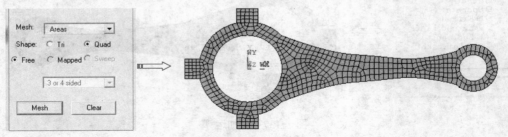

图 7-140　生成网格

4）选择"Main Menu>Preprocessor>Modeling>Operate>Extrude>Elem Ext Opts"命令,弹出"Element Extrusion Options"对话框,在"Element type number"选中"2 SOLID186",在"No. Elem divs"文本框中输入 5,单击"OK"按钮完成单元拉伸选项设置,如图 7-141 所示。

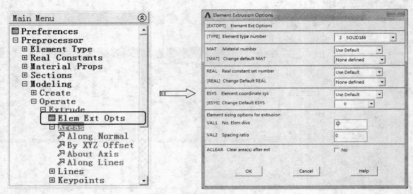

图 7-141　设置单元拉伸选项

5）选择"Main Menu>Preprocessor>Modeling>Operate>Extrude>Areas>Along Normal"命令,弹出"Element Area by Norm"对话框,选择绘制好的二维网格面,单击"OK"按钮,系统弹出"Extrude Area along Normal"对话框,在"Length of Extrusion"文本框中设为 1,如图 7-142 所示。单击"OK"按钮完成拉伸网格划分,如图 7-142 所示。

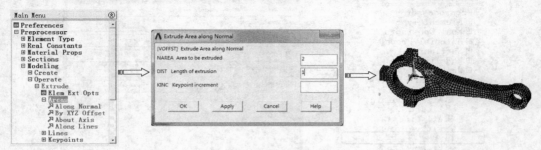

图 7-142　创建拉伸网格

6）选择"Main Menu>Preprocessor>Meshing>Clear>Areas"命令,弹出选择对话框,单击"Pick All"按钮,清除所有面网格。此处即使保留源面网格对计算结果也没有影响,删除的目的仅仅是使后面的操作更加方便。

9. 施加边界条件和载荷

1）选择"Utility Menu>Select>Entities"命令，弹出"Select Entities"对话框，选择拾取对象为"Nodes"，拾取方式为"By Num/Pick"，单击"OK"按钮，弹出"Select nodes"对话框，选中"Circle"选项，在图形中选择大圆处所有节点，单击"OK"按钮完成，如图7-143所示。

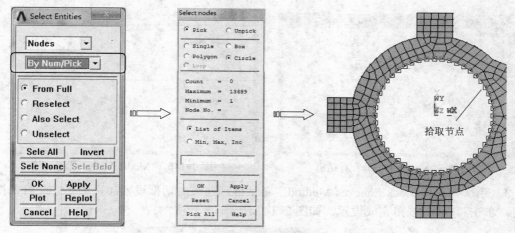

图7-143 选取节点

2）选择"Main Menu>Solution>Define Loads>Apply>Structural>Displacement>On Nodes"命令，弹出实体选取对话框，单击"Pick All"按钮选择所有节点，弹出"Apply U,ROT on Nodes"对话框，在"DOFs to be constrained"列表框中选择约束类型"All DOF"，在"Displacement value"文本框中输入数值0，单击"OK"按钮完成约束，如图7-144所示。

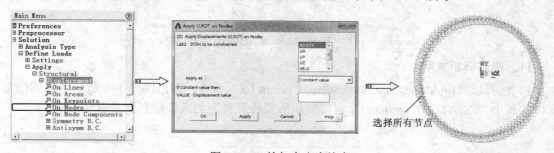

图7-144 施加自由度约束

3）选择"Utility Menu>Select>Everything"命令，选取所有图元、单元和节点。

10. 设置模态分析类型和求解选项

1）选择"Main Menu>Solution>Analysis Type>New Analysis"命令，弹出"New Analysis"对话框，选中"Modal"选项，如图7-145所示。单击"OK"按钮确认。

2）选择"Main Menu>Solution>Analysis Type>Analysis Options"命令，弹出"Modal Analysis"对话框，在"Mode extraction method"中选中"Block Lanczos"选项，在"No. of modes to extract"文本框中输入6，在"No. of modes to expand"文本框中输入6，如图7-146所示。

单击"OK"按钮确认。

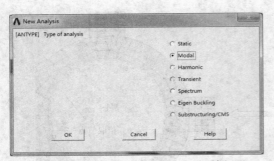
图 7-145 "New Analysis"对话框

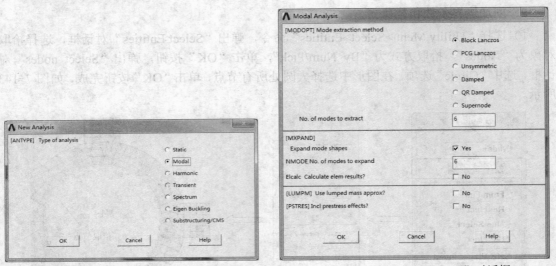
图 7-146 "Modal Analysis"对话框

3）系统弹出"Block Lanczos Method"对话框，在该对话框设置起止频率，此时保持默认值，单击"OK"按钮完成设置，如图 7-147 所示。

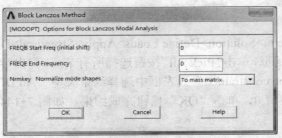
图 7-147 "Block Lanczos Method"对话框

11．模态分析求解

1）选择"Main Menu>Solution>Solve>Current LS"命令，弹出图 7-148 所示的求解信息窗口，其中"/STATUS Command"窗口显示所要计算模型的求解信息和载荷步信息。

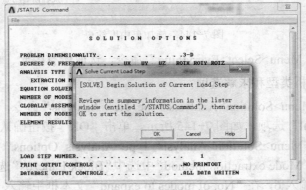
图 7-148 求解信息窗口

2）单击"Solve Current Load Step"对话框中的"OK"按钮,程序开始求解,求解完成后弹出"Note"对话框,如图7-149所示。单击"Close"按钮关闭。

图7-149 "Note"对话框

12. 模态分析后处理显示结果

选择"Main Menu>General Postproc>Results Summary"命令,弹出"SET,LIST Command"对话框,列表显示模态计算结果,如图7-150所示。

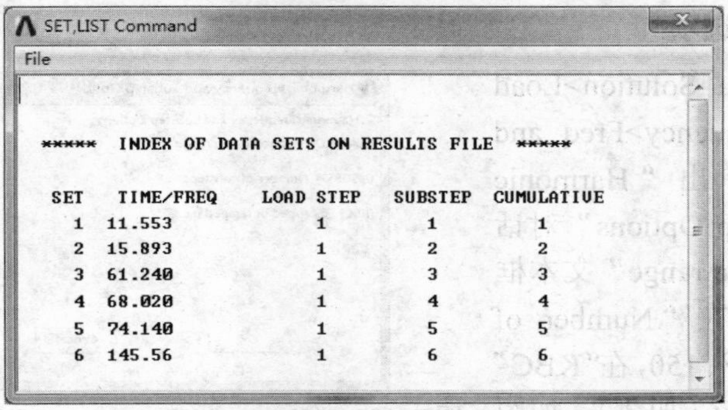

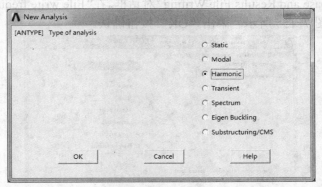

图7-150 "SET,LIST Command"对话框

13. 设置分析类型和求解选项

1）选择"Main Menu>Solution>Analysis Type>New Analysis"命令,弹出"New Analysis"对话框,选中"Harmonic"选项,如图7-151所示。单击"OK"按钮确认。

图7-151 "New Analysis"对话框

2）选择"Main Menu>Solution>Analysis Type>Analysis Options"命令,弹出"Harmonic Analysis"对话框,在"Solution method"中选择"Mode Superpos'n"(模态叠加法)选项,在"DOF printout format"中选择"Real+imaginary"(结果输出设置按照幅值和相位),如图7-152所示。单击"OK"按钮确认。

3）系统弹出"Mode Sup Harmonic Analysis"对话框,在"Maximum mode number"文

本框中输入6，其他默认设置，单击"OK"按钮完成，如图7-153所示。

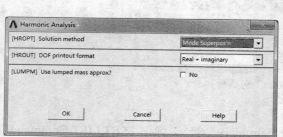
图7-152 "Harmonic Analysis"对话框

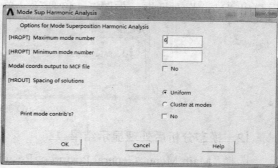
图7-153 "Mode Sup Harmonic Analysis"对话框

14. 设置载荷步选项

选择"Main Menu>Solution>Load Step Opts>Time Frequency>Freq and Substeps"命令，弹出"Harmonic Frequency and Substep Options"对话框。在"Harmonic freq range"文本框中输入0和150，在"Number of substeps"文本框中输入150，在"KBC"中选择"stepped"（阶跃加载），如图7-154所示。单击"OK"按钮确认。

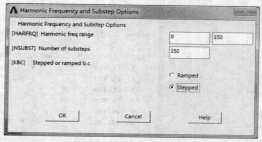
图7-154 "Harmonic Frequency and Substep Options"对话框

15. 设置输出控制

选择"Main Menu>Solution>Load Step Opts>Output Ctrls>DB/Results File"命令，弹出"Controls for Database and Results File Writing"对话框。在"File write frequency"中选择"Every substep"选项，如图7-155所示。单击"OK"按钮确认。

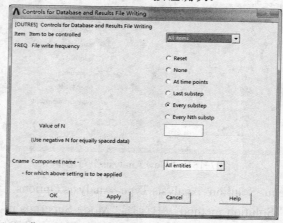
图7-155 "Controls for Database and Results File Writing"对话框

16. 施加边界条件和载荷

1）选择"Utility Menu>Select>Entities"命令，弹出"Select Entities"对话框，选择拾取对

第7章 ANSYS 14.5 结构动力学分析实例

象为"Nodes",拾取方式为"By Num/Pick",单击"OK"按钮,弹出"Select nodes"对话框,选中"Circle"选项,在图形中选择小圆处所有节点,单击"OK"按钮完成,如图7-156所示。

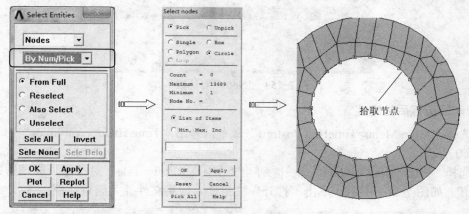

图7-156 选取节点

2）选择"Main Menu>Solution>Define Loads>Apply>Structural>Force/Moment>On Nodes"命令,弹出实体选取对话框,选择节点2,单击"OK"按钮,弹出"Apply F/M on Nodes"对话框,在"Direction of force/mom"下拉列表中选择载荷方向"FX",在"Real part of force/mom"文本框中输入载荷数值20,单击"OK"按钮施加力载荷,如图7-157所示。

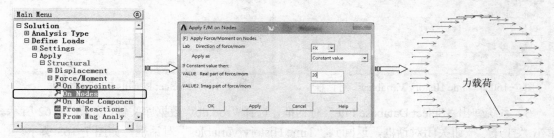

图7-157 在节点上施加力载荷

3）选择"Utility Menu>Select>Everything"命令,选取所有图元、单元和节点。

17. 求解谐响应分析

1）选择"Main Menu>Solution>Solve>Current LS"命令,弹出图7-158所示的求解信息窗口,其中"/STATUS Command"窗口显示所要计算模型的求解信息和载荷步信息。

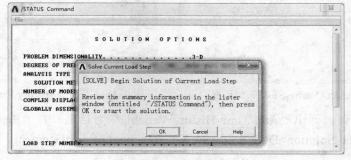

图7-158 求解信息窗口

223

2）单击"Solve Current Load Step"对话框中的"OK"按钮，程序开始求解，求解完成后弹出"Note"对话框，如图7-159所示。单击"Close"按钮关闭。

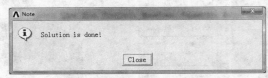

图7-159 "Note"对话框

18. 时间历程后处理器

1）选择"Main Menu>TimeHist Postpro"命令，弹出"Time History Variables"对话框，如图7-160所示。

2）选择"File>Open Results"命令，弹出"Select Results File"对话框，选择结果文件"rod.rfrq"，如图7-161所示。单击"打开"按钮读入结果文件并关闭对话框。

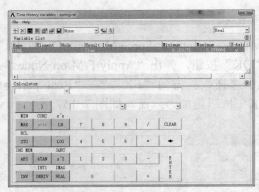

图7-160 "Time History Variables"对话框

图7-161 "Select Results File"对话框

3）系统弹出"Select Database File"对话框，选择"rod.db"数据库文件，如图7-162所示。单击"打开"按钮关闭对话框，返回到"Time History Variables"对话框，如图7-163所示。

图7-162 "Select Database File"对话框

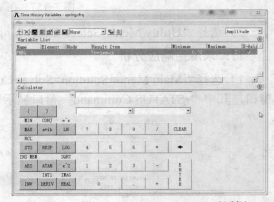

图7-163 "Time History Variables"对话框

4）单击 + 按钮，弹出"Add Time-History Variable"对话框，在"Result Item"列表框中依次选择"Nodal Solution>DOF Solution>X-Component of displacement"选项，如图7-164所示。

5）单击"OK"按钮，弹出节点拾取对话框，选中小圆端沿 X 轴方向最外节点，单击"OK"按钮，返回到变量定义对话框，显示出定义的变量 UX_2，如图 7-165 所示。

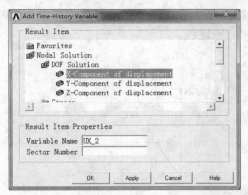

图 7-164 "Add Time-History Variable"对话框

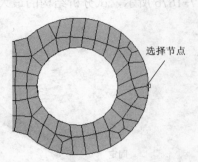

图 7-165 选择节点

6）在"Variable List"列表中选择要显示的变量 UX_2，单击 按钮，即可在图形区显示变量的变化曲线，X 轴为时间变量 Freq，Y 轴为显示的节点 3 的幅值，如图 7-166 所示。由图可见，节点 3 在简谐激振作用下，在频率 61.240Hz、74.140Hz 和 145.56Hz 附近会发生谐响应共振，这与前面模态分析中的固有频率几乎相同。

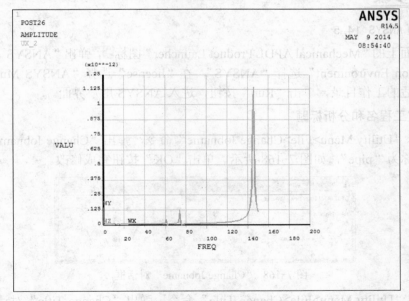

图 7-166 节点的谐响应曲线

7）单击工具栏上的 SAVE_DB 按钮，保存数据库文件。

7.4 结构瞬态动力学分析实例

瞬态结构动力学是确定结构承受随时间按任意规律变化的载荷时的响应，其输入的数据是时间函数的载荷，而输出的结果是随时间变化的位移、应变、应力等。

7.4.1 入门实例——弯管瞬态动力学分析

如图 7-167a 所示，弯管下端部固定，上端面每个节点施加动态力载荷，载荷和时间过程如图 7-167b 所示，试分析结构的最大位移和响应过程。

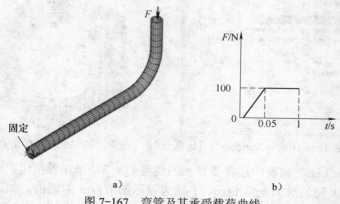

图 7-167 弯管及其承受载荷曲线

操作步骤

1. 启动 ANSYS 14.5

双击桌面上的"Mechanical APDL Product Launcher"图标，弹出"ANSYS 配置"窗口，在"Simulation Environment"选择"ANSYS"，在"license"选择"ANSYS Multiphysics"，然后指定合适的工作目录，单击"Run"按钮，进入 ANSYS 用户界面。

2. 指定工程名和分析标题

1) 选择"Utility Menu>File>Change Jobname"命令，弹出"Change Jobname"对话框，修改工程名称为"pipe"，如图 7-168 所示。单击"OK"按钮完成修改。

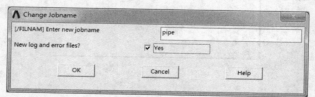

图 7-168 "Change Jobname"对话框

2) 选择"Utility Menu>File>Change Title"命令，弹出"Change Title"对话框，修改标题为"Transient Response of pipe"，如图 7-169 所示。单击"OK"按钮完成修改。

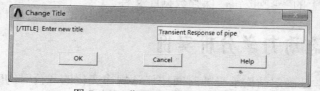

图 7-169 "Change Title"对话框

第 7 章 ANSYS 14.5 结构动力学分析实例

3）选择"Utility Menu>Plot>Replot"命令，指定的标题"Transient Response of pipe"显示在窗口的左下方。

3. 指定分析类型

选择"Main Menu>Preference"命令，弹出"Preferences for GUI Filtering"对话框，勾选"Structural"选项，如图 7-170 所示。单击"OK"按钮确认。

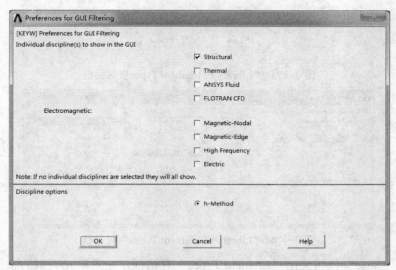

图 7-170 "Preferences for GUI Filtering"对话框

4. 定义单位

在 ANSYS 软件的主界面命令输入窗口中，输入"/UNIT,SI"，如图 7-171 所示。然后单击"Enter"键确认。

图 7-171 输入单位命令

5. 定义单元类型

1）选择"Main Menu>Preprocessor>Element Type>Add/Edit/Delete"命令，弹出"Element Types"对话框，如图 7-172 所示。

2）单击"Add…"按钮，弹出"Library of Element Types"对话框，在左边的列表中选择"Solid"选项，即选择实体单元类型，然后在右边列表中选择"Brick 8node 185"单元，如图 7-173 所示。单击"Library of Element Types"对话框的"OK"按钮，返回"Element Types"对话框。

3）单击"Add…"按钮，弹出"Library of Element Types"对话框，在左边的列表中选择"Solid"选项，即选择实体单元类型，然后在右边列表中选择"Quad 4 node 182"单元，如图 7-174 所示。单击"Library of Element Types"对话框

图 7-172 "Element Types"对话框

的"OK"按钮,返回"Element Types"对话框。

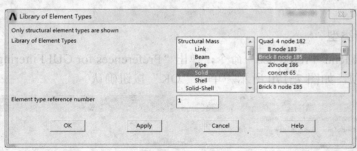

图 7-173 "Library of Element Types"对话框

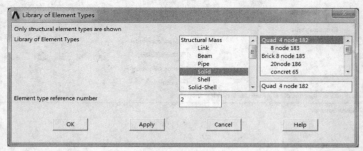

图 7-174 "Library of Element Types"对话框

4)单击"Close"按钮关闭"Element Types"对话框,结束单元类型的添加。

6. 定义材料属性

1)选择"Main Menu>Preprocessor>Materials Props>Material Models"命令,弹出"Define Material Model Behavior"对话框,如图 7-175 所示。

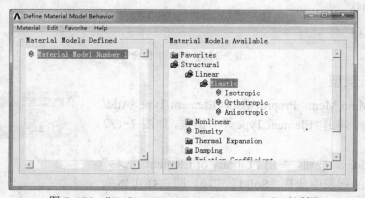

图 7-175 "Define Material Model Behavior"对话框

2)在右侧列表中选择"Structural>Linear>Elastic>Isotropic",弹出"Linear Isotropic Properties for Material Number 1"对话框,在"EX"文本框中输入 2.1e11,在"PRXY"文本框中输入 0.3,如图 7-176 所示。单击"OK"按钮返回。

3)在图 7-175 所示对话框右侧列表中选择"Density",弹出"Density for Material Number1"对话框,在"DENS"文本框中输入密度为 7850,如图 7-177 所示。单击"OK"按钮确认。

4) 在"Define Material Model Behavior"对话框中选择"Material>Exit"命令,退出材料属性窗口,完成材料模型属性的定义。

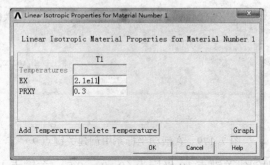

图 7-176 "Linear Isotropic Properties for Material Number 1"对话框

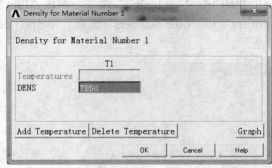

图 7-177 "Density for Material Number1"对话框

7. 建立分析模型

1) 选择"Main Menu>Preprocessor>Modeling>Create>Areas>Circle>Annulus"命令,弹出"Annular Circle Area"对话框,在"WP X"和"WP Y"文本框中输入圆环中心的 X、Y 坐标(0,0),在"Rad-1"和"Rad-2"文本框中分别输入圆环的内径 0.0125 和外径 0.0175,单击"OK"按钮创建圆环面,如图 7-178 所示。

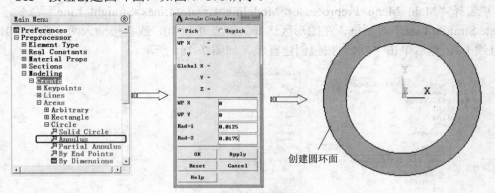

图 7-178 创建圆环面

2) 选择"Main Menu>Preprocessor>Modeling>Create>Keypoints>In Active CS"命令,弹出"Create Keypoints in Active Coordinate System"对话框,输入关键点号为 9 和坐标值(0,0,0),单击"OK"按钮,以当前活动坐标系(系统默认为笛卡儿坐标系)定义一个关键点,

如图 7-179 所示。

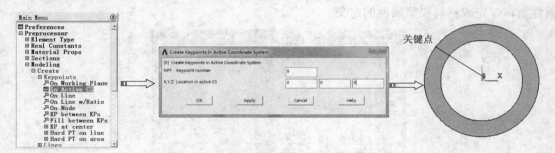

图 7-179　在活动坐标系中创建关键点 9

3）重复上述步骤分别创建关键点 10 坐标为（0，0，-0.5），关键点 11 坐标为（0，0.2，-0.5）。

4）选择"Utility Menu>PlotCtrls>Numbering"命令，弹出"Plot Numbering Controls"对话框，勾选"Keypoint numbers"和"Line numbers"选项，单击"OK"按钮，此时显示所创建的关键点，如图 7-180 所示。

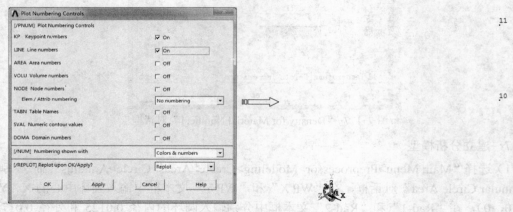

图 7-180　显示关键点

5）选择"Main Menu>Preprocessor>Modeling>Create>Lines>Straight Line"命令，弹出"Create Straight Line"对话框，在图形区选择关键点 9 和 10，或直接输入两点编号"9，10"绘制直线 L9，然后单击"OK"按钮创建直线，如图 7-181 所示。

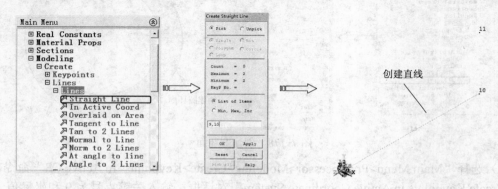

图 7-181　创建直线 L9

6）选择"Main Menu>Preprocessor>Modeling>Create>Lines>Straight Line"命令，弹出"Create Straight Line"对话框，在图形区选择关键点 10 和 11，或直接输入两点编号"10，11"绘制直线 L10，然后单击"OK"按钮创建直线，如图 7-182 所示。

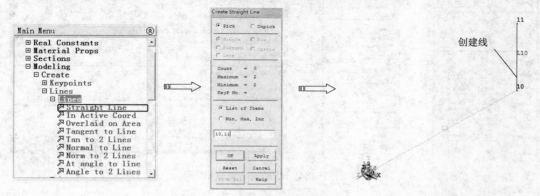

图 7-182　创建直线 L10

7）选择"Main Menu>Preprocessor>Modeling>Create>Lines>Line Fillet"命令，弹出"Line Fillet"对话框，在图形区选择线 L9 和 L10，或直接输入编号"9，10"，单击"OK"按钮，弹出"Line Fillet"对话框，输入半径 0.1，然后单击"OK"按钮创建圆角，如图 7-183 所示。

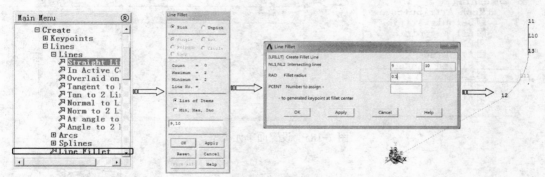

图 7-183　创建圆角

8. 划分网格

1）选择"Main Menu>Preprocessor>Meshing>Mesh Tool"命令，弹出"Mesh Tool"对话框，单击"Lines"后的"Set"按钮，弹出"Element Size on Picked Line"对话框，依次选择圆环所有 8 条边，单击"OK"按钮，弹出"Element Sizes on Picked Lines"对话框，在"No. of element divisions"文本框中输入 5，单击"OK"按钮完成线单元数量的设置，如图 7-184 所示。

2）选择"Main Menu>Preprocessor>Meshing>Mesh Attributes>All Areas"命令，弹出"Area Attributes"对话框，在"Element type number"下拉列表中选择"2 PLANE182"，单击"OK"按钮完成面单元类型的设置，如图 7-185 所示。

3）在网格工具中选择分网对象为"Areas"，网格形状为"Quad"，选择分网形式为"Free"，单击"Mesh"按钮，拾取圆环面单击"OK"按钮，生成网格如图 7-186 所示。

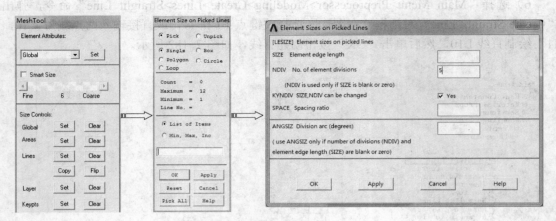

图 7-184 设置线单元数量

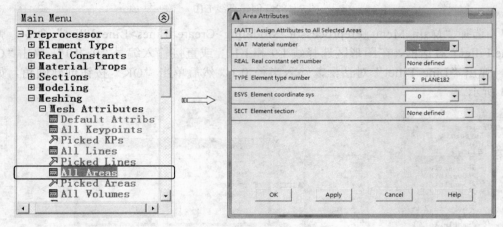

图 7-185 设置面单元类型

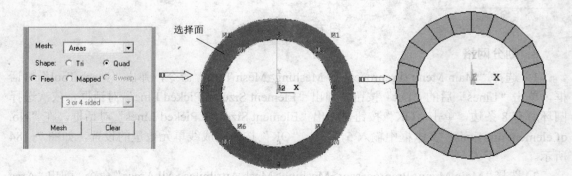

图 7-186 生成网格

4）选择"Main Menu>Preprocessor>Meshing>Mesh Tool"命令，弹出"Mesh Tool"对话框，单击"Global"后的"Set"按钮，弹出"Global Element Sizes"对话框，在"Element edge length"文本框中输入 0.02，单击"OK"按钮完成单元边长的设置，如图 7-187 所示。

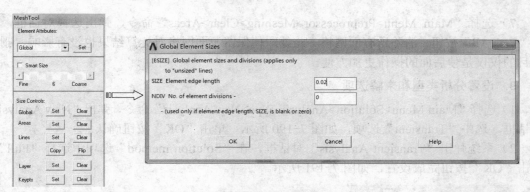

图 7-187　设置单元边长

5）选择"Main Menu>Preprocessor>Modeling>Operate>Extrude>Areas>Along Lines"命令，弹出"Sweep Areas along Lines"对话框，单击"Pick All"按钮选择模型中已经定义的面，单击"OK"按钮，弹出"Sweep Areas along Lines"对话框，依次选择直线 L7、L9、L8，单击"OK"按钮，创建实体如图 7-188 所示。

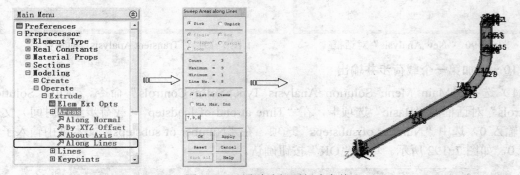

图 7-188　通过选择面创建实体

6）选择"Utility Menu>Plot>Element"命令，可显示弯管的节点和单元，如图 7-189 所示。

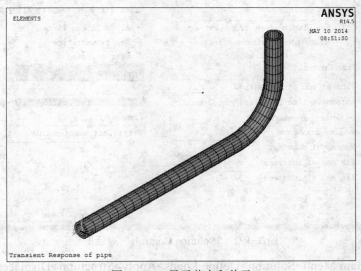

图 7-189　显示节点和单元

7)选择"Main Menu>Preprocessor>Meshing>Clear>Areas"命令,弹出选择对话框,单击"Pick All"按钮,清除所有面网格。此处即使保留源面网格对计算结果也没有影响,删除的目的仅仅是使后面的操作更加方便。

9. 设置分析类型和求解选项

1)选择"Main Menu>Solution>Analysis Type>New Analysis"命令,弹出"New Analysis"对话框,选中"Transient"选项,如图7-190所示。单击"OK"按钮确认。

2)系统弹出"Transient Analysis"对话框,在"Solution method"选项中选择"Full",单击"OK"按钮完成设置,如图7-191所示。

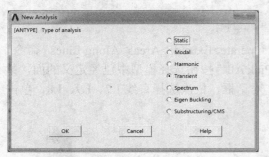
图7-190 "New Analysis"对话框

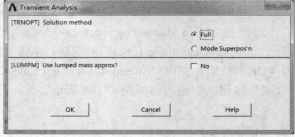
图7-191 "Transient Analysis"对话框

10. 施加第一个载荷步并输出

1)选择"Main Menu>Solution>Analysis Type>Sol'n Controls"命令,弹出"Solution Controls"对话框的"Basic"选项卡,在"Time at end of loadstep"(载荷步结束时间)文本框中输入0,选中"Number of substeps"选项,在"Number of substeps"文本框中输入子步数为0,如图7-192所示。单击"OK"按钮确认。

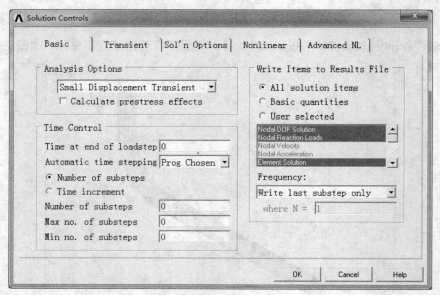
图7-192 "Solution Controls"对话框

2)选择"Main Menu>Solution>Define Loads>Apply>Structural>Displacement>On Areas"

命令，弹出实体选取对话框，选择圆管的端面，单击"OK"按钮，弹出"Apply U,ROT on Areas"对话框，在"DOFs to be constrained"列表框中选择约束类型"All DOF"，在"Displacement value"文本框中输入数值0，单击"OK"按钮完成约束，如图7-193所示。

图7-193　施加自由度约束

3）选择"Main Menu>Solution>Analysis Type>Sol'n Controls"命令，弹出"Solution Controls"对话框，在"Time at end of loadstep"（载荷步结束时间）文本框中输入0.005，选中"Number of substeps"选项，在"Number of substeps"文本框中输入子步数为1，如图7-194所示。单击"OK"按钮确认。

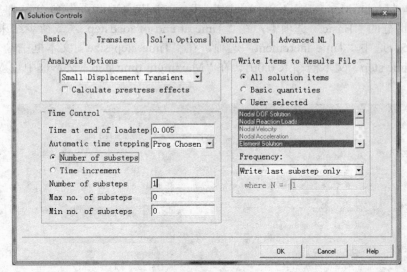

图7-194　"Solution Controls"对话框

4）选择"Main Menu>Solution>Define Loads>Apply>Structural>Force/Moment>On Nodes"命令，弹出实体选取对话框，框选Box短端面上的所有节点（共计40个），单击"OK"按钮，弹出"Apply F/M on Nodes"对话框，在"Direction of force/mom"下拉列表中选择载荷方向"FY"，在"Real part of force/mom"文本框中输入载荷数值0，单击"OK"按钮施加力载荷，如图7-195所示。

5）载荷步输出。选择"Main Menu>Solution>Load Step Opts>Write LS File"命令，弹出"Write Load Step File"对话框，在"Load step file number n"文本框中输入1，单击"OK"按钮完成，如图7-196所示。

图 7-195　在节点上施加力载荷

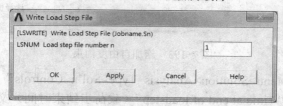

图 7-196　"Write Load Step File"对话框

11．施加第二个载荷步并输出

1）选择"Main Menu>Solution>Analysis Type>Sol'n Controls"命令，弹出"Solution Controls"对话框的"Basic"选项卡，在"Time at end of loadstep"（载荷步结束时间）文本框中输入 0.05，选中"Time increment"选项，在"Time step size"文本框中输入 0.005，在"Minimum time step"文本框输入 0.001，在"Maximum time step"文本框中输入 0.01，如图 7-197 所示。

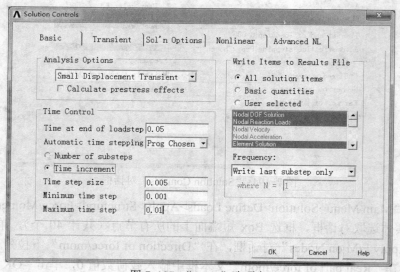

图 7-197　"Basic"选项卡

2）单击"Transient"选项卡，选择"Full Transient Options"中的"Ramped loading"选项，如图 7-198 所示。单击"OK"按钮确认。

3）选择"Main Menu>Solution>Define Loads>Apply>Structural>Force/Moment>On Nodes"

命令，弹出实体选取对话框，框选 Box 短端面上的所有节点（共计 40 个），单击"OK"按钮，弹出"Apply F/M on Nodes"对话框，在"Direction of force/mom"下拉列表中选择载荷方向"FY"，在"Real part of force/mom"文本框中输入载荷数值–100，单击"OK"按钮施加力载荷，如图 7-199 所示。

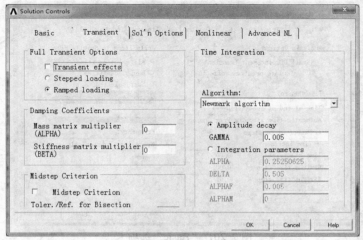

图 7-198 "Transient"选项卡

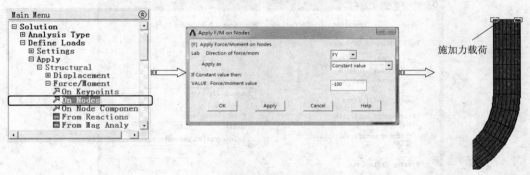

图 7-199 在节点上施加力载荷

4）载荷步输出。选择"Main Menu>Solution>Load Step Opts>Write LS File"命令，弹出"Write Load Step File"对话框，在"Load step file number n"文本框中输入 2，单击"OK"按钮完成，如图 7-200 所示。

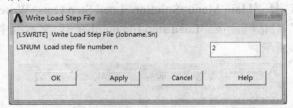

图 7-200 "Write Load Step File"对话框

12. 施加第三个载荷步并输出

1）选择"Main Menu>Solution>Analysis Type>Sol'n Controls"命令，弹出"Solution Controls"对话框的"Basic"选项卡，在"Time at end of loadstep"（载荷步结束时间）文本

框中输入1,选中"Time increment"选项,在"Time step size"文本框中输入0.005,在"Minimum time step"文本框输入0.001,在"Maximum time step"文本框中输入0.01,如图7-201所示。

2)单击"Transient"选项卡,选择"Full Transient Options"中的"Stepped loading"选项,如图7-202所示。单击"OK"按钮确认。

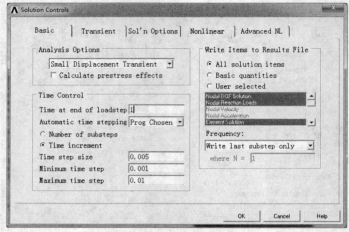

图7-201 "Basic"选项卡

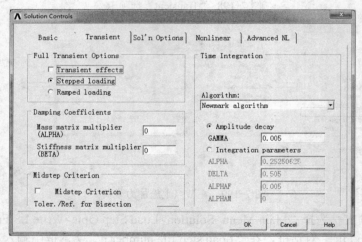

图7-202 "Transient"选项卡

3)载荷步输出。选择"Main Menu>Solution>Load Step Opts>Write LS File"命令,弹出"Write Load Step File"对话框,在"Load step file number n"文本框中输入3,单击"OK"按钮完成,如图7-203所示。

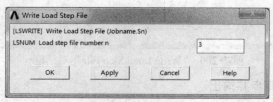

图7-203 "Write Load Step File"对话框

提示：第三个载荷步中载荷值与第二个载荷步相同，所以只需要定义载荷步时间就可以，不必重新施加载荷值，ANSYS会自动保存上次时间的结果。

13. 求解瞬态响应分析

1）选择"Main Menu>Solution>Solve>From LS Files"命令，弹出"Solve Load Step Files"对话框，在"Starting LS file number"（开始载荷步文件序号）文本框中输入1，在"Ending LS file number"（结束载荷步文件序号）文本框中输入3，在"File number increment"文本框中输入1，如图7-204所示。

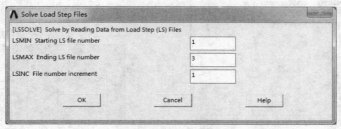

图7-204 "Solve Load Step Files"对话框

2）单击"OK"按钮，程序开始求解，求解完成后弹出"Note"对话框，如图7-205所示。单击"Close"按钮关闭。

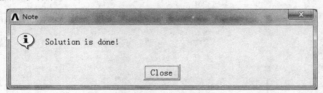

图7-205 "Note"对话框

14. 时间历程后处理器

1）选择"Main Menu>TimeHist Postpro"命令，弹出"Time History Variables"对话框，如图7-206所示。

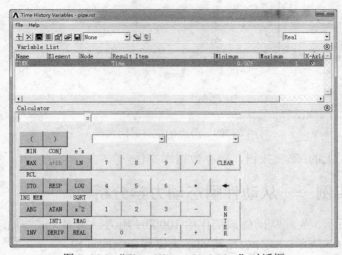

图7-206 "Time History Variables"对话框

2）单击±按钮，弹出"Add Time-History Variable"对话框，在"Result Item"列表框中依次选择"Nodal Solution>DOF Solution>Y-Component of displacement"选项，如图 7-207 所示。

3）单击"OK"按钮，弹出节点拾取对话框，选中小端最外节点，单击"OK"按钮，返回到变量定义对话框，显示出定义的变量 UY_3，如图 7-208 所示。

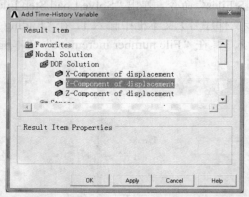

图 7-207 "Add Time-History Variable"对话框

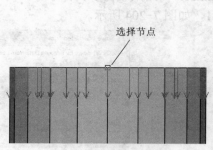

图 7-208 选择节点

4）在"Variable List"列表中选择要显示的变量 UY_3，单击 按钮，即可在图形区显示位移与时间的变化曲线，如图 7-209 所示。

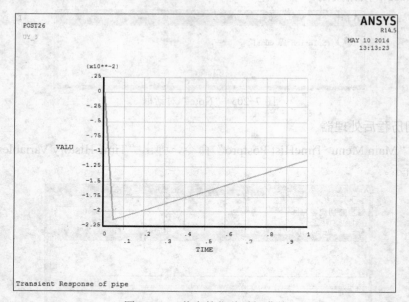

图 7-209 节点的位移时间曲线

5）单击工具栏上的 SAVE_DB 按钮，保存数据库文件。

7.4.2 提高实例——从动件瞬态动力学分析

如图 7-210a 所示，尖端从动件顶部作用 10000N 压力，底部尖端施加动态位移，位移和时间过程如图 7-210b 所示，试分析结构的最大位移和响应过程。

第 7 章　ANSYS 14.5 结构动力学分析实例

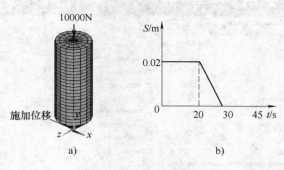

图 7-210　尖端从动件

操作步骤

1. 启动 ANSYS 14.5

双击桌面上的"Mechanical APDL Product Launcher"图标，弹出"ANSYS 配置"窗口，在"Simulation Environment"选择"ANSYS"，在"license"选择"ANSYS Multiphysics"，然后指定合适的工作目录，单击"Run"按钮，进入 ANSYS 用户界面。

2. 指定工程名和分析标题

1）选择"Utility Menu>File>Change Jobname"命令，弹出"Change Jobname"对话框，修改工程名称为"pen"，如图 7-211 所示。单击"OK"按钮完成修改。

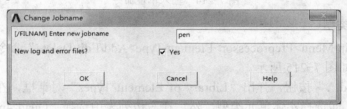

图 7-211　"Change Jobname"对话框

2）选择"Utility Menu>File>Change Title"命令，弹出"Change Title"对话框，修改标题为"Transient Response of pen"，如图 7-212 所示。单击"OK"按钮完成修改。

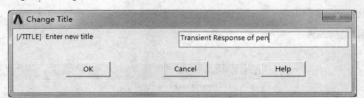

图 7-212　"Change Title"对话框

3）选择"Utility Menu>Plot>Replot"命令，指定的标题"Transient Response of pen"显示在窗口的左下方。

3. 指定分析类型

选择"Main Menu>Preference"命令，弹出"Preferences for GUI Filtering"对话框，勾选"Structural"选项，如图 7-213 所示。单击"OK"按钮确认。

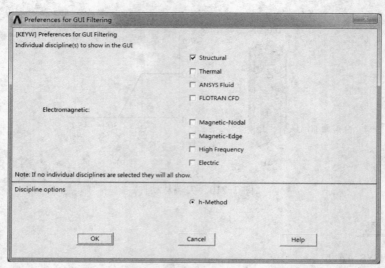

图 7-213 "Preferences for GUI Filtering" 对话框

4. 定义单位

在 ANSYS 软件的主界面命令输入窗口中，输入 "/UNIT,SI"，如图 7-214 所示。然后单击 "Enter" 键确认。

图 7-214 输入单位命令

5. 定义单元类型

1）选择 "Main Menu>Preprocessor>Element Type>Add/Edit/Delete" 命令，弹出 "Element Types" 对话框，如图 7-215 所示。

2）单击 "Add…" 按钮，弹出 "Library of Element Types" 对话框，在左边的列表中选择 "Solid" 选项，即选择实体单元类型，然后在右边列表中选择 "Quad 4node 182" 单元，如图 7-216 所示。单击 "Library of Element Types" 对话框的 "OK" 按钮，返回 "Element Types" 对话框。

图 7-215 "Element Types" 对话框

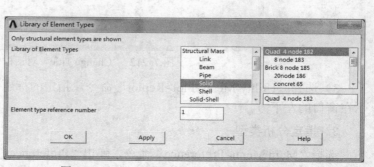

图 7-216 "Library of Element Types" 对话框

3）单击"Add…"按钮，弹出"Library of Element Types"对话框，在左边的列表中选择"Solid"选项，即选择实体单元类型，然后在右边列表中选择"Brick 8 node 185"单元，如图 7-217 所示。单击"Library of Element Types"对话框的"OK"按钮，返回"Element Types"对话框。

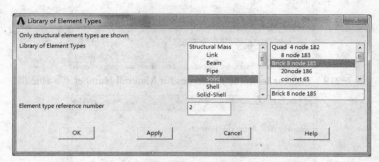

图 7-217　"Library of Element Types"对话框

4）单击"Close"按钮，关闭"Element Types"对话框，结束单元类型的添加。

6．定义材料属性

1）选择"Main Menu>Preprocessor>Materials Props>Material Models"命令，弹出"Define Material Model Behavior"对话框，如图 7-218 所示。

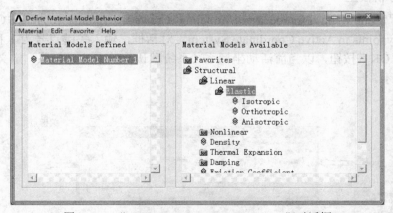

图 7-218　"Define Material Model Behavior"对话框

2）在右侧列表中选择"Structural>Linear>Elastic>Isotropic"，弹出"Linear Isotropic Properties for Material Number 1"对话框，在"EX"文本框中输入 2e11，在"PRXY"文本框中输入 0.3，如图 7-219 所示。单击"OK"按钮返回。

3）在图 7-218 所示对话框的右侧列表中选择"Density"，弹出"Density for Material Number1"对话框，在"DENS"文本框中输入密度为 7800，如图 7-220 所示。单击"OK"按钮确认。

4）在"Define Material Model Behavior"对话框中选择"Material>Exit"命令，退出材料属性窗口，完成材料模型属性的定义。

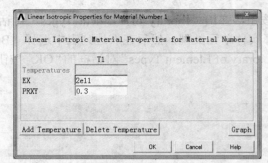

图 7-219 "Linear Isotropic Properties for Material Number 1"对话框

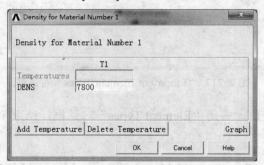

图 7-220 "Density for Material Number1"对话框

7. 建立分析模型

1) 选择"Main Menu>Preprocessor>Modeling>Create>Keypoints>In Active CS"命令，弹出"Create Keypoints in Active Coordinate System"对话框，输入关键点号为 1 和坐标值（0，0，0），单击"OK"按钮，以当前活动坐标系（系统默认为笛卡儿坐标系）定义一个关键点，如图 7-221 所示。

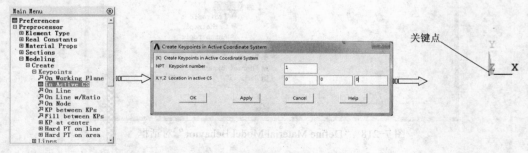

图 7-221 在活动坐标系中创建关键点 1

2) 重复上述步骤分别创建关键点 2 坐标为（0.015，0.015，0）、关键点 3 坐标为（0.015，0.1，0）、关键点 4 坐标为（0，0.1，0）。

3) 选择"Utility Menu>PlotCtrls>Numbering"命令，弹出"Plot Numbering Controls"对话框，勾选"Keypoint numbers"和"Line numbers"选项，单击"OK"按钮，此时显示所创建的关键点，如图 7-222 所示。

4) 选择"Main Menu>Preprocessor>Modeling>Create>Lines>Straight Line"命令，弹出"Create Straight Line"对话框，在图形区选择关键点 1 和 2，或直接输入两点编号"1，2"绘制直线 L1，然后单击"OK"按钮创建直线，如图 7-223 所示。

第 7 章 ANSYS 14.5 结构动力学分析实例

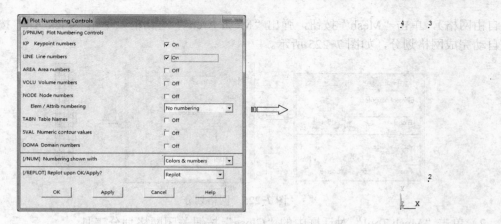

图 7-222 显示关键点

5)重复上述直线创建步骤,选择"Main Menu>Preprocessor>Modeling>Create>Lines>Straight Line"命令,依次选择关键点 2、3,3、4,4、1,创建其他 3 条直线,如图 7-223 所示。

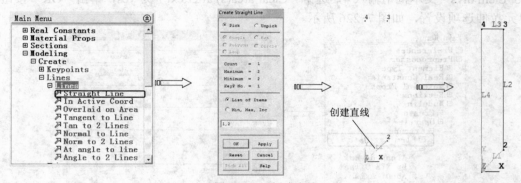

图 7-223 创建直线

6)选择"Main Menu>Preprocessor>Modeling>Create>Areas>Arbitrary>By Lines"命令,弹出"Create Area By Lines"对话框,选择所有线,然后单击"OK"按钮创建面,如图 7-224 所示。

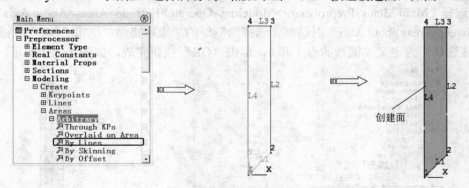

图 7-224 通过边界线创建面

8. 划分网格

1)选择"Main Menu>Preprocessor>Meshing>MeshTool"命令,弹出"MeshTool"对话框,勾选"Smart Size"选项,并将智能网格划分水平调整为 5,选择网格划分器类型为"Free"

（自由网格），单击"Mesh"按钮，弹出"Mesh Areas"对话框，单击"Pick All"按钮，系统自动完成网格划分，如图7-225所示。

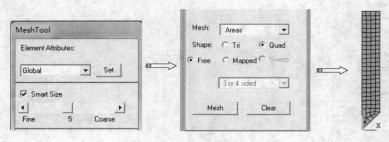

图7-225 网格划分

2）单击"Mesh Tool"对话框中的"Close"按钮关闭网格划分工具。

3）选择"Main Menu>Preprocessor>Modeling>Operate>Extrude>Elem Ext Opts"命令，弹出"Element Extrusion Options"对话框，在"Element type number"选中"2 SOLID185"，在"No. Elem divs"文本框中输入4，选中"Clear area(s) after ext"为yes，单击"OK"按钮完成单元拉伸选项设置，如图7-226所示。

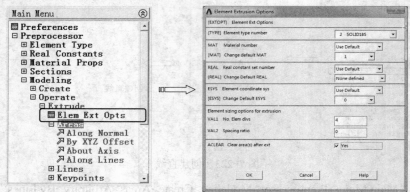

图7-226 设置单元拉伸选项

4）选择"Main Menu>Preprocessor>Modeling>Operate>Extrude>Areas>About Axis"命令，弹出"Sweep Areas about Axis"对话框，选择绘制好的二维网格面，单击"OK"按钮，然后从图形区选择作为定义关键轴的点1和4，单击"OK"按钮完成，如图7-227所示。

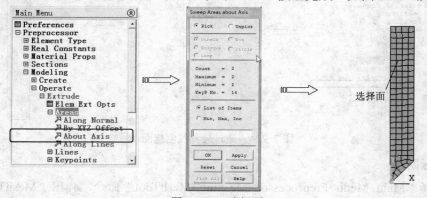

图7-227 选择面

5）系统弹出"Sweep Areas about Axis"对话框,设置ARC为360,如图7-228所示。单击"OK"按钮完成拉伸网格划分,如图7-229所示。

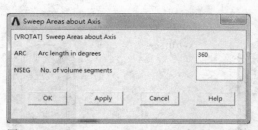
图7-228 "Extrude Area along Normal"对话框

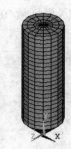
图7-229 创建拉伸网格

9. 施加边界条件和载荷

1）选择"Utility Menu>PlotCtrls>Pan Zoom Rotate"命令,弹出"Pan-Zoom-Rotate"对话框,单击"Top"按钮,将图形窗口中的视图改为俯视图。

2）选择"Utility Menu>WorkPlane>Offset WP by Increments"命令,弹出"Offset WP"对话框,拖动角度滚动条到90,单击 X-Q 按钮,使工作平面绕X轴反向旋转90°,如图7-230所示。

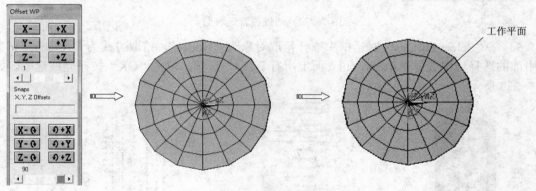
图7-230 旋转工作平面

3）选择"Utility Menu>WorkPlane>Local Coordinate Systems>Create Local CS>At WP Origin"命令,弹出"Create Local CS at WP Origin"对话框,在"Ref number of new coord sys"文本框中输入11,在"Type of coordinate system"下拉列表中选择"Cylindrical 1",单击"OK"按钮,创建柱坐标系,并将新坐标系定义为激活坐标系,如图7-231所示。

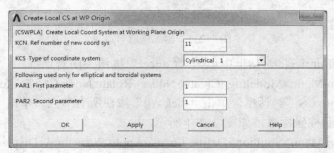
图7-231 "Create Local CS at WP Origin"对话框

4）选择"Utility Menu>Select>Entities"命令，弹出"Select Entities"对话框，选择拾取对象为"Areas"，拾取方式为"By Location"，选中"X coordinate"选项，在"Min，Max"文本框中输入坐标值 0.015，单击"Apply"按钮完成选取，单击"Plot"按钮显示所选取的面，如图 7-232 所示。

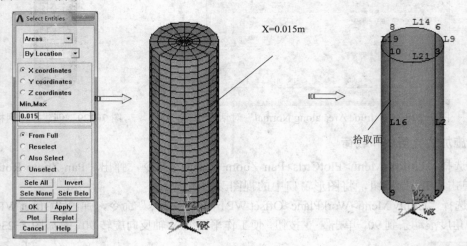

图 7-232　通过位置选取面

5）在"Select Entities"对话框中选择拾取对象为"Nodes"，拾取方式为"Attached to"，在中部的选择域中选择"Areas，all（面上所有节点）"选项，单击"OK"按钮完成选取，如图 7-233 所示。

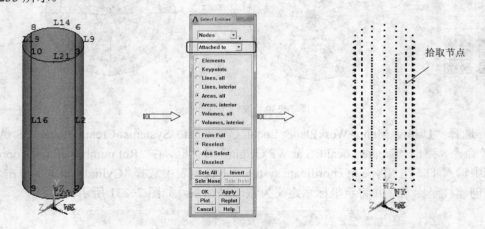

图 7-233　附属选取节点

6）在"Select Entities"对话框中单击"Cancel"按钮关闭对话框。

7）选择"Main Menu>Modeling>Create>Nodes>Rotate Node CS>To Active CS"命令，弹出"Rotate Nodes into CS"对话框，单击"Pick All"按钮所有节点，单击"OK"按钮将所有节点都移到当前激活柱坐标系，如图 7-234 所示。

8）选择"Main Menu>Solution>Define Loads>Apply>Structural>Displacement>On Nodes"命令，弹出实体选取对话框，选择"Circle"拾取方式拾取内圈所有节点，弹出"Apply U,ROT on Nodes"对话框,在"DOFs to be constrained"列表框中选择约束类型"UX",在"Displacement value"文本框中输入数值0,单击"OK"按钮完成约束,如图7-235所示。

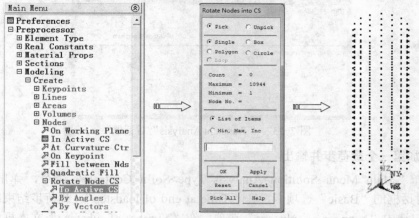

图7-234 旋转节点坐标系

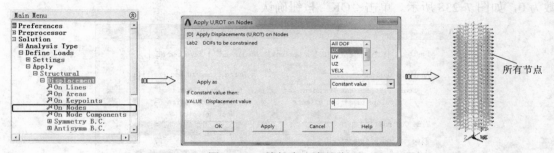

图7-235 施加自由度约束

9)选择"Utility Menu>Select>Everything"命令,选择所有。

10)选择"Utility Menu>WorkPlane>Change Active CS to>Global Cartesian"命令,将坐标系调整为全局笛卡儿坐标系。

10. 设置分析类型和求解选项

1)选择"Main Menu>Solution>Analysis Type>New Analysis"命令,弹出"New Analysis"对话框,选中"Transient"选项,如图7-236所示。单击"OK"按钮确认。

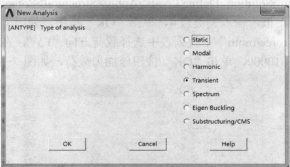

图7-236 "New Analysis"对话框

2)系统弹出"Transient Analysis"对话框,在"Solution method"选项中选择"Full"方

法，单击"OK"按钮完成，如图7-237所示。

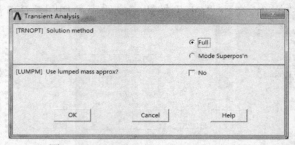

图 7-237 "Transient Analysis"对话框

11．施加第一个载荷步并输出

1）选择"Main Menu>Solution>Analysis Type>Sol'n Controls"命令，弹出"Solution Controls"对话框的"Basic"选项卡，在"Time at end of loadstep"（载荷步结束时间）文本框中输入0，选中"Number of substeps"选项，在"Number of substeps"文本框中输入子步数为0，如图7-238所示。单击"OK"按钮确认。

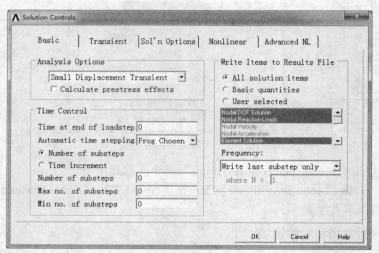

图 7-238 "Solution Controls"对话框的"Basic"选项卡

2）选择"Main Menu>Solution>Define Loads>Apply>Structural>Force/Moment>On Keypoints"命令，弹出实体选取对话框，输入关键点4，单击"OK"按钮，弹出"Apply F/M on KPs"对话框，在"Direction of force/mom"下拉列表中选择载荷方向"FY"，在"Force/moment value"文本框中输入载荷数值-10000，单击"OK"按钮施加力载荷，如图7-239所示。

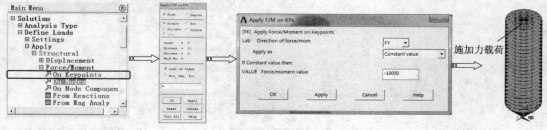

图 7-239 在关键点上施加力载荷

第 7 章 ANSYS 14.5 结构动力学分析实例

提示：首先施加模型的初始条件，包括初始位移和初始作用力。

3）选择"Main Menu>Solution>Analysis Type>Sol'n Controls"命令，弹出"Solution Controls"对话框的"Basic"选项卡，在"Time at end of loadstep"（载荷步结束时间）文本框中输入 10，选中"Time increment"选项，在"Time step size"文本框中输入 0.5，在"Minimum time step"文本框中输入 0.2，在"Maximum time step"文本框中输入 1，如图 7-240 所示。

4）单击"Transient"选项卡，选择"Full Transient Options"中的"Ramped loading"选项，如图 7-241 所示。单击"OK"按钮确认。

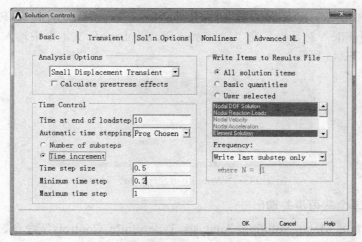

图 7-240 "Basic"选项卡

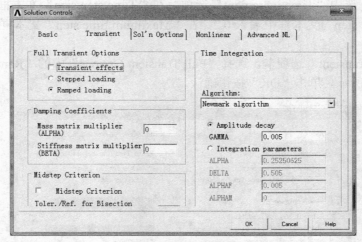

图 7-241 "Transient"选项卡

5）选择"Main Menu>Solution>Define Loads>Apply>Structural>Displacement>On Keypoints"命令，弹出实体选取对话框，选择关键点 1，单击"OK"按钮，弹出"Apply U,ROT on KPs"对话框，在"DOFs to be constrained"列表框中选择约束类型，在"Displacement value"文本框中输入数值 0.02，单击"OK"按钮完成约束，如图 7-242 所示。

图 7-242　在关键点上施加自由度约束

6）载荷步输出。选择"Main Menu>Solution>Load Step Opts>Write LS File"命令，弹出"Write Load Step File"对话框，在"Load step file number n"文本框中输入 1，单击"OK"按钮完成，如图 7-243 所示。

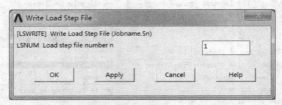

图 7-243　"Write Load Step File"对话框

12．施加第二个载荷步并输出

1）选择"Main Menu>Solution>Analysis Type>Sol'n Controls"命令，弹出"Solution Controls"对话框的"Basic"选项卡，在"Time at end of loadstep"（载荷步结束时间）文本框中输入 20，选中"Time increment"选项，在"Time step size"文本框中输入 0.5，在"Minimum time step"文本框中输入 0.2，在"Maximum time step"文本框中输入 1，如图 7-244 所示。

2）单击"Transient"选项卡，选择"Full Transient Options"中的"Ramped loading"选项，如图 7-245 所示。单击"OK"按钮确认。

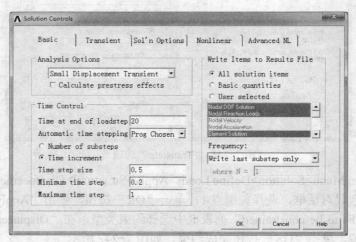

图 7-244　"Basic"选项卡

第 7 章 ANSYS 14.5 结构动力学分析实例

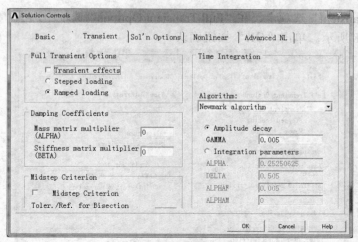

图 7-245 "Transient"选项卡

3）载荷步输出。选择"Main Menu>Solution>Load Step Opts>Write LS File"命令，弹出"Write Load Step File"对话框，在"Load step file number n"文本框中输入 2，单击"OK"按钮完成，如图 7-246 所示。

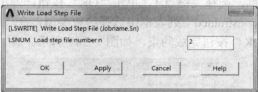

图 7-246 "Write Load Step File"对话框

13．施加第三个载荷步并输出

1）选择"Main Menu>Solution>Analysis Type>Sol'n Controls"命令，弹出"Solution Controls"对话框的"Basic"选项卡，在"Time at end of loadstep"（载荷步结束时间）文本框中输入 30，选中"Time increment"选项，在"Time step size"文本框中输入 0.5，在"Minimum time step"文本框中输入 0.2，在"Maximum time step"文本框中输入 1，如图 7-247 所示。

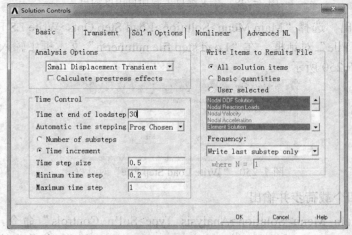

图 7-247 "Basic"选项卡

2）单击"Transient"选项卡，在"Full Transient Options"选项中选中"Ramped loading"选项，如图 7-248 所示。单击"OK"按钮确认。

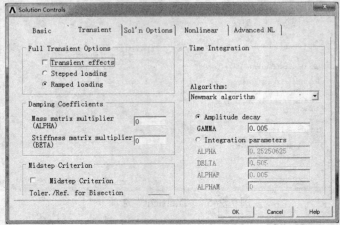

图 7-248 "Transient"选项卡

3）选择"Main Menu>Solution>Define Loads>Apply>Structural>Displacement>On Keypoints"命令，弹出实体选取对话框，选择关键点 1，单击"OK"按钮，弹出"Apply U,ROT on KPs"对话框，在"DOFs to be constrained"列表框中选择约束类型，在"Displacement value"文本框中输入数值 0，单击"OK"按钮完成约束，如图 7-249 所示。

图 7-249 在关键点上施加自由度约束

4）载荷步输出。选择"Main Menu>Solution>Load Step Opts>Write LS File"命令，弹出"Write Load Step File"对话框，在"Load step file number n"文本框中输入 3，单击"OK"按钮完成，如图 7-250 所示。

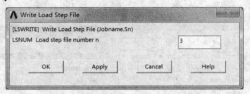

图 7-250 "Write Load Step File"对话框

14．施加第四个载荷步并输出

1）选择"Main Menu>Solution>Analysis Type>Sol'n Controls"命令，弹出"Solution Controls"对话框"Basic"选项卡，在"Time at end of loadstep"（载荷步结束时间）文本框

中输入 20，选中"Time increment"选项，在"Time step size"文本框中输入 0.5，在"Minimum time step"文本框中输入 0.2，在"Maximum time step"文本框中输入 1，如图 7-251 所示。

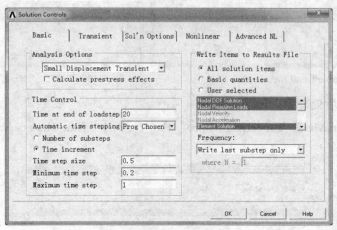

图 7-251 "Basic"选项卡

2）单击"Transient"选项卡，选择"Full Transient Options"中的"Ramped loading"选项，如图 7-252 所示。单击"OK"按钮确认。

3）载荷步输出。选择"Main Menu>Solution>Load Step Opts>Write LS File"命令，弹出"Write Load Step File"对话框，在"Load step file number n"文本框中输入 4，单击"OK"按钮完成，如图 7-253 所示。

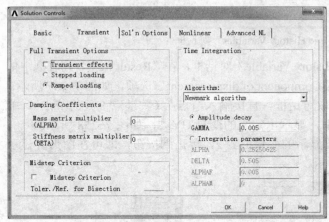

图 7-252 "Transient"选项卡

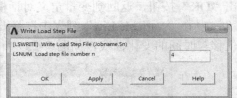

图 7-253 "Write Load Step File"对话框

15. 求解瞬态响应分析

1）选择"Main Menu>Solution>Solve>From LS Files"命令，弹出"Solve Load Step Files"对话框，在"Starting LS file number"（开始载荷步文件序号）文本框中输入 1，在"Ending LS file number"（结束载荷步文件序号）文本框中输入 4，在"File number increment"文本框中输入 1，如图 7-254 所示。

2）单击"OK"按钮，程序开始求解（ANSYS 会花一定时间一个载荷步一个载荷求解），求解完成后弹出"Note"对话框，如图 7-255 所示。单击"Close"按钮关闭。

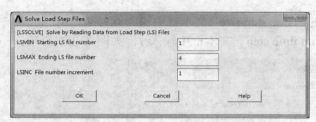

图 7-254 "Solve Load Step Files" 对话框

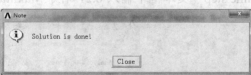

图 7-255 "Note" 对话框

16. 时间历程后处理器

1）选择"Main Menu>TimeHist Postpro"命令，弹出"Time History Variables"对话框，如图 7-256 所示。

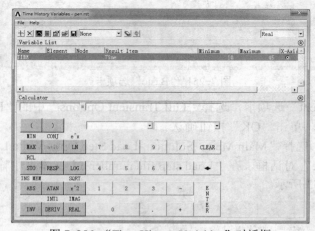

图 7-256 "Time History Variables" 对话框

2）单击 十 按钮，弹出"Add Time-History Variable"对话框，在"Result Item"列表框中依次选择"Nodal Solution>DOF Solution>Y-Component of displacement"选项，如图 7-257 所示。

3）单击"OK"按钮，弹出节点拾取对话框，直接输入节点 1（关键点 1 处的节点），单击"OK"按钮，返回到变量定义对话框，显示出定义的变量 UY_2，如图 7-258 所示。

4）在"Variable List"列表中选择要显示的变量 UY_2，单击 按钮，即可在图形区显示位移与时间的变化曲线，如图 7-259 所示。

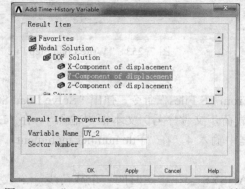

图 7-257 "Add Time-History Variable" 对话框

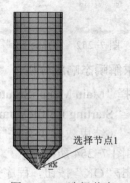

图 7-258 选择节点

第 7 章 ANSYS 14.5 结构动力学分析实例

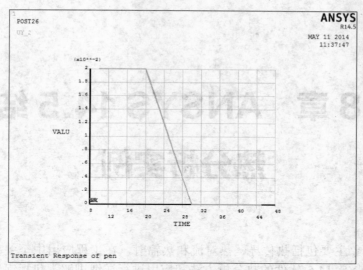

图 7-259 节点的位移时间曲线

5）单击工具栏上的 SAVE_DB 按钮，保存数据库文件。

7.5 本章小结

本章首先介绍了 ANSYS 14.5 动力分析基础知识，然后通过典型案例，对结构动力学的一般分析步骤进行详细讲解，包括指定分析类型、定义单元类型、定义材料属性、建立分析模型、划分网格、施加边界条件和载荷、求解和后处理等。读者通过本章学习，可以学以致用，掌握运用 ANSYS 14.5 进行动力分析的各种方法、技巧和注意事项。

第 8 章　ANSYS 14.5 结构热分析实例

热分析的对象主要包括热传导、热对流和热辐射，在工程应用中至关重要。本章结合典型范例对 ANSYS 14.5 软件的热分析方法和应用进行详细讲解，包括锅炉炉壁稳态热分析、蒸汽管道稳态分析、混凝土空心砖稳态热分析、钢球淬火瞬态热分析、火箭喷管瞬态热分析等。

8.1　热分析理论基础

热分析遵循热力学第一定律，即能量守恒定律。热传递即热量传递，凡是有温度差存在的地方，必然有热传递，它是一种极为普遍的能量传递过程，如物料的加热、冷却或冷凝、蒸发过程，设备和管道的保温，生产中热能的合理利用和废热回收。

8.1.1　热力学第一定律（热传学经典理论）

经过长期的生产实践和科学实验证明：能量既不能消灭，也不能创造，但可以从一种形式转化为另一种形式，也可以从一种物质传递到另一种物质，在转化和传递过程中各种能量总值保持不变，这就是能量守恒定律在热力学中应用，称为热力学第一定律。

对于一个封闭的系统（没有质量的流入或流出）有

$$Q - W = \Delta U + \Delta KE + \Delta PE$$

式中　Q——热量（J）；

　　　W——功（J）；

　　　ΔU——系统内能（J）；

　　　ΔKE——系统动能（J）；

　　　ΔPE——系统势能（J）。

对于大多数工程传热问题 $\Delta KE = \Delta PE = 0$。通常考虑没有做功，则 $Q=\Delta U$。

对于稳态热分析，$Q=\Delta U=0$，即流入系统的热量等于流出的热量。

对于瞬态热分析，$q=\mathrm{d}U/\mathrm{d}t$，即流入或流出的热传递速率 q 等于系统内能的变化。

一般地，热传导的控制微分方程为

$$\frac{\partial}{\partial x}(\lambda_{xx}\frac{\partial T}{\partial x}) + \frac{\partial}{\partial y}(\lambda_{yy}\frac{\partial T}{\partial y}) + \frac{\partial}{\partial z}(\lambda_{zz}\frac{\partial T}{\partial z}) + \ddot{q} = \rho c \frac{\mathrm{d}T}{\mathrm{d}t}$$

其中

$$\frac{\mathrm{d}T}{\mathrm{d}t} = \frac{\partial T}{\partial t} + V_x \frac{\partial T}{\partial x} + V_y \frac{\partial T}{\partial y} + V_z \frac{\partial T}{\partial z}$$

对于稳态热分析，表示热平衡的微分方程为

$$\frac{\partial}{\partial x}(\lambda_{xx}\frac{\partial T}{\partial x}) + \frac{\partial}{\partial y}(\lambda_{yy}\frac{\partial T}{\partial y}) + \frac{\partial}{\partial z}(\lambda_{zz}\frac{\partial T}{\partial z}) + \ddot{q} = 0$$

8.1.2 热传递方式

热传递是由物体内部或物体之间的温度不同而引起的。当无外功输入时，根据热力学第二定律，热总是自动地从温度高的部分传递到温度低的部分。根据传热机理的不同，传热的基本方式有热传导、对流和辐射等 3 种。

1. 热传导

当物体的内部或两个直接接触的物体之间存在温度差异时，物体各部分之间不发生相对位移时，依靠分子、原子及自由电子等微观粒子的热运动而产生的热量传递称为热传导，如图 8-1 所示。

热传导遵循傅立叶定律

$$q'' = -k \frac{\mathrm{d}T}{\mathrm{d}x}$$

式中　q''——热流密度（W/m²）；

　　　k——材料的热导率（W/m·K），$\mathrm{d}T/\mathrm{d}k$ 表示温度梯度，负号表示热量流向温度降低的方向。

热导率是物质的一种物理性质，表示物质的导热能力的大小，其值越大，物质的导热性能越好。热导率只能实际测定。一般而言，金属的热导率最大，非金属的固体次之，液体的较小，而气体的最小，如图 8-2 所示。

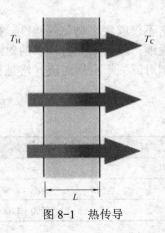

图 8-1　热传导

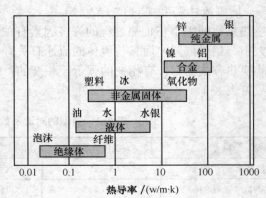

图 8-2　不同材料的热导率

2. 对流

固体的表面与它周围接触的流体之间，由于温差的存在引起的热量交换称为对流，如图 8-3 所示。

根据引起对流的原因可分为自然对流和强制对流。

（1）自然对流 在自然对流下，固体表面附近的流体流动是由浮力引起的，浮力是因为流体密度发生变化引起的，而密度的变化又是由于固体与流体之间的温差导致的。将热板放在空气中冷却时，板表面附近的空气微粒变得较热，密度降低，因此会向上移动，如图 8-4 所示。

图 8-3 对流

（2）强制对流 利用外部方式（如风扇或泵）用来加速流体在固体表面的流动。流体微粒在固体表面的快速运动使温度梯度最大化，并增加了热交换速率，在热盘上强迫扩散空气，如图 8-5 所示。

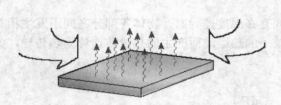

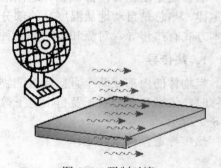

图 8-4 自然对流　　　　图 8-5 强制对流

对流换热遵循牛顿冷却公式

$$q'' = h(T_s - T_f)$$

式中　q''——热流密度（W/m²）；

　　　h——对流换热系数（或称为膜传热系数、给热系数、膜系数）（W/(m²·℃)）；

　　　T_s——固体表面温度（℃）；

　　　T_f——周围流体温度（℃）。

对流换热系数的大小与传热过程的许多因素有关，它不仅取决于物体的特性、换热表面的形状、大小、相对位置，而且与流体的流速有关。一般地，就介质而言，水的对流换热比空气强；就换热方式而言，有相变的强于无相变的；强制对流强于自然对流。常见典型的对流换热系数见表 8-1。

表 8-1 典型的对流系数 W/m²·℃

材　料	对流传热系数	材　料	对流传热系数
空气（自然对流）	5～25	水（强制对流）	300～6000
空气/过热蒸汽（强制对流）	20～300	水（沸腾）	3000～60000
油（强制对流）	60～1800	蒸汽（压缩）	6000～120000

3. 辐射

热辐射是物体由于其温度的原因而以电磁波的形式发出热能。温度在绝对零度以上的任何物体都会发出热能。由于电磁波在真空中传播，因此不需要任何介质就可以发生辐射。辐射是在真空中唯一的传热方式，如图 8-6 所示。

图 8-7 所示为相比较其他方式（X 射线、γ 射线、宇宙射线等）所发出的辐射来说热辐射的范围（波长）。

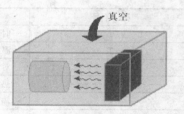

图 8-6 热辐射示意图

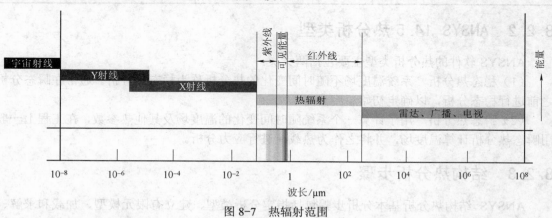

图 8-7 热辐射范围

热辐射能量遵循斯蒂芬-波尔兹曼定律

$$Q = q'' A_1 = \varepsilon \sigma A_1 F_{12}(T_1^4 - T_2^4)$$

式中 q''——热流密度（W/m²）；

ε——辐射率（Emissivity），材料的辐射率在 0~1.0 之间，黑体为 1，理想的反射镜为 0，它取决于物体表面的温度和表面粗糙度；

σ——Stefan-Boltzmann 常数，约为 5.67×10^{-8} W/（m²·K⁴）；

A_1——辐射面 1 的面积；

F_{12}——由辐射面 1 到辐射面 2 的形状系数；

T_1、T_2——辐射面 1 和辐射面 2 的绝对温度（K）。

8.2　ANSYS 14.5 热分析概述

热分析用于计算一个系统或部件的温度分布及其他热物理参数，如热量的获取或损失、热梯度、热流密度等。热分析在许多工程应用中扮演着重要角色，如内燃机、涡轮机、换热器、管路系统、电子元件等。

8.2.1　ANSYS 14.5 热力学符号和单位

ANSYS 热分析基于能量守恒定律的热平衡方程，用有限元法计算各节点的温度，并导出其他热物理参数。在热分析中常用的符号与单位见表 8-2。

表 8-2 热力学分析符号和单位

符号	意义	单位
t	时间	s
T	温度	℃（K）
h	对流换热系数	W/（m²·℃）
q''	热流密度	W/m²
ε	辐射率	—
σ	Stefan-Boltzmann 常数	5.67×10^{-8}W/（m²·K⁴）
c	比热容	J/（kg·K）

8.2.2　ANSYS 14.5 热分析类型

ANSYS 软件的热分析类型主要包括两大类：

（1）稳态热分析　系统温度场不随时间变化的热分析称为稳态热分析。通常在瞬态分析之前进行稳态分析，以确定初始温度分布。

（2）瞬态热分析　用于计算一个系统随时间变化的温度场及其他热参数，在工程上一般用瞬态热分析计算温度场，并将之作为热载荷进行应力分析。

8.2.3　结构热分析步骤

ANSYS 结构热分析基本分析步骤包括指定分析类型、建立有限元模型、加载和求解、结果后处理分析等。

8.2.3.1　指定分析类型

要进行结构热分析，选择"Main Menu>Preference"命令，弹出"Preferences for GUI Filtering"对话框，勾选"Thermal"选项，如图 8-8 所示。

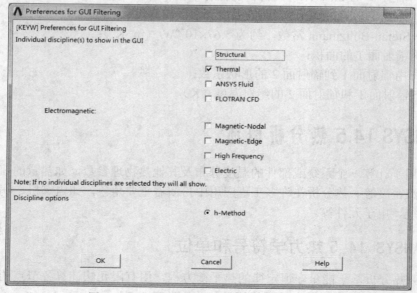

图 8-8　"Preferences for GUI Filtering" 对话框

8.2.3.2 建立有限元模型

在建立模型过程中,应该首先确立所要分析工程的作业文件名、分析的工作标题,然后通过前处理程序定义单元类型、实常数、材料属性等。需要注意以下事项:

1) 在稳态热分析中,一般只需定义热导率参数,它可以是恒定的,也可以是随温度变化的。
2) 在瞬态热分析中,一般需要定义热导率、密度和比热容等。

8.2.3.3 加载和求解

完成模型的建立后即可开始加载和求解,包括指定分析类型、分析选项、根据分析对象的工作状态和环境施加边界条件和载荷、对结果输出内容进行控制、根据设定的情况进行有限元求解。

1. 指定分析类型

选择"Main Menu>Solution>New Analysis"命令,弹出"New Analysis"对话框,选中"Steady-State"选项,表示稳态热分析,或者选中"Transient"(瞬态热分析),如图8-9所示。

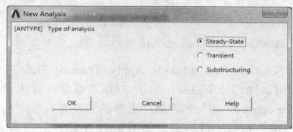

图8-9 "New Analysis"对话框

2. 施加载荷

热分析中可在实体模型或单元模型上施加5种载荷:

◆ 恒定温度(Temperature):恒定温度通常作为自由度约束施加于温度已知边界上,包括关键点、线、面、节点等。

选择"Main Menu>Solution>Define Loads>Apply>Thermal>Temperature>On Lines"命令,弹出实体选取对话框,用鼠标选择线后,单击"OK"按钮,弹出"Apply TEMP on Lines"对话框,在"DOFs to be constrained"列表框中选择约束类型,在"Load TEMP value"文本框中输入数值,单击"OK"按钮完成约束,如图8-10所示。

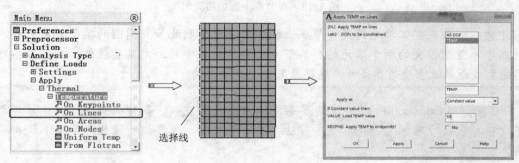

图8-10 在线上施加温度约束

❖ 均匀温度（Uniform Temp）：瞬态热分析中可以定义均匀温度场，初始均匀温度仅对分析的第一个子步有效。

选择"Main Menu>Solution>Define Loads>Apply>Thermal>Temperature>Uniform Temp"命令，弹出"Uniform Temperature"对话框，在"Uniform temperature"文本框中输入温度数值，单击"OK"按钮完成约束，如图8-11所示。

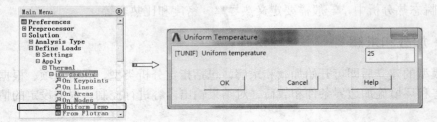

图8-11　施加均匀温度

❖ 热流率（Heat Flow）：热流率是指单位时间内通过某一截面的热量，单位为W。热流率作为节点集中载荷，主要用于线单元模型中（通常线单元模型不能施加对流或热流密度载荷）。如果输入的值为正，代表热流流入节点，即单元获得热量。如果温度与热流率同时施加在一个节点上，则ANSYS软件读取温度值进行计算。

选择"Main Menu>Solution>Define Loads>Apply>Thermal>Heat Flow>On Nodes"命令，弹出实体选取对话框，用鼠标选择节点后，单击"OK"按钮，弹出"Apply Heat on Nodes"对话框，在"DOFs to be constrained"列表框中选择约束类型，在"Load HEAT value"文本框中输入数值，单击"OK"按钮完成约束，如图8-12所示。

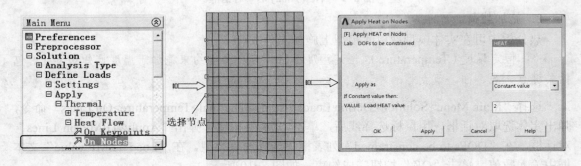

图8-12　在节点上施加热流率

注意：如果在实体单元的某一节点上施加热流率，则此节点周围的单元要密一些，在两种热导率差别很大的两个单元的公共节点上施加热流率时，尤其要注意。此外，尽可能使用热生成或热流密度边界条件，这样结果会更精确些。

❖ 对流（Convection）：对流边界条件作为面载荷施加于实体的外表面，计算与流体的热交换，它仅可施加于实体和壳模型上，对于线模型，可通过对流线单元LINK34考虑对流。

选择"Main Menu>Solution>Define Loads>Apply>Thermal>Convection>On Lines"命令，

弹出实体选取对话框，用鼠标选择线后，单击"OK"按钮，弹出"Apply CONV on Lines"对话框，在"Apply Film Coef on lines"列表框中选择约束类型，在"Film coefficient"文本框中输入对流数值，单击"OK"按钮完成约束，如图8-13所示。

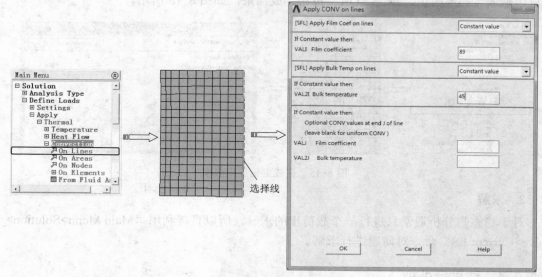

图8-13　在线上施加对流换热

❖ **热流密度（Heat Flux）**：热流密度也是一种面载荷，当通过单位面积的热流率已知或通过FLOTRAN CFD计算得到时，可以在模型相应的外表面施加热流密度。如果输入的值为正，代表热流流入单元。

选择"Main Menu>Solution>Define Loads>Apply>Thermal>Heat Flux>On Lines"命令，弹出实体选取对话框，用鼠标选择线后，单击"OK"按钮，弹出"Apply HFLUX on Lines"对话框，在"Apply HFLUX on lines as a"列表框中选择约束类型，在"Heat flux"文本框中输入热流密度数值，单击"OK"按钮完成约束，如图8-14所示。

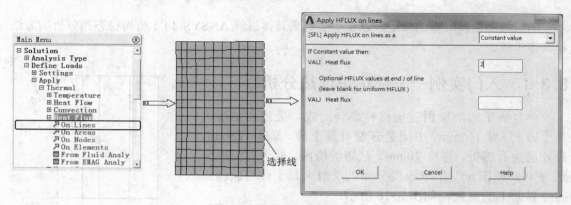

图8-14　在线上施加热流密度

❖ **生热率（Heat Generat）**：生热率作为体载荷施加于单元上，可以模拟化学反应生热或电流生热，其含义是单位体积的热流率。

选择"Main Menu>Solution>Define Loads>Apply>Thermal>Heat Generat>On Lines"命令，弹出实体选取对话框，用鼠标选择线后，单击"OK"按钮，弹出"Apply HGEN on Lines"对话框，在"Apply HGEN on lines as a"列表框中选择约束类型，在"Load HGEN value"文本框中输入生热率数值，单击"OK"按钮完成约束，如图 8-15 所示。

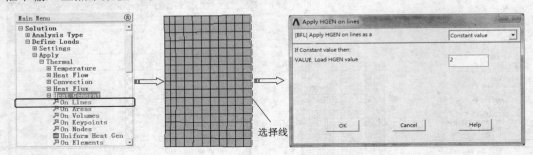

图 8-15 在线上施加生热率

3．求解

对于稳态热分析通常只进行一个载荷步的求解，所以直接利用"Main Menu>Solution>Solve>Current LS"命令对问题进行求解。

8.2.3.4 结果后处理

ANSYS 软件将热分析的结果写入*.rth 文件中，它包含基本数据和导出数据。基本数据为节点温度；导出数据有节点及单元的热流密度、节点及单元的热梯度、单元热流率和节点反作用热流率等。对于稳态分析可采用 POST1 进行后处理，可输出等值线图、矢量图和数据列表；对于瞬态热分析，还可使用时间历程后处理器 POST26，可求得变量随时间变化的曲线。

8.3 稳态热分析实例

本节按照由浅入深的原则，以 3 个实例来具体讲解 ANSYS 14.5 结构稳态热分析的方法和操作步骤。

8.3.1 入门实例——锅炉炉墙热分析

一台锅炉的炉墙由三层材料叠合而成，最里面是耐火黏土砖，厚度 115mm，中间是 B 级硅藻土砖，厚度 125mm，最外层为石棉板，厚度 70mm。已知炉墙内、外表面温度分别为 495°C 和 60°C，求温度分布以及耐火黏土砖与硅藻土砖分界面上的温度，如图 8-16 所示。

本例是一个工程常见的稳态热分析问题，其中各热导率分别为 λ_1=1.12W/（m·K），$\lambda_2=\lambda_3$=0.116W/（m·K），则每平方米炉墙每小时的热损失为

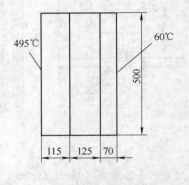

图 8-16 锅炉炉墙

第8章 ANSYS 14.5 结构热分析实例

$$q = \frac{t_1 - t_4}{\frac{\delta_1}{\lambda_1} + \frac{\delta_2}{\lambda_2} + \frac{\delta_3}{\lambda_3}} = \frac{495 - 60}{\frac{0.115}{1.12} + \frac{0.125}{0.116} + \frac{0.07}{0.116}} = 244\text{W}/\text{m}^2$$

耐火黏土砖与 B 级硅藻土分界面温度为

$$t_2 = t_1 - q\frac{\delta_1}{\lambda_1}$$
$$= 495℃ - 244 \times \frac{0.115}{1.112}℃$$
$$= 470℃$$

操作步骤

1. 启动 ANSYS 14.5

双击桌面上的"Mechanical APDL Product Launcher"图标,弹出"ANSYS 配置"窗口,在"Simulation Environment"选择"ANSYS",在"license"选择"ANSYS Multiphysics",然后指定合适的工作目录,单击"Run"按钮,进入 ANSYS 用户界面。

2. 指定工程名和分析标题

1)选择"Utility Menu>File>Change Jobname"命令,弹出"Change Jobname"对话框,修改工程名称为"furnace",如图 8-17 所示。单击"OK"按钮完成修改。

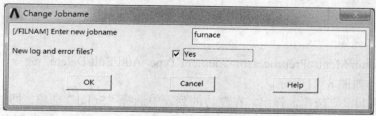

图 8-17 "Change Jobname"对话框

2)选择"Utility Menu>File>Change Title"命令,弹出"Change Title"对话框,修改标题为"Steady state thermal analysis of furnace",如图 8-18 所示。单击"OK"按钮完成修改。

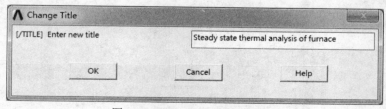

图 8-18 "Change Title"对话框

3)选择"Utility Menu>Plot>Replot"命令,指定的标题"plane stress"显示在窗口的左下方。

3. 指定分析类型

选择"Main Menu>Preference"命令,弹出"Preferences for GUI Filtering"对话框,勾选"Thermal"选项,如图 8-19 所示。单击"OK"按钮确认。

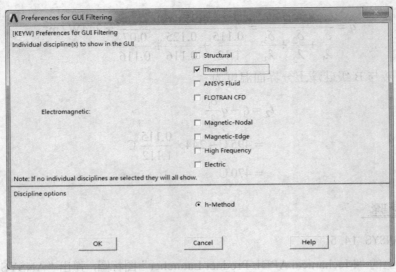

图 8-19 "Preferences for GUI Filtering"对话框

4．定义单位

在 ANSYS 软件的主界面命令输入窗口中，输入"/UNIT,SI"，如图 8-20 所示。然后单击"Enter"键确认。

图 8-20 输入单位命令

5．定义单元类型

1）选择"Main Menu>Preprocessor>Element Type>Add/Edit/Delete"命令，弹出"Element Types"对话框，如图 8-21 所示。

2）单击"Add…"按钮，弹出，在左边的列表中选择"Solid"选项，即选择实体单元类型，然后在右边列表中选择"Quad 4node 55"单元，如图 8-22 所示。单击"Library of Element Types"对话框的"OK"按钮，返回"Element Types"对话框。

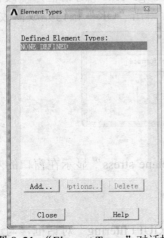
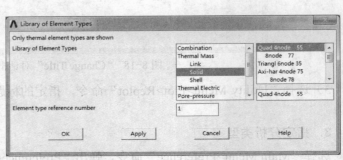

图 8-21 "Element Types"对话框　　　　图 8-22 "Library of Element Types"对话框

第 8 章 ANSYS 14.5 结构热分析实例

3）单击"Close"按钮，关闭"Element Types"对话框，结束单元类型的添加。

6．定义材料属性

1）选择"Main Menu>Preprocessor>Materials Props>Material Models"命令，弹出"Define Material Model Behavior"对话框，如图 8-23 所示。

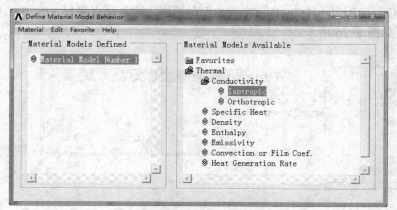

图 8-23 "Define Material Model Behavior"对话框

2）在右侧列表中选择"Thermal>Conductivity>Isotropic"，弹出"Conductivity for Material Number 1"对话框，在"KXX"文本框中输入 1.12，如图 8-24 所示。单击"OK"按钮返回。

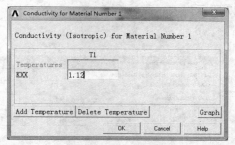

图 8-24 "Conductivity for Material Number 1"对话框

3）在"Define Material Model Behavior"对话框中选择"Material>New Model"命令，弹出"Define Material ID"对话框，输入 2，单击"OK"按钮，在右侧列表中选择"Thermal>Conductivity>Isotropic"，弹出"Conductivity for Material Number 2"对话框，在"KXX"文本框中输入 0.116，单击"OK"按钮返回，如图 8-25 所示。

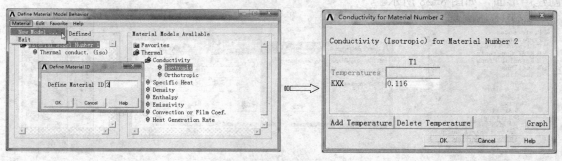

图 8-25 定义材料属性 2

4)在"Define Material Model Behavior"对话框中选择"Material>Exit"命令,退出材料模型属性窗口,完成材料模型属性的定义。

7. 建立分析模型

1)选择"Main Menu>Preprocessor>Modeling>Create>Areas>Rectangle>By Dimensions"命令,弹出"Create Rectangle by Dimensions"对话框,输入顶点坐标(0,0)、(0.115,0.6),创建矩形面,如图8-26所示。

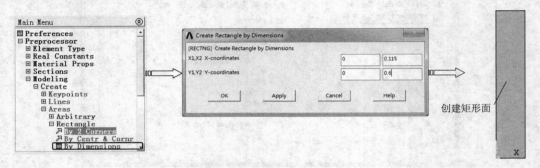

图8-26 几何尺寸创建矩形面

2)选择"Main Menu>Preprocessor>Modeling>Create>Areas>Rectangle>By Dimensions"命令,弹出"Create Rectangle by Dimensions"对话框,输入顶点坐标(0.115,0.6)、(0.24,0),创建矩形面,如图8-27所示。

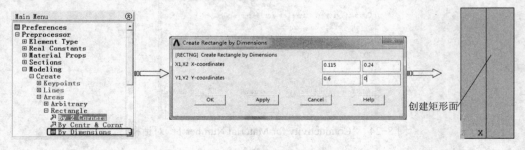

图8-27 几何尺寸创建矩形面

3)选择"Main Menu>Preprocessor>Modeling>Create>Areas>Rectangle>By Dimensions"命令,弹出"Create Rectangle by Dimensions"对话框,输入顶点坐标(0.24,0)、(0.31,0.6),创建矩形面,如图8-28所示。

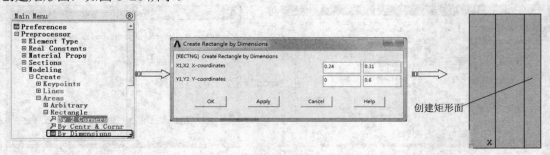

图8-28 几何尺寸创建矩形面

4）选择"Main Menu>Preprocessor>Modeling>Operate>Booleans>Glue>Areas"命令，弹出"Glue Areas"对话框，单击"Pick All"按钮选择所有面，单击"OK"按钮完成粘接运算，如图8-29所示。

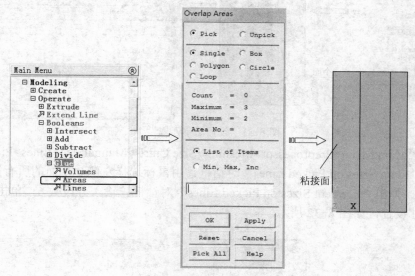

图8-29 粘接运算

8．划分网格

1）选择"Main Menu>Preprocessor>Meshing>MeshAttributes>Picked Areas"命令，弹出"Area Attributes"对话框，拾取最左侧的面，单击"OK"按钮，弹出"Area Attributes"对话框，在"Material number"下拉列表中选择"1"，单击"OK"按钮完成面单元属性的设置，如图8-30所示。

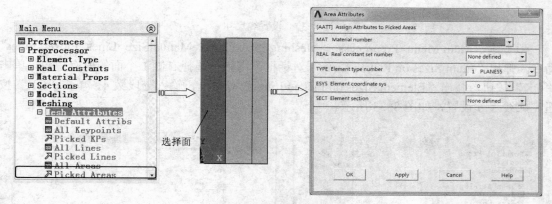

图8-30 设置面单元属性

2）选择"Main Menu>Preprocessor>Meshing>Mesh Attributes>Picked Areas"命令，弹出"Area Attributes"对话框，拾取最右侧的2个面，单击"OK"按钮，弹出"Area Attributes"对话框，在"Material number"下拉列表中选择"2"，单击"OK"按钮完成面单元属性的设置，如图8-31所示。

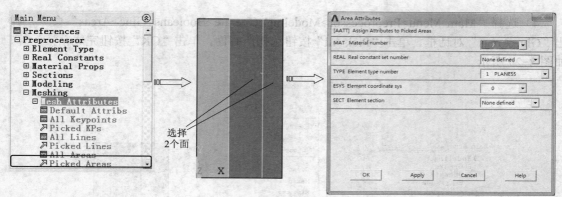

图 8-31 设置面单元属性

3）选择"Main Menu>Preprocessor>Meshing>Size Cntrls>ManualSize>Lines>Picked Lines"命令，弹出"Elem Sizes on Picked Lines"对话框，用鼠标选择左侧 2 个面的所有短边，单击"OK"按钮，弹出"Element Sizes on Picked Lines"对话框，输入分段数 6，单击"OK"按钮完成线尺寸设置，如图 8-32 所示。

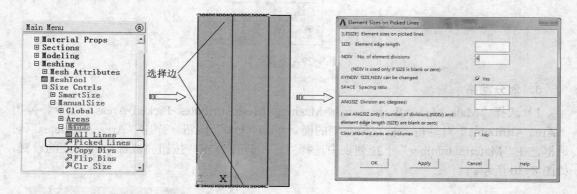

图 8-32 设置线尺寸

4）选择"Main Menu>Preprocessor>Meshing>Size Cntrls>ManualSize>Lines>Picked Lines"命令，弹出"Elem Sizes on Picked Lines"对话框，用鼠标选择右侧 1 个面的所有短边，单击"OK"按钮，弹出"Element Sizes on Picked Lines"对话框，输入分段数 4，单击"OK"按钮完成线尺寸设置，如图 8-33 所示。

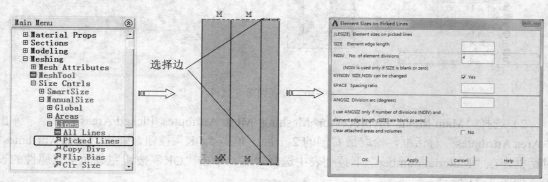

图 8-33 设置线尺寸

5) 选择"Main Menu>Preprocessor>Meshing>Size Cntrls>ManualSize>Lines>Picked Lines"命令，弹出"Elem Sizes on Picked Lines"对话框，用鼠标选择所有长边，单击"OK"按钮，弹出"Element Sizes on Picked Lines"对话框，输入分段数 30，单击"OK"按钮完成线尺寸设置，如图 8-34 所示。

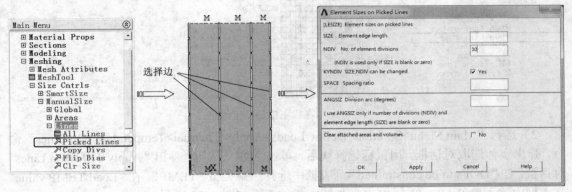

图 8-34　设置线尺寸

6) 在网格工具中选择分网对象为"Areas"，网格形状为"Quad"，选择分网形式为"Mapped"，然后单击"Mesh"按钮，弹出"Mesh Areas"对话框，单击"Pick All"按钮拾取所有面，单击"OK"按钮生成网格，如图 8-35 所示。

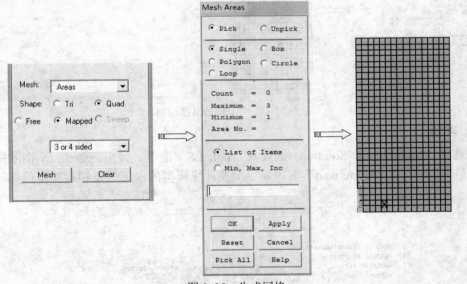

图 8-35　生成网格

7) 单击"Mesh Tool"对话框中的"Close"按钮，关闭网格划分工具。

9. 施加边界条件和载荷

1) 选择"Main Menu>Solution>Define Loads>Apply>Thermal>Temperature>On Lines"命令，弹出实体选取对话框，用鼠标选择线后，单击"OK"按钮，弹出"Apply TEMP on Lines"对话框，在"DOFs to be constrained"列表框中选择约束类型"TEMP"，在"Load TEMP value"文本框中输入数值 495，单击"OK"按钮完成约束，如图 8-36 所示。

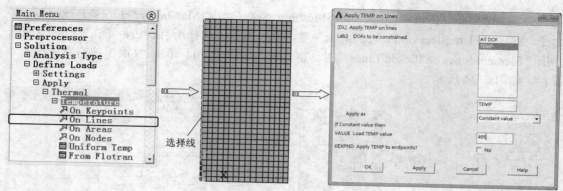

图 8-36 在线上施加温度约束

2）选择"Main Menu>Solution>Define Loads>Apply>Thermal>Temperature>On Lines"命令，弹出实体选取对话框，用鼠标选择线后，单击"OK"按钮，弹出"Apply TEMP on Lines"对话框，在"DOFs to be constrained"列表框中选择约束类型"TEMP"，在"Load TEMP value"文本框中输入数值60，单击"OK"按钮完成约束，如图8-37所示。

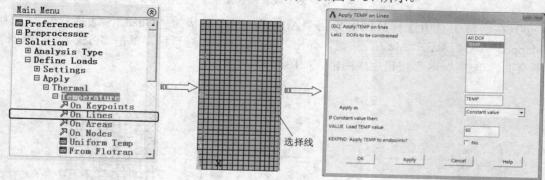

图 8-37 在线上施加温度约束

10. 求解

1）选择"Main Menu>Solution>Solve>Current LS"命令，弹出图8-38所示的求解信息窗口，其中"/STATUS Command"窗口显示所要计算模型的求解信息和载荷步信息。

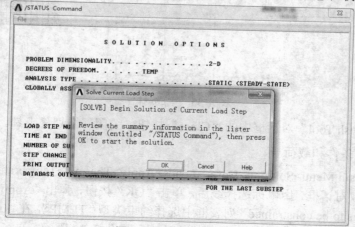

图 8-38 求解信息窗口

2）单击"Solve Current Load Step"对话框中的"OK"按钮，程序开始求解，求解完成后弹出"Note"对话框，如图 8-39 所示。单击"Close"按钮关闭。

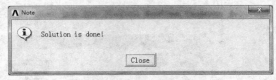

图 8-39 "Note"对话框

11．后处理显示结果

1）选择"Main Menu>General Postproc>Plot Results>Contour Plot>Nodal Solu"命令，弹出"Contour Nodal Solution Data"对话框，选中"Nodal Solution>DOF Solution>Nodal Temperature"选项，如图 8-40 所示。

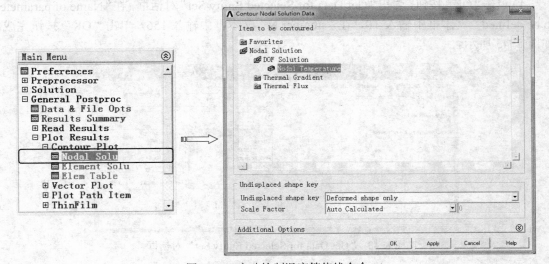

图 8-40 启动绘制温度等值线命令

2）单击"OK"按钮显示温度等值线图，如图 8-41 所示。

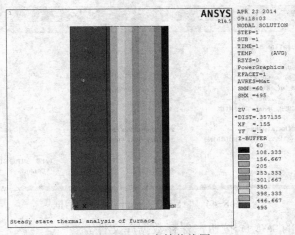

图 8-41 温度等值线图

3）选择"Utility Menu>Parameters>Get Scalar Data"命令，弹出"Get Scalar Data"对话框，在左侧列表中选择"Results data"，在右侧列表中选择"Nodal results"，如图8-42所示。

图8-42 "Get Scalar Data"对话框

4）单击"OK"按钮，弹出"Get Data for Selected Entity Set"对话框，在"Name of parameter to be defined"文本框中输入T0，在"number N"文本框中输入156，单击"OK"按钮完成，如图8-43所示。

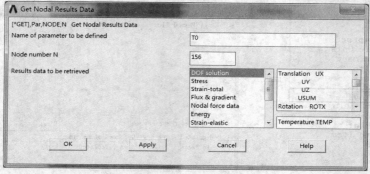

图8-43 "Get Data for Selected Entity Set"对话框

5）选择"Utility Menu>List>Status>Parameters>All Parameters"命令，弹出"*STAT Command"对话框，显示温度为469.96度，如图8-44所示。

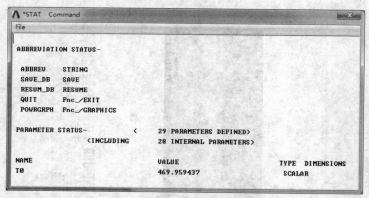

图8-44 "*STAT Command"对话框

6）单击工具栏上的 SAVE_DB 按钮，保存数据库文件。

8.3.2 提高实例——蒸汽管道热分析

外径为 50mm 的蒸汽管道外表面温度为 400℃,其外包裹有厚度为 40mm,热导率为 0.11W/(m·K)的矿渣棉,矿渣棉外又包有厚为 45mm 的煤灰泡沫砖,其热导率为 0.1 W/(m·K)。煤灰泡沫砖外表面温度为 50℃,如图 8-45 所示。已知煤灰泡沫砖最高耐温为 300℃,试分析煤灰泡沫砖层的温度是否超过最高温度。计算长度取 200mm。

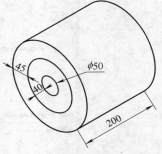

图 8-45 蒸汽管道模型

操作步骤

1. 启动 ANSYS 14.5

双击桌面上的"Mechanical APDL Product Launcher"图标,弹出"ANSYS 配置"窗口,在"Simulation Environment"选择"ANSYS",在"license"选择"ANSYS Multiphysics",然后指定合适的工作目录,单击"Run"按钮,进入 ANSYS 用户界面。

2. 指定工程名和分析标题

1)选择"Utility Menu>File>Change Jobname"命令,弹出"Change Jobname"对话框,修改工程名称为"steamtube",如图 8-46 所示。单击"OK"按钮完成修改。

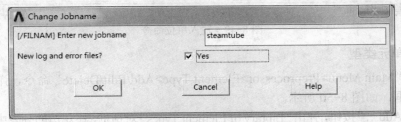

图 8-46 "Change Jobname"对话框

2)选择"Utility Menu>File>Change Title"命令,弹出"Change Title"对话框,修改标题为"Steady state thermal analysis of steam tube",如图 8-47 所示。单击"OK"按钮完成修改。

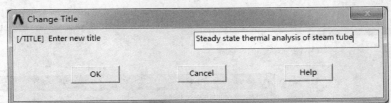

图 8-47 "Change Title"对话框

3)选择"Utility Menu>Plot>Replot"命令,指定的标题"Steady state thermal analysis of steam tube"显示在窗口的左下方。

3. 指定分析类型

选择"Main Menu>Preference"命令,弹出"Preferences for GUI Filtering"对话框,勾选"Thermal"选项,如图 8-48 所示。单击"OK"按钮确认。

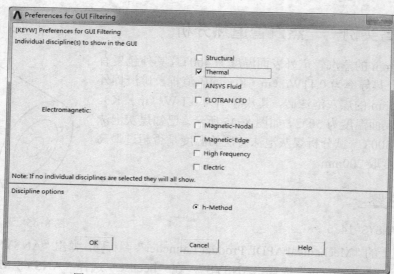

图 8-48 "Preferences for GUI Filtering" 对话框

4. 定义单位

在 ANSYS 软件的主界面命令输入窗口中，输入 "/UNIT,SI"，如图 8-49 所示。然后单击 "Enter" 键确认。

图 8-49 输入单位命令

5. 定义单元类型

1）选择 "Main Menu>Preprocessor>Element Type>Add/Edit/Delete" 命令，弹出 "Element Types" 对话框，如图 8-50 所示。

2）单击"Add…"按钮，弹出"Library of Element Types"对话框，在左边的列表中选择"Solid"选项，即选择实体单元类型，然后在右边列表中选择 "Quad 4node 55" 单元，如图 8-51 所示。单击 "Library of Element Types" 对话框的 "OK" 按钮，返回 "Element Types" 对话框。

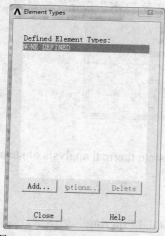

图 8-50 "Element Types" 对话框

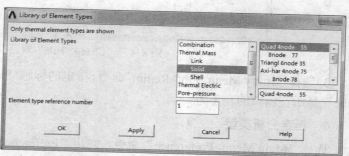

图 8-51 "Library of Element Types" 对话框

第8章 ANSYS 14.5 结构热分析实例

3）在"Element Types"对话框中单击"Options…"按钮，弹出"PLANE55 element type options"对话框，选择K3下拉列表选项为"Axisymmetric"，单击"OK"按钮完成轴对称单元行为设置，如图8-52所示。

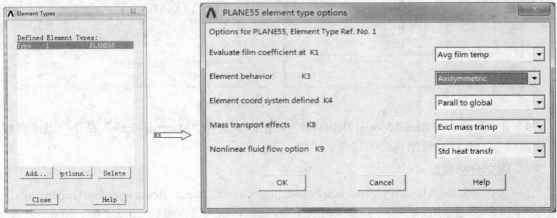

图8-52 设置轴对称单元行为

4）单击"Close"按钮关闭"Element Types"对话框，结束单元类型的添加。

6．定义材料属性

1）选择"Main Menu>Preprocessor>Materials Props>Material Models"命令，弹出"Define Material Model Behavior"对话框，如图8-53所示。

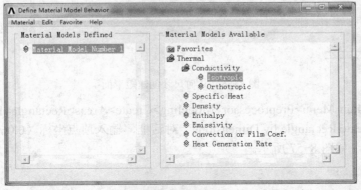

图8-53 "Define Material Model Behavior"对话框

2）在右侧列表中选择"Thermal>Conductivity>Isotropic"，弹出"Conductivity for Material Number 1"对话框，在"KXX"文本框中输入0.11，如图8-54所示。单击"OK"按钮返回。

3）在"Define Material Model Behavior"对话框中选择"Material>New Model"命令，弹出"Define Material ID"对话框，输入2，单击"OK"按钮，在右侧列表中选择"Thermal>Conductivity>Isotropic"，弹出"Conductivity for Material Number

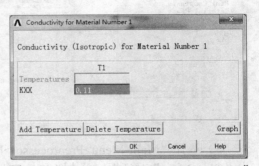

图8-54 "Conductivity for Material Number 1"对话框

2"对话框，在"KXX"文本框中输入0.1，单击"OK"按钮返回，如图8-55所示。

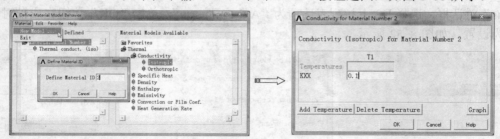

图8-55 定义材料属性2

4) 在"Define Material Model Behavior"对话框中选择"Material>Exit"命令，退出材料属性窗口，完成材料模型属性的定义。

7. 建立分析模型

1) 选择"Main Menu>Preprocessor>Modeling>Create>Areas>Rectangle>By Dimensions"命令，弹出"Create Rectangle by Dimensions"对话框，输入顶点坐标（0.025,0）、（0.065,0.2），创建矩形面，如图8-56所示。

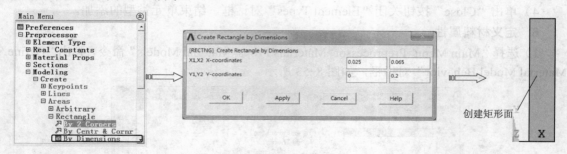

图8-56 几何尺寸创建矩形面

2) 选择"Main Menu>Preprocessor>Modeling>Create>Areas>Rectangle>By Dimensions"命令，弹出"Create Rectangle by Dimensions"对话框，输入顶点坐标（0.065，0.2）、（0.11，0），创建矩形面，如图8-57所示。

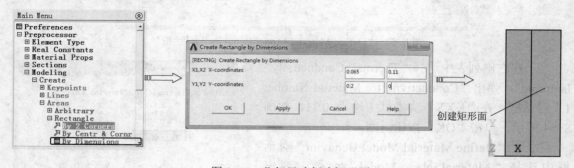

图8-57 几何尺寸创建矩形面

3) 选择"Main Menu>Preprocessor>Modeling>Operate>Booleans>Glue>Areas"命令，弹出"Glue Areas"对话框，单击"Pick All"按钮选择所有面，单击"OK"按钮完成粘接运算，如图8-58所示。

第 8 章 ANSYS 14.5 结构热分析实例

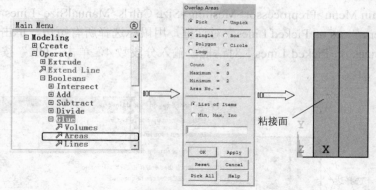

图 8-58 粘接运算

8. 划分网格

1) 选择 "Main Menu>Preprocessor>Meshing>Mesh Attributes>Picked Areas" 命令，弹出 "Area Attributes" 对话框，拾取最左侧的面，单击 "OK" 按钮，弹出 "Area Attributes" 对话框，在 "Material number" 下拉列表中选择 "1"，单击 "OK" 按钮完成面单元属性设置，如图 8-59 所示。

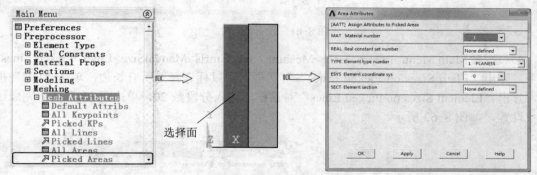

图 8-59 设置面单元属性

2) 选择 "Main Menu>Preprocessor>Meshing>Mesh Attributes>Picked Areas" 命令，弹出 "Area Attributes" 对话框，拾取最右侧的 1 个面，单击 "OK" 按钮，弹出 "Area Attributes" 对话框，在 "Material number" 下拉列表中选择 "2"，单击 "OK" 按钮完成面单元属性的设置，如图 8-60 所示。

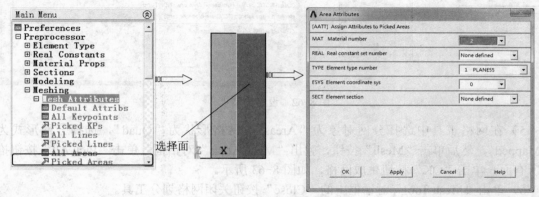

图 8-60 设置面单元属性

3）选择"Main Menu>Preprocessor>Meshing>Size Cntrls>ManualSize>Lines>Picked Lines"命令，弹出"Elem Sizes on Picked Lines"对话框，用鼠标选择所有短边，单击"OK"按钮，弹出"Element Sizes on Picked Lines"对话框，输入分段数4，单击"OK"按钮完成线尺寸设置，如图8-61所示。

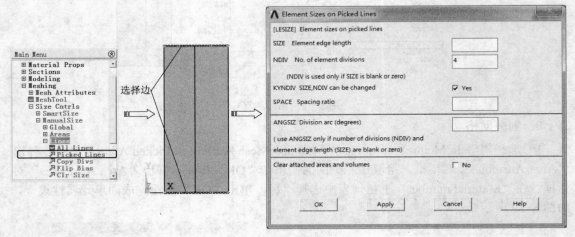

图 8-61　设置线尺寸

4）选择"Main Menu>Preprocessor>Meshing>Size Cntrls>ManualSize>Lines>Picked Lines"命令，弹出"Elem Sizes on Picked Lines"对话框，用鼠标选择要所有长边，单击"OK"按钮，弹出"Element Sizes on Picked Lines"对话框，输入分段数20，单击"OK"按钮完成线尺寸设置，如图8-62所示。

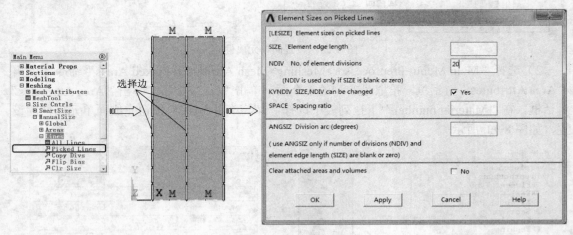

图 8-62　设置线尺寸

5）在网格工具中选择分网对象为"Areas"，网格形状为"Quad"，选择分网形式为"Mapped"，然后单击"Mesh"按钮，弹出"Mesh Areas"对话框，单击"Pick All"按钮拾取所有面，单击"OK"按钮生成网格，如图8-63所示。

6）单击"Mesh Tool"对话框中的"Close"按钮关闭网格划分工具。

第 8 章 ANSYS 14.5 结构热分析实例

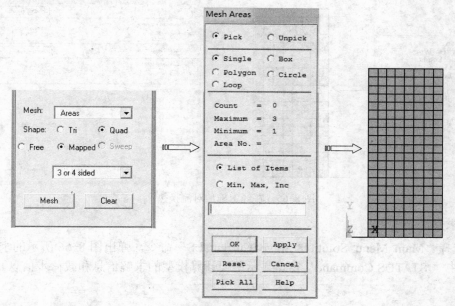

图 8-63 生成网格

9．施加边界条件和载荷

1）选择"Main Menu>Solution>Define Loads>Apply>Thermal>Temperature>On Lines"命令，弹出实体选取对话框，用鼠标选择线后，单击"OK"按钮，弹出"Apply TEMP on Lines"对话框，在"DOFs to be constrained"列表框中选择约束类型"TEMP"，在"Load TEMP value"文本框中输入数值 400，单击"OK"按钮完成约束，如图 8-64 所示。

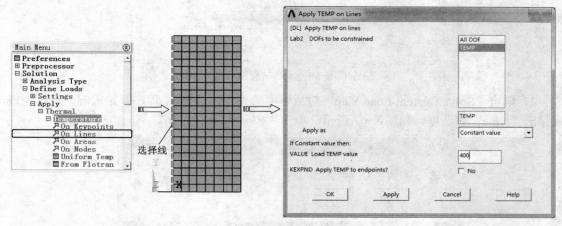

图 8-64 在线上施加温度约束

2）选择"Main Menu>Solution>Define Loads>Apply>Thermal>Convection>On Lines"命令，弹出实体选取对话框，用鼠标选择线后，单击"OK"按钮，弹出"Apply CONV on Lines"对话框，在"Film coefficient"文本框中输入对流数值 8，在"Bulk temperature"文本框中输入 50，单击"OK"按钮完成约束，如图 8-65 所示。

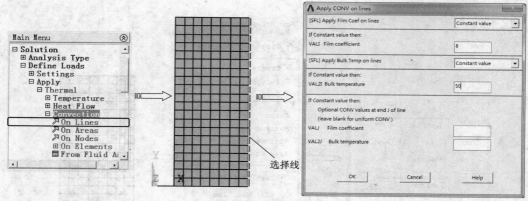

图 8-65 在线上施加对流换热

10. 求解

1) 选择 "Main Menu>Solution>Solve>Current LS" 命令，弹出图 8-66 所示的求解信息窗口，其中 "/STATUS Command" 窗口显示所要计算模型的求解信息和载荷步信息。

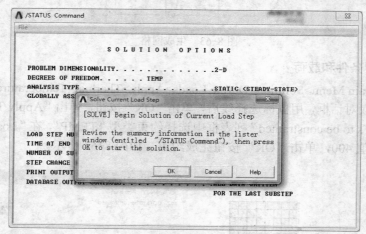

图 8-66 求解信息窗口

2) 单击 "Solve Current Load Step" 对话框中的 "OK" 按钮，程序开始求解，求解完成后弹出 "Note" 对话框，如图 8-67 所示。单击 "Close" 按钮关闭。

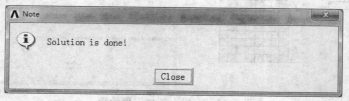

图 8-67 "Note" 对话框

11. 后处理显示结果

1) 选择 "Main Menu>General Postproc>Path Operations>Define Path>By Nodes" 命令，弹出 "By Nodes" 对话框，选择坐标 Y=0 的所有节点，单击 "OK" 按钮，弹出 "By Nodes" 对话框，在 "Define Path Name" 文本框中输入路径名称 Y0，单击 "OK" 按钮创建路径，如

图 8-68 所示。

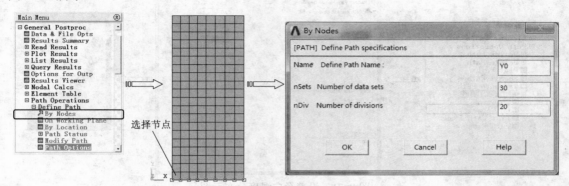

图 8-68 通过节点创建路径

2）选择"Main Menu>General Postproc>Path Operations>Map onto Path"命令，弹出"Map Result Items onto Path"对话框，在"User label for item"文本框中输入 TY0，选择要映射的结果项"Temperature"，单击"OK"按钮完成，如图 8-69 所示。

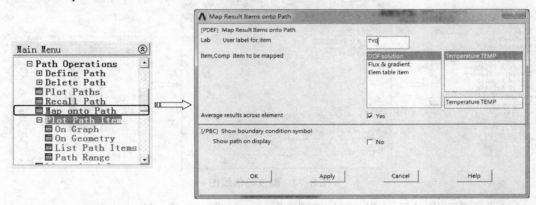

图 8-69 映射路径数据

3）选择"Main Menu>General Postproc>Path Operation>Plot Path Item>On Graph"命令，弹出"Plot of Path Items on Graph"对话框，在"Path items to be graphed"列表中选择路径 TY0，单击"OK"按钮，显示温度随距离的变化，如图 8-70 所示。

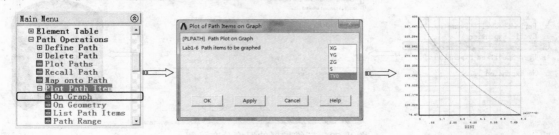

图 8-70 沿着径向温度分布曲线图

4）选择"Main Menu>General Postproc>Path Operation>Plot Path Item>On Geometry"命令，弹出"Plot of Path Items on Geometry"对话框，在"Path items to be graphed"列表中选择路径 TY0，单击"OK"按钮，显示温度随距离的变化云图，如图 8-71 所示。

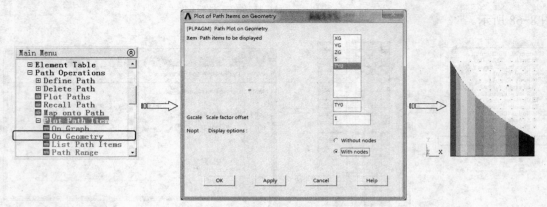

图 8-71　沿着径向温度分布云图

5）选择"Main Menu>General Postproc>Plot Results>Contour Plot>Nodal Solu"命令，弹出"Contour Nodal Solution Data"对话框，选中"Nodal Solution>DOF Solution>Nodal Temperature"选项，单击"OK"按钮显示温度等值线图，如图 8-72 所示。

图 8-72　温度等值线图

6）选择"Utility Menu>PlotCtrls>Style>Symmetry Expansion>2D Axi-Symmetric"命令，弹出"2D Axi-Symmetric Expansion"对话框，选择"3/4 expansion"选项，单击"OK"按钮，显示三维扩展的温度分布云图，如图 8-73 所示。

图 8-73　三维扩展的温度分布云图

7）选择"Utility Menu>PlotCtrls>Style>Symmetry Expansion>2D Axi-Symmetric"命令，弹出"2D Axi-Symmetric Expansion"对话框，选择"No expansion"选项，单击"OK"按钮取消三维扩展的温度分布云图。

8) 选择"Utility Menu>Parameters>Get Scalar Data"命令，弹出"Get Scalar Data"对话框，在左侧列表中选择"Results data"，在右侧列表中选择"Nodal results"，如图 8-74 所示。

图 8-74 "Get Scalar Data"对话框

9) 单击"OK"按钮，弹出"Get Data for Selected Entity Set"对话框，在"Name of parameter to be defined"文本框中输入 T0，在"number N"文本框中输入 2，单击"OK"按钮完成，如图 8-75 所示。

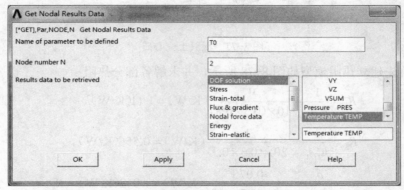

图 8-75 "Get Data for Selected Entity Set"对话框

10) 选择"Utility Menu→List→Status→Parameters→All Parameters"命令，弹出"*STAT Command"对话框，显示温度为 198.83℃，小于 300℃，如图 8-76 所示。

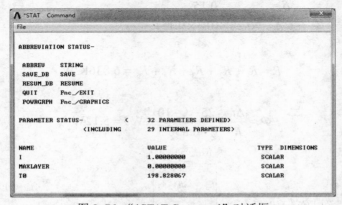

图 8-76 "*STAT Command"对话框

11) 单击工具栏上的 SAVE_DB 按钮，保存数据库文件。

8.3.3 经典实例——混凝土空心砌砖热分析

建筑物的墙壁由图 8-77 所示的空心砖组成,设该砖混凝土热导率为 0.8W/(m·K),空气当量热导率为 0.28W/(m·K),设温度只沿厚度方向发生变化,室内温度为 25℃,表面传热系数为 10W(m²·K),室外空气温度为零下 10℃,表面传热系数为 20W(m²·K),试求通过每块砖的导热量。

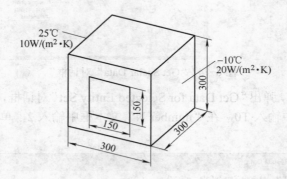

图 8-77 混凝土空心砖

本例中首先建立热阻模型如图 8-78 所示,并求解各部分热阻

$$R_1 = \frac{1}{h_1 A_1} = \frac{1}{10 \times (0.3 \times 0.3)}(\text{K/W}) = 1.11(\text{K/W}),$$

$$R_5 = \frac{1}{h_2 A_1} = \frac{1}{20 \times (0.3 \times 0.3)}(\text{K/W}) = 0.556(\text{K/W}),$$

$$R_2 = \frac{\delta_1}{\lambda_1 A_1} = \frac{0.075}{0.8 \times (0.3 \times 0.3)}(\text{K/W}) = 1.042(\text{K/W}) = R_4,$$

$$R_{31} = \frac{\delta_2}{\lambda_1 A_2} = \frac{0.15}{0.8 \times (0.3 \times 0.075)}(\text{K/W}) = 8.333(\text{K/W}) = R_{33},$$

$$R_{32} = \frac{\delta_2}{\lambda_2 A_3} = \frac{0.15}{0.28 \times (0.3 \times 0.15)}(\text{K/W}) = 11.905(\text{K/W})$$

故总热阻为

$$R = R_1 + R_2 + R_3 + R_4 + R_5 = 6.836 \text{K/W}$$

故导热量为

$$\Phi = \frac{\Delta t}{R} = \frac{25 - (-10)}{6.836}(\text{W}) = 5.12\text{W}$$

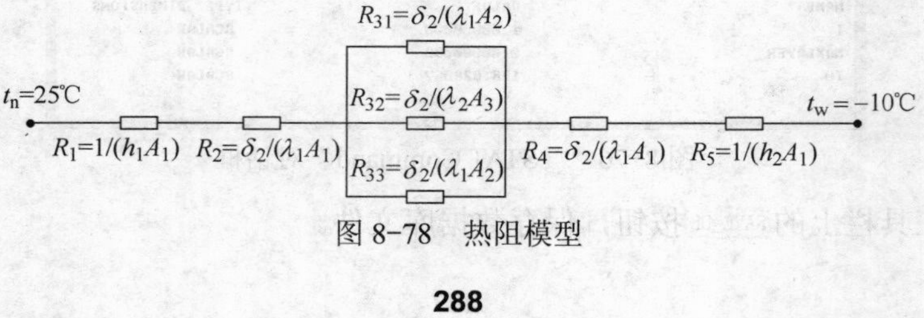

图 8-78 热阻模型

第8章 ANSYS 14.5 结构热分析实例

操作步骤

1. 启动 ANSYS 14.5

双击桌面上的"Mechanical APDL Product Launcher"图标，弹出"ANSYS 配置"窗口，在"Simulation Environment"选择"ANSYS"，在"license"选择"ANSYS Multiphysics"，然后指定合适的工作目录，单击"Run"按钮，进入 ANSYS 用户界面。

2. 指定工程名和分析标题

1）选择"Utility Menu>File>Change Jobname"命令，弹出"Change Jobname"对话框，修改工程名称为"brick"，如图 8-79 所示。单击"OK"按钮完成修改。

2）选择"Utility Menu>File>Change Title"命令，弹出"Change Title"对话框，修改标题为"Steady state thermal analysis of brick"，如图 8-80 所示。单击"OK"按钮完成修改。

图 8-79 "Change Jobname"对话框

图 8-80 "Change Title"对话框

3）选择"Utility Menu>Plot>Replot"命令，指定的标题"Steady state thermal analysis of brick"显示在窗口的左下方。

3. 指定分析类型

选择"Main Menu>Preference"命令，弹出"Preferences for GUI Filtering"对话框，勾选"Thermal"选项，如图 8-81 所示。单击"OK"按钮确认。

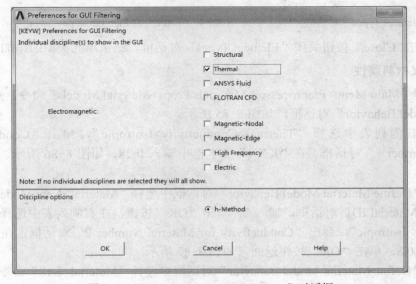
图 8-81 "Preferences for GUI Filtering"对话框

4. 定义单位

在 ANSYS 软件的主界面命令输入窗口中，输入"/UNIT,SI"，如图 8-82 所示。然后单击"Enter"键确认。

图 8-82 输入单位命令

5. 定义单元类型

1）选择"Main Menu>Preprocessor>Element Type>Add/Edit/Delete"命令，弹出"Element Types"对话框，如图 8-83 所示。

2）单击"Add…"按钮，弹出"Library of Element Types"对话框，在左边的列表中选择"Solid"选项，即选择实体单元类型，然后在右边列表中选择"Brick 8node 70"单元，如图 8-84 所示。单击"Library of Element Types"对话框"OK"按钮，返回"Element Types"对话框。

图 8-83 "Element Types"对话框

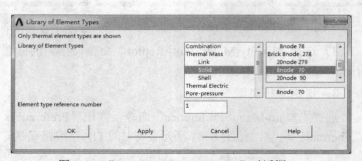

图 8-84 "Library of Element Types"对话框

3）单击"Close"按钮关闭"Element Types"对话框，结束单元类型的添加。

6. 定义材料属性

1）选择"Main Menu>Preprocessor>Materials Props>Material Models"命令，弹出"Define Material Model Behavior"对话框，如图 8-85 所示。

2）在右侧列表中选择"Thermal>Conductivity>Isotropic"，弹出"Conductivity for Material Number 1"对话框，在"KXX"文本框中输入 0.28，如图 8-86 所示。单击"OK"按钮返回。

3）在"Define Material Model Behavior"对话框中选择"Material>New Model"命令，弹出"Define Material ID"对话框，输入 2，单击"OK"按钮，在右侧列表中选择"Thermal>Conductivity>Isotropic"，弹出"Conductivity for Material Number 2"对话框，在"KXX"文本框中输入 0.8，单击"OK"按钮返回，如图 8-87 所示。

4）在"Define Material Model Behavior"对话框中选择"Material>Exit"命令，退出材料属性窗口，完成材料模型属性的定义。

第 8 章 ANSYS 14.5 结构热分析实例

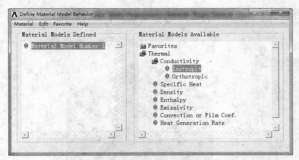 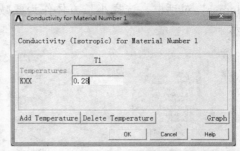

图 8-85 "Define Material Model Behavior"对话框   图 8-86 "Conductivity for Material Number 1"对话框

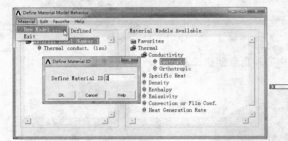 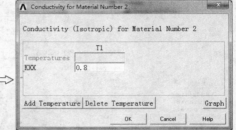

图 8-87 定义材料属性 2

7. 建立分析模型

1）选择"Main Menu> Preprocessor> Modeling> Create>Volumes>Block>By Centr, Cornr, Z"命令，弹出"Block by Ctr, Cornr, Z"对话框，在"WP X"和"WP Y"文本框中心的 X、Y 坐标（0，0），在"Width""Height""Depth"文本框中输入长 0.15、宽 0.15、高 0.3，单击"OK"按钮创建长方体，如图 8-88 所示。

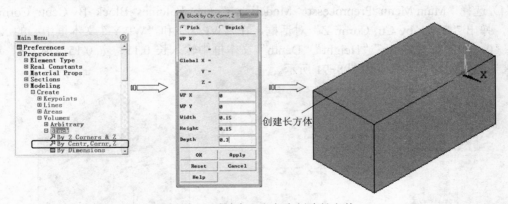

图 8-88 通过中心和角点创建长方体

2）选择"Main Menu>Preprocessor>Modeling>Create>Volumes>Block>By Centr, Cornr, Z"命令，弹出"Block by Ctr, Cornr, Z"对话框，在"WP X"和"WP Y"文本框中心的 X、Y 坐标（0，0），在"Width""Height""Depth"文本框中输入长 0.3、宽 0.3、高 0.3，单击"OK"按钮创建长方体，如图 8-89 所示。

3）选择"Main Menu>Preprocessor>Modeling>Operate>Boolean>Subtract>Volumes"命令，弹出"Subtract Volumes"对话框，选择大长方体作为被减体，单击"Apply"按钮，弹出"Subtract

Volumes"对话框,选择小长方体作为要减去的体,单击"OK"按钮完成减运算,如图 8-90 所示。

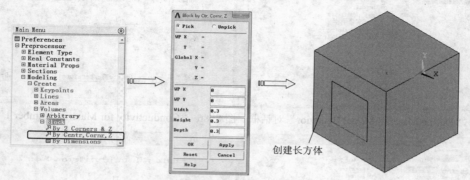

图 8-89 通过中心和角点创建长方体

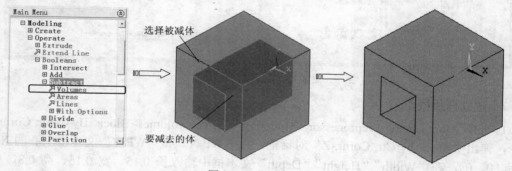

图 8-90 体减运算

4)选择"Main Menu>Preprocessor>Modeling>Create>Volumes>Block>By Centr, Cornr, Z"命令,弹出"Block by Ctr, Cornr, Z"对话框,在"WP X"和"WP Y"文本框中心的 X、Y 坐标(0,0),在"Width""Height""Depth"文本框中输入长 0.15、宽 0.15、高 0.3,单击"OK"按钮创建长方体,如图 8-91 所示。

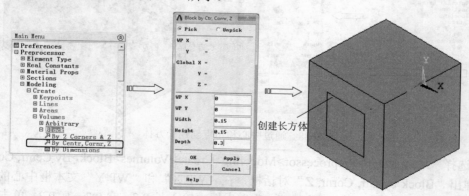

图 8-91 通过中心和角点创建长方体

5)选择"Main Menu>Preprocessor>Modeling>Operate>Booleans>Glue>Volumes"命令,弹出"Glue Volumes"对话框,单击"Pick All"按钮选择所有体,单击"OK"按钮完成粘接运算,如图 8-92 所示。

第 8 章　ANSYS 14.5 结构热分析实例

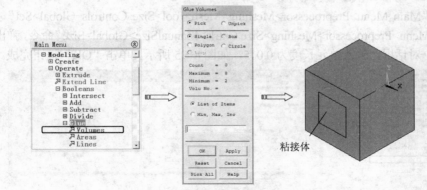

图 8-92　粘接运算

8．划分网格

1）选择"Main Menu>Preprocessor>Meshing>Mesh Attributes>Picked Volumes"命令，弹出"Volume Attributes"对话框，拾取小长方体，单击"OK"按钮，弹出"Volume Attributes"对话框，在"Material number"下拉列表中选择"1"，单击"OK"按钮完成单元属性设置，如图 8-93 所示。

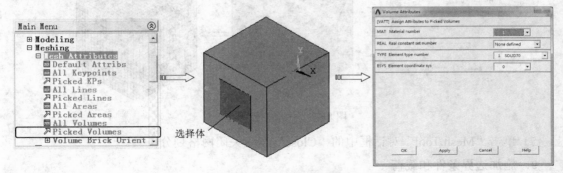

图 8-93　设置体单元属性

2）选择"Main Menu>Preprocessor>Meshing>Mesh Attributes>Picked Volumes"命令，弹出"Volume Attributes"对话框，拾取大长方体，单击"OK"按钮，弹出"Volume Attributes"对话框，在"Material number"下拉列表中选择"2"，单击"OK"按钮完成单元属性设置，如图 8-94 所示。

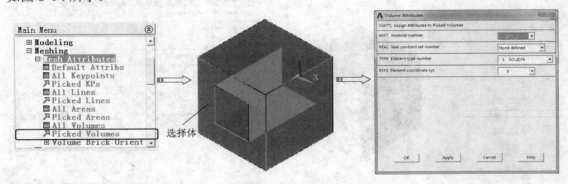

图 8-94　设置体单元属性

3）选择"Main Menu>Preprocessor>Meshing>Mesh Tool>Size Controls-Global>Set"按钮，也可单击"Main Menu>Preprocessor>Meshing>Size Cntrls>ManualSize>Global>Size"命令，弹出"Global Element Sizes"对话框，输入单元长度为 0.015，如图 8-95 所示。单击"OK"按钮完成。

图 8-95　设置全局单元尺寸

4）选择"Main Menu>Preprocessor>Meshing>Mesh Tool"命令，弹出"Mesh Tool"对话框，选择分网对象为"Volumes"，网格形状为"Hex/Wedge"，选择分网形式为"Sweep"，然后单击"Sweep"按钮，拾取所有体，单击"OK"按钮生成网格，如图 8-96 所示。

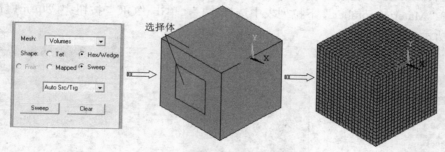

图 8-96　生成扫掠网格

5）单击"Mesh Tool"对话框中的"Close"按钮关闭网格划分工具。

9. 施加边界条件和载荷

1）选择"Main Menu>Solution>Define Loads>Apply>Thermal>Convection>On Areas"命令，弹出实体选取对话框，用鼠标选择面后，单击"OK"按钮，弹出"Apply CONV on Lines"对话框，在"Film coefficient"文本框中输入对流数值 20，在"Bulk temperature"文本框中输入-10，单击"OK"按钮完成约束，如图 8-97 所示。

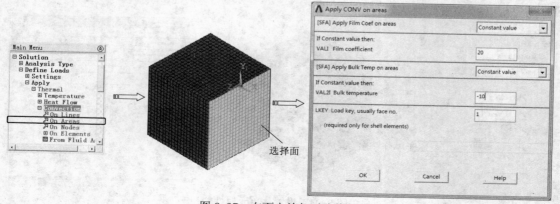

图 8-97　在面上施加对流换热

2）选择"Main Menu>Solution>Define Loads>Apply>Thermal>Convection>On Areas"命令，弹出实体选取对话框，用鼠标选择面后，单击"OK"按钮，弹出"Apply CONV on Lines"对话框，在"Film coefficient"文本框中输入对流数值 10，在"Bulk temperature"文本框中输入 25，单击"OK"按钮完成约束，如图 8-98 所示。

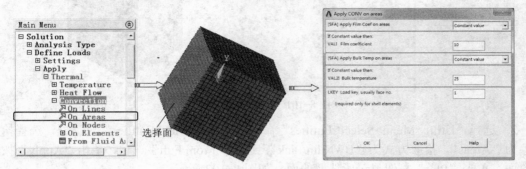

图 8-98　在面上施加对流换热

10．求解

1）选择"Main Menu>Solution>Solve>Current LS"命令，弹出图 8-99 所示的求解信息窗口，其中"/STATUS Command"窗口显示所要计算模型的求解信息和载荷步信息。

图 8-99　求解信息窗口

2）单击"Solve Current Load Step"对话框中的"OK"按钮，程序开始求解，求解完成后弹出"Note"对话框，如图 8-100 所示。单击"Close"按钮关闭。

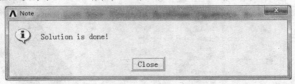

图 8-100　"Note"对话框

11．后处理显示结果

1）选择"Main Menu>General Postproc>Plot Results>Contour Plot>Nodal Solu"命令，弹出"Contour Nodal Solution Data"对话框，选中"Nodal Solution>DOF Solution>Nodal Temperature"选项，单击"OK"按钮显示温度等值图，如图 8-101 所示。

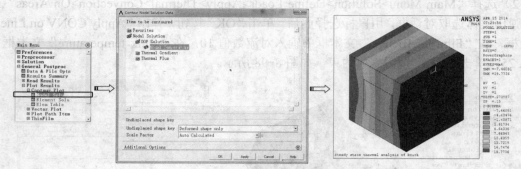

图 8-101 温度等值线图

2）选择"Utility Menu>Select>Entities"命令，弹出"Select Entities"对话框，选择拾取对象为"Areas"，拾取方式为"By Num/Pick"，选中"From Full"选项，单击"Apply"按钮拾取面，单击"Plot"按钮显示所选取的面，如图 8-102 所示。

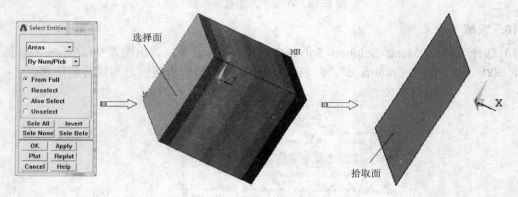

图 8-102 拾取面

3）在"Select Entities"对话框，选择拾取对象为"Nodes"，拾取方式为"Attach to"，选择"Areas，all"，单击"Apply"按钮拾取，然后选择拾取对象为"Elements"，拾取方式为"Attach to"，选择"Nodes"，单击"Apply"按钮拾取，单击"Plot"按钮显示所选取的单元，如图 8-103 所示。单击"Cancel"按钮关闭对话框。

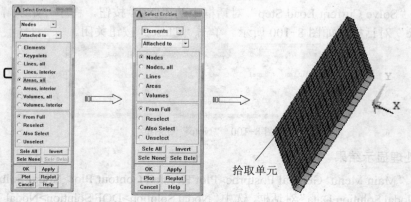

图 8-103 拾取单元

第8章 ANSYS 14.5 结构热分析实例

4）选择"Main Menu>General Postproc>Element Table>Define Table"命令，弹出"Element Table Data"对话框，选择"Add…"按钮，弹出"Define Additional Element Table Items"对话框，在"User label for item"文本框中输入名称HT1，选择Nodal force data 和 Heat flow HEAT，单击"OK"按钮返回，单击"Close"按钮关闭对话框，如图8-104所示。

图 8-104 定义单元表

5）选择"Main Menu>General Postproc>Element Table>Sum of Each Item"命令，弹出"Tabular Sum of Each Element Table Item"对话框，单击"OK"按钮，弹出"SSUM Command"对话框，显示单元表求和结果导热量为5W，如图8-105所示。

图 8-105 单元表求和运算

6）单击工具栏上的 SAVE_DB 按钮，保存数据库文件。

8.4 瞬态热分析实例

本节按照由浅入深的原则，以2个实例来具体讲解利用ANSYS 14.5软件进行结构瞬态热分析的方法和操作步骤。

8.4.1 入门实例——钢球测量淬火冷却热分析

一个钢球半径0.2m，初始温度为850℃，将其放入温度为20℃的淬火介质中冷却，分析钢球随时间的温度变化。其表面传热系数为80W/（m^2·K），钢的比热容为460J/（kg·℃），密度7850kg/m^3，热导率35W/（m·℃）。

本例属于典型的瞬态热分析，由于钢球结构上的对称性，可将其简化为平面问题，采用二维建模分析，分析时采用ISO标准单位，通过定义时间载荷步来求解。

操作步骤

1. 启动 ANSYS 14.5

双击桌面上的"Mechanical APDL Product Launcher"图标，弹出"ANSYS 配置"窗

口，在"Simulation Environment"选择"ANSYS"，在"license"选择"ANSYS Multiphysics"，然后指定合适的工作目录，单击"Run"按钮，进入ANSYS用户界面。

2. 指定工程名和分析标题

1）选择"Utility Menu>File>Change Jobname"命令，弹出"Change Jobname"对话框，修改工程名称为"sphere"，如图8-106所示。单击"OK"按钮完成修改。

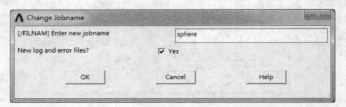

图8-106 "Change Jobname"对话框

2）选择"Utility Menu>File>Change Title"命令，弹出"Change Title"对话框，修改标题为"Transient thermal analysis of queching"，如图8-107所示。单击"OK"按钮完成修改。

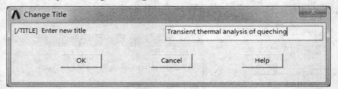

图8-107 "Change Title"对话框

3）选择"Utility Menu>Plot>Replot"命令，指定的标题"plane stress"显示在窗口的左下方。

3. 指定分析类型

选择"Main Menu>Preference"命令，弹出"Preferences for GUI Filtering"对话框，勾选"Thermal"选项，如图8-108所示。单击"OK"按钮确认。

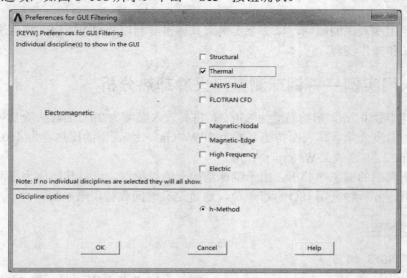

图8-108 "Preferences for GUI Filtering"对话框

4. 定义单位

在 ANSYS 软件的主界面命令输入窗口中,输入"/UNIT,SI",如图 8-109 所示。然后单击"Enter"键确认。

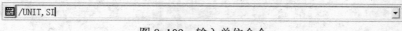

图 8-109 输入单位命令

5. 定义单元类型

1)选择"Main Menu>Preprocessor>Element Type>Add/Edit/Delete"命令,弹出"Element Types"对话框,如图 8-110 所示。

2)单击"Add..."按钮,弹出,在左边的列表中选择"Solid"选项,即选择实体单元类型,然后在右边列表中选择"Quad 4node 55"单元,如图 8-111 所示。单击"Library of Element Types"对话框的"OK"按钮,返回"Element Types"对话框。

图 8-110 "Element Types"对话框

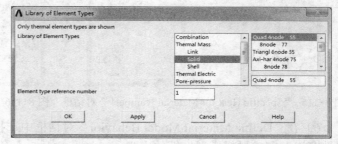

图 8-111 "Library of Element Types"对话框

3)单击"Close"按钮关闭"Element Types"对话框,结束单元类型的添加。

6. 定义材料属性

1)选择"Main Menu>Preprocessor>Materials Props>Temperature Units"命令,弹出"Specify Temperature Units"对话框,选择"Celsius"单位,如图 8-112 所示。

图 8-112 选择温度单位

2)选择"Main Menu>Preprocessor>Materials Props>Material Models"命令,弹出"Define Material Model Behavior"对话框,如图 8-113 所示。

3)在右侧列表中选择"Thermal>Conductivity>Isotropic",弹出"Conductivity for Material Number1"对话框,在"KXX"文本框中输入热导率为 35,如图 8-114 所示。单击"OK"按钮确认。

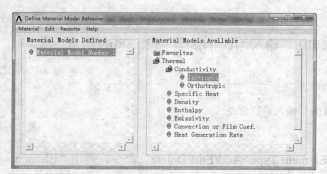
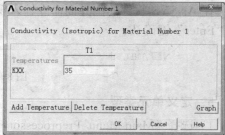

图 8-113 "Define Material Model Behavior" 对话框　　图 8-114 "Conductivity for Material Number1" 对话框

4）在右侧列表中选择"Thermal>Specific Heat"，弹出"Specific Heat for Material Number1"对话框，在"C"文本框中输入比热容为 460，如图 8-115 所示。单击"OK"按钮确认。

5）在右侧列表中选择"Thermal>Density"，弹出"Density for Material Number1"对话框，在"DENS"文本框中输入密度为 7850，如图 8-116 所示。单击"OK"按钮确认。

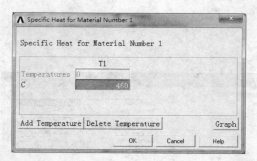
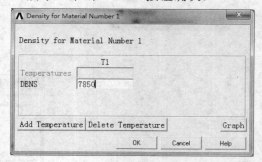

图 8-115 "Specific Heat for Material Number1" 对话框　　图 8-116 "Density for Material Number1" 对话框

6）在"Define Material Model Behavior"对话框中选择"Material>Exit"命令，退出材料属性窗口，完成材料模型属性的定义。

7. 建立分析模型

选择"Main Menu>Preprocessor>Modeling>Create>Areas>Circle>Solid Circle"命令，弹出"Solid Circle Area"对话框，在"WP X"和"WP Y"文本框中输入圆中心的 X、Y 坐标（0，0），在"Radius"文本框中输入圆半径 0.2，单击"OK"按钮创建圆面，如图 8-117 所示。

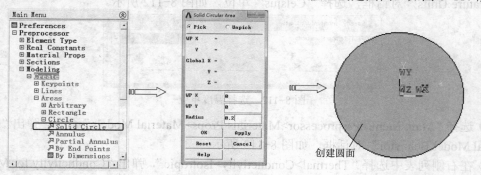

图 8-117 创建实心圆面

8. 划分网格

1）选择"Main Menu>Preprocessor>Meshing>MeshTool"命令，弹出"MeshTool"对话框，勾选"Smart Size"选项，并将智能网格划分水平调整为1，选择网格划分器类型为"Free"（自由网格），单击"Mesh"按钮，弹出"Mesh Area"对话框，单击"Pick All"按钮，系统自动完成网格划分，如图8-118所示。

图8-118　网格划分

2）单击"Mesh Tool"对话框中的"Close"按钮关闭网格划分工具。

9. 设置分析类型

1）选择"Main Menu>Preprocessor>Load>Analysis>New Analysis"命令，弹出"New Analysis"对话框，选中"Transient"选项，如图8-119所示。单击"OK"按钮确认。

2）系统弹出"Transient Analysis"对话框，保持默认设置，如图8-120所示。单击"OK"按钮确认。

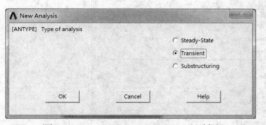
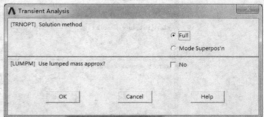

图8-119　"New Analysis"对话框　　　　　图8-120　"Transient Analysis"对话框

10. 施加边界条件和载荷

1）施加初始温度。选择"Main Menu>Preprocessor>Loads>Apply>Initial Condit'n>Define"命令，弹出图形选取窗口，单击"Pick All"按钮，选择所有的曲面，弹出"Define Initial Conditions"对话框，设置初始温度为850，如图8-121所示。单击"OK"按钮完成。

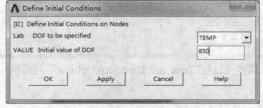

图8-121　"Define Initial Conditions"对话框

2）选择"Main Menu>Solution>Define Loads>Apply>Thermal>Convection>On Lines"命

令,弹出实体选取对话框,用鼠标选择所有圆边界线后,单击"OK"按钮,弹出"Apply CONV on Lines"对话框,在"Film coefficient"文本框中输入对流数值80,在"Bulk temperature"文本框中输入20,单击"OK"按钮完成约束,如图8-122所示。

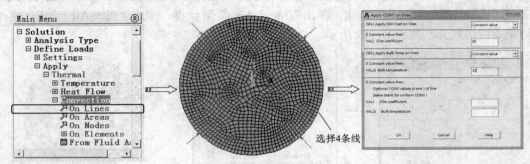

图8-122 在线上施加对流换热

11. 设置时间和载荷步

选择"Main Menu>Solution>Load Step Opts>Time Frequency>Time-Time Step"命令,弹出"Time and Time Step Options"对话框。在"Time at end of load step"文本框中输入120(载荷步持续时间),在"Time step size"文本框中输入1,在"KBC"中选择"stepped"(阶跃加载),如图8-123所示。单击"OK"按钮确认。

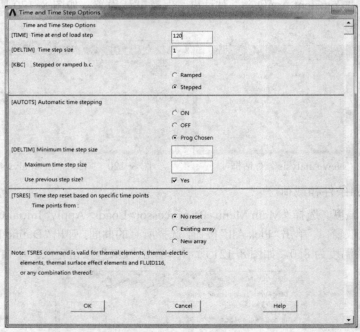

图8-123 "Time and Time Step Options"对话框

12. 设置输出控制

选择"Main Menu>Solution>Load Step Opts>Output Ctrls>DB/Results File"命令,弹出"Controls for Database and Results File Writing"对话框。在"File write frequency"中选择"Every substep"选项,如图 8-124 所示。单击"OK"按钮确认。

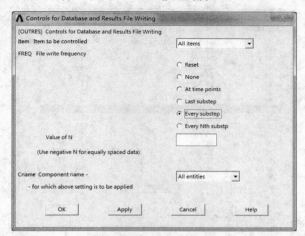

图 8-124 "Controls for Database and Results File Writing"对话框

13. 求解

1)选择"Main Menu>Solution>Solve>Current LS"命令,将弹出如图 8-125 所示的信息窗口,其中"/STATUS Command"窗口显示所要计算模型的求解信息和载荷步信息。

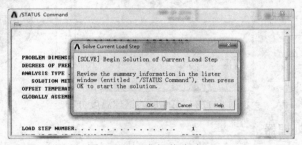

图 8-125 求解信息窗口

2)单击"Solve Current Load Step"对话框中的"OK"按钮,程序开始求解,求解完成后弹出"Note"对话框,如图 8-126 所示。单击"Close"按钮关闭。

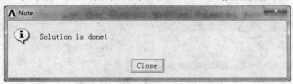

图 8-126 "Note"对话框

14. 通用后处理显示结果

1)选择"Main Menu>General Postproc>Read Results>By Pick"命令,弹出"Results File"对话框,选择时间为 90 的项,单击"Read"按钮,读取分析结果,单击"Close"按钮确认,如图 8-127 所示。

2)选择"Main Menu>General Postproc>Plot Results>Contour Plot>Nodal Solu"命令,弹出"Contour Nodal Solution Data"对话框,选中"Nodal Solution>DOF Solution>Nodal

Temperature"选项,单击"OK"按钮显示第 90s 时的钢球温度分布图,如图 8-128 所示。

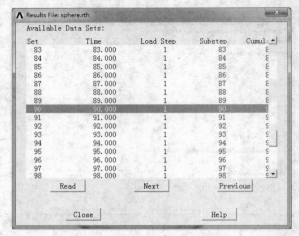

图 8-127 "Results File"对话框

图 8-128 第 90s 的钢球温度分布

15. 时间历程后处理器

1)选择"Main Menu>TimeHist Postpro"命令,弹出"Time History Variables"对话框,如图 8-129 所示。

2)单击 + 按钮,弹出"Add Time-History Variable"对话框,在"Result Item"列表框中依次选择"Nodal Solution>DOF Solution>Nodal Temperature",如图 8-130 所示。

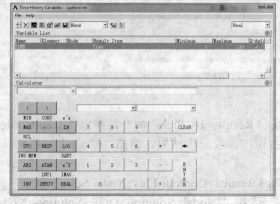

图 8-129 "Time History Variables"对话框

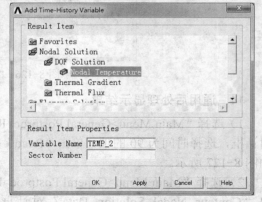

图 8-130 "Add Time-History Variable"对话框

3)单击"OK"按钮,弹出节点拾取对话框,选中模型边界上的任意节点,单击"OK"按钮,返回到"Time History Variables"对话框,显示出定义的变量"TIME"和"TEMP_2",如图 8-131 所示。

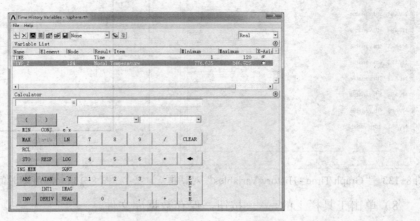

图 8-131 显示出定义的变量"TIME"和"TEMP_3"

4)选择"File>Close"命令,关闭"Time History Variables"对话框。

5)选择"Main Menu>TimeHist Postpro>Settings>Graph"命令,弹出"Graph Settings"对话框,在"Maximum time"文本框中输入 120,设置显示时间为 120s,如图 8-132 所示。

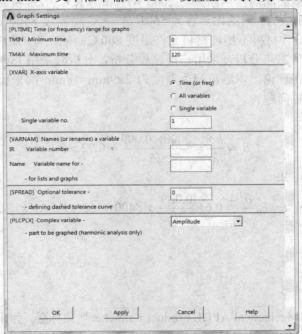

图 8-132 "Graph Settings"对话框

6)选择"Main Menu>TimeHist Postpro>Graph Variables"命令,弹出"Graph Time –History Variables"对话框,在"1st variable to graph"文本框中输入 2,如图 8-133 所示。

7)单击"OK"按钮,图形区显示出该节点随时间温度的变化曲线,如图 8-134 所示。

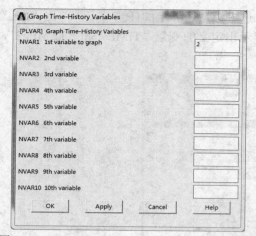
图 8-133 "Graph Time –History Variables" 对话框

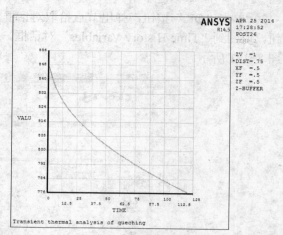
图 8-134 温度随时间变化曲线

8) 单击工具栏上的 SAVE_DB 按钮，保存数据库文件。

8.4.2 提高实例——火箭发动机喷管热分析

初始温度 30℃，壁厚为 9mm 的火箭发动机喷管，外壁绝热，内壁与温度为 1750℃的高温燃气接触，燃气与壁面间的传热系数为 2000 W/（m^2·K）。假定喷管壁可作为一维无限大平壁处理，材料物性系数为：钢的比热容为 560J/（kg·℃），密度 8400 kg/m^3，热导率为 25W/（m·℃），试求为使喷管材料不超过材料允许温度 800℃而能允许的运行时间。

本例属于典型的瞬态热分析，采用三维建模分析，分析时采用 ISO 标准单位，通过定义时间载荷步来求解。在理论上本题可视为厚度为 2×9mm=18mm 的平板两侧突然受到第三类边界条件的非稳态导热问题。

判断 B_i 系数

$$B_i = \frac{h\delta}{\lambda} = \frac{2000 \times 0.009}{25} = 0.72 > 0.1$$

则查诺模图求解可知

$$t = F_0 \frac{\delta^2}{a} = 0.6 \times \frac{0.009^2}{25} \times 8400 \times 560(s) = 9.1(s)$$

操作步骤

1. 启动 ANSYS 14.5

双击桌面上的 "Mechanical APDL Product Launcher" 图标，弹出 "ANSYS 配置" 窗口，在 "Simulation Environment" 选择 "ANSYS"，在 "license" 选择 "ANSYS Multiphysics"，然后指定合适的工作目录，单击 "Run" 按钮，进入 ANSYS 用户界面。

2. 指定工程名和分析标题

1) 选择 "Utility Menu>File>Change Jobname" 命令，弹出 "Change Jobname" 对话框，

修改工程名称为"tube",如图 8-135 所示。单击"OK"按钮完成修改。

2)选择"Utility Menu>File>Change Title"命令,弹出"Change Title"对话框,修改标题为"Transient thermal analysis of tube",如图 8-136 所示。单击"OK"按钮完成修改。

 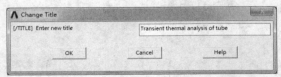

图 8-135 "Change Jobname"对话框　　　　图 8-136 "Change Title"对话框

3)选择"Utility Menu>Plot>Replot"命令,指定的标题"Transient thermal analysis of tube"显示在窗口的左下方。

3. 指定分析类型

选择"Main Menu>Preference"命令,弹出"Preferences for GUI Filtering"对话框,勾选"Thermal"选项,如图 8-137 所示。单击"OK"按钮确认。

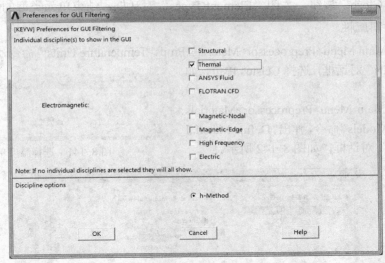

图 8-137 "Preferences for GUI Filtering"对话框

4. 定义单位

在 ANSYS 软件的主界面命令输入窗口中,输入"/UNIT,SI",如图 8-138 所示。然后单击"Enter"键确认。

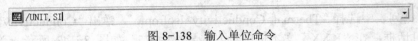

图 8-138 输入单位命令

5. 定义单元类型

1)选择"Main Menu>Preprocessor>Element Type>Add/Edit/Delete"命令,弹出"Element Types"对话框,如图 8-139 所示。

2)单击"Add…"按钮,弹出,在左边的列表中选择"Solid"选项,即选择实体单元类型,然后在右边列表中选择"Brick 8node 278"单元,如图8-140所示。单击"Library of Element Types"对话框"OK"按钮,返回"Element Types"对话框。

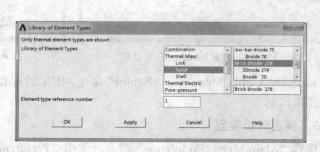

图8-139 "Element Types"对话框　　　图8-140 "Library of Element Types"对话框

3)单击"Close"按钮,关闭"Element Types"对话框,结束单元类型的添加。

6. 定义材料属性

1)选择"Main Menu>Preprocessor>Materials Props>Temperature Units"命令,弹出"Specify Temperature Units"对话框,选择Celsius单位,如图8-141所示。

2)选择"Main Menu>Preprocessor>Materials Props>Material Models"命令,弹出"Define Material Model Behavior"对话框,如图8-142所示。

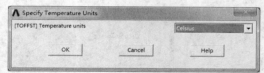

图8-141 选择温度单位

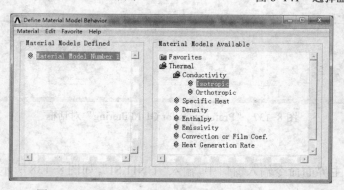

图8-142 "Define Material Model Behavior"对话框

3)在右侧列表中选择"Thermal>Conductivity>Isotropic",弹出"Conductivity for Material Number1"对话框,在"KXX"文本框中输入热导率为25,如图8-143所示。单击"OK"按钮确认。

4)在右侧列表中选择"Thermal>Specific Heat",弹出"Specific Heat for Material Number1"对话框,在"C"文本框中输入比热容为"560",如图8-144所示。单击"OK"按钮确认。

第8章 ANSYS 14.5 结构热分析实例

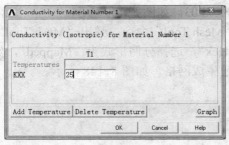 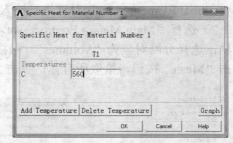

图8-143 "Conductivity for Material Number1"对话框   图8-144 "Specific Heat for Material Number1"对话框

5）在右侧列表中选择"Thermal>Density"，弹出"Density for Material Number1"对话框，在"DENS"文本框中输入密度为8400，如图8-145所示。单击"OK"按钮确认。

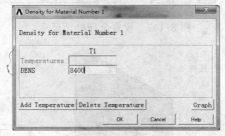

图8-145 "Density for Material Number1"对话框

6）在"Define Material Model Behavior"对话框中选择"Material>Exit"命令，退出材料属性窗口，完成材料模型属性的定义。

7. 建立分析模型

选择"Main Menu> Preprocessor> Modeling> Create>Volumes>Block>By Centr, Cornr, Z"命令，弹出"Block by Ctr, Cornr, Z"对话框，在"WP X"和"WP Y"文本框中心的X、Y坐标（0，0），在"Width""Height""Depth"文本框中输入长0.009、宽0.1、高0.1，单击"OK"按钮创建长方体，如图8-146所示。

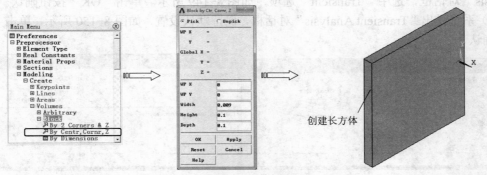

图8-146 通过中心和角点创建长方体

8. 划分网格

1）选择"Main Menu> Preprocessor> Meshing>Mesh Tool>Size Controls-Global>Set"按钮，也可单击"Main Menu>Preprocessor>Meshing>Size Cntrls>ManualSize>Global>Size"命令，弹

出"Global Element Sizes"对话框，输入单元长度为0.003，如图8-147所示。

2）选择"Main Menu> Preprocessor> Meshing> Mesh Tool"命令，弹出"Mesh Tool"对话框，选择分网对象为"Volumes"，网格形状为"Hex"，选择分网形式为"Mapped"，然后单击"Mesh"按钮，拾取所有体，单击"OK"按钮生成网格，如图8-148所示。

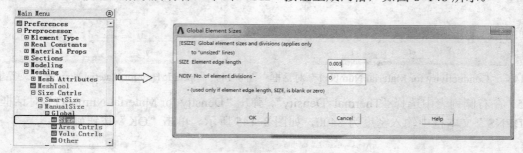

图8-147 设置全局单元尺寸

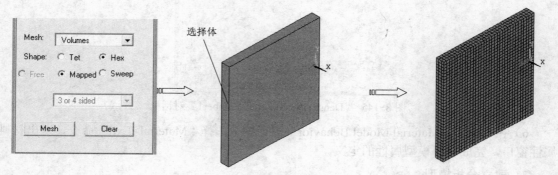

图8-148 生成映射网格

3）单击"Mesh Tool"对话框中的"Close"按钮关闭网格划分工具。

9. 设置分析类型

1）选择"Main Menu>Preprocessor>Load>Analysis>New Analysis"命令，弹出"New Analysis"对话框，选中"Transient"选项，如图8-149所示。单击"OK"按钮确认。

2）系统弹出"Transient Analysis"对话框，保持默认设置，如图8-150所示。单击"OK"按钮确认。

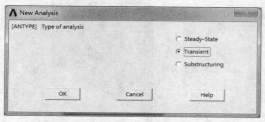

图8-149 "New Analysis"对话框

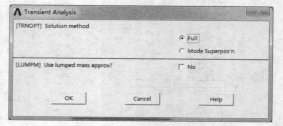

图8-150 "Transient Analysis"对话框

10. 施加边界条件和载荷

1）施加初始温度。选择"Main Menu>Preprocessor>Loads>Apply>Initial Condit'n>Define"命令，弹出图形选取窗口，单击"Pick All"按钮，选择所有的曲面，弹出"Define Initial

Conditions"对话框，设置初始温度为 30，如图 8-151 所示。单击"OK"按钮完成。

2）选择"Main Menu>Solution>Define Loads>Apply>Thermal>Convection>On Areas"命令，弹出实体选取对话框，用鼠标选择左侧面后，单击"OK"按钮，弹出"Apply CONV on Areas"对话框，在"Film coefficient"文本框中输入对流数值 2000，

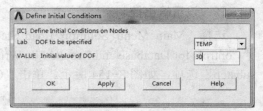

图 8-151 "Define Initial Conditions"对话框

在"Bulk temperature"文本框中输入 1750，单击"OK"按钮完成约束，如图 8-152 所示。

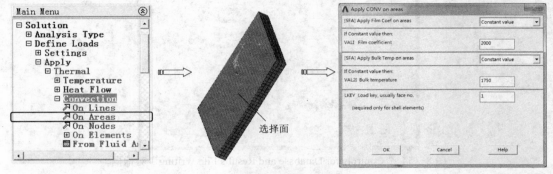

图 8-152 在面上施加对流换热

11. 设置时间和载荷步

选择"Main Menu>Solution>Load Step Opts>Time Frequency>Time-Time Step"命令，弹出"Time and Time Step Options"对话框。在"Time at end of load step"文本框中输入 20（载荷步持续时间），在"Time step size"文本框中输入 1，在"KBC"中选择"stepped"（阶跃加载），如图 8-153 所示。单击"OK"按钮确认。

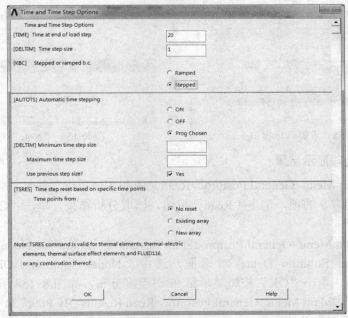

图 8-153 "Time and Time Step Options"对话框

12. 设置输出控制

选择"Main Menu>Solution>Load Step Opts>Output Ctrls>DB/Results File"命令,弹出"Controls for Database and Results File Writing"对话框。在"File write frequency"中选择"Every substep"选项,如图 8-154 所示。单击"OK"按钮确认。

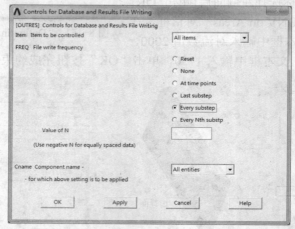

图 8-154 "Controls for Database and Results File Writing"对话框

13. 求解

1)选择"Main Menu>Solution>Solve>Current LS"命令,将弹出如图 8-155 所示的求解信息窗口,其中"/STATUS Command"窗口显示所要计算模型的求解信息和载荷步信息。

2)单击"Solve Current Load Step"对话框中的"OK"按钮,程序开始求解,求解完成后弹出"Note"对话框,如图 8-156 所示。单击"Close"按钮关闭。

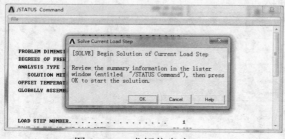

图 8-155 求解信息窗口

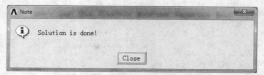

图 8-156 "Note"对话框

14. 通用后处理显示结果

1)选择"Main Menu>General Postproc>Read Results>By Pick"命令,弹出"Results File"对话框,选择时间为 9 的项,单击"Read"按钮,读取分析结果,单击"Close"按钮确认,如图 8-157 所示。

2)选择"Main Menu>General Postproc>Plot Results>Contour Plot>Nodal Solu"命令,弹出"Contour Nodal Solution Data"对话框,选中"Nodal Solution>DOF Solution>Nodal Temperature"选项,单击"OK"按钮显示第 9s 时温度分布,如图 8-158 所示。

3)同理,选择"Main Menu>General Postproc>Read Results>By Pick"命令,弹出"Results File"对话框,选择时间为 10 的项,单击"Read"按钮,读取分析结果,单击"Close"按钮

第8章 ANSYS 14.5 结构热分析实例

确认,然后选择"Main Menu>General Postproc>Plot Results>Contour Plot>Nodal Solu"命令,弹出"Contour Nodal Solution Data"对话框,选中"Nodal Solution>DOF Solution>Nodal Temperature"选项,单击"OK"按钮显示第10s时温度分布,如图8-159所示。

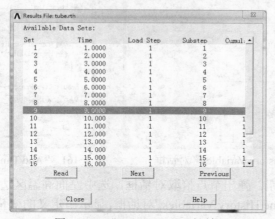

图8-157 "Results File"对话框

图8-158 第9s时的温度分布

图8-159 第10s时的温度分布

4) 从第9s和第10s的温度分布可知,在9~10s温度在770~807℃变化,因此喷管材料不超过材料允许温度800℃的时间应该大于9s小于10s。

15. 时间历程后处理器

1) 选择"Main Menu>TimeHist Postpro"命令,弹出"Time History Variables"对话框,如图8-160所示。

2) 单击 + 按钮,弹出"Add Time-History Variable"对话框,在"Result Item"列表框中依次选择"Nodal Solution>DOF Solution>Nodal Temperature",如图8-161所示。

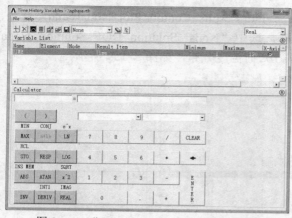
图 8-160 "Time History Variables" 对话框

图 8-161 "Add Time-History Variable" 对话框

3) 单击"OK"按钮，弹出节点拾取对话框，选中左面高温区边界上的任意节点，单击"OK"按钮，返回到"Time History Variables"对话框，显示出定义的变量"TIME"和"TEMP_2"，如图 8-162 所示。

4) 在"Variable List"列表中选择要显示的变量（如 TEMP_2），单击■按钮，即可在图形区显示变量的变化曲线，X 轴为时间变量 TIME，Y 轴为显示的变量数据，如图 8-163 所示。

5) 单击工具栏上的 SAVE_DB 按钮，保存数据库文件。

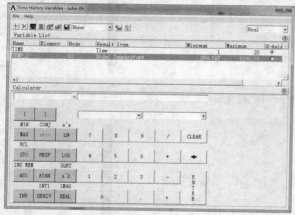
图 8-162 显示出定义的变量"TIME"和"TEMP_2"

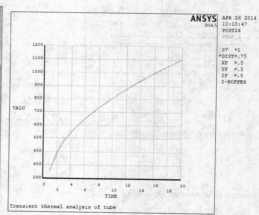
图 8-163 温度随时间变化曲线

8.5 本章小结

本章通过典型案例，对稳态热分析和瞬态热分析的一般步骤进行了详细讲解。读者通过学习，可以掌握利用 ANSYS 软件进行热分析的操作方法和流程，并通过比较稳态热分析和瞬态热分析的异同点，达到温习和巩固的目的。

第 9 章 ANSYS 14.5 结构非线性分析实例

结构非线性分析是工程上常见的分析问题。ANSYS 软件提供了强大的结构非线性分析功能，可对常见的结构非线性问题进行很方便的求解分析。本章首先对 ANSYS 14.5 软件的结构非线性分析理论进行介绍，然后通过典型案例介绍结构非线性分析的方法和技巧，实例包括悬臂梁几何非线性分析、圆盘结构非线性分析、轴盘接触非线性分析。

9.1 结构非线性分析概述

结构非线性分析是生产生活中经常遇到的一种分析类型，构件变化的集合形状一般会引起结构的非线性响应。一般来说，随着位移增长，一个有限单元已移动的坐标可以以多种方式改变结果的刚性。

9.1.1 结构非线性分析简介

在工程会经常遇到非线性结构分析问题。例如，无论何时用订书针订书，金属订书针将永久地弯曲成一个不同形状；在一个木制书架上放置重物，垂度随着时间将不断增大；汽车轮胎与路面之间的接触将随着质量的变化而变化，如图 9-1 所示。从图中的变形曲线可见，它们都显示了明显的非线性特征。

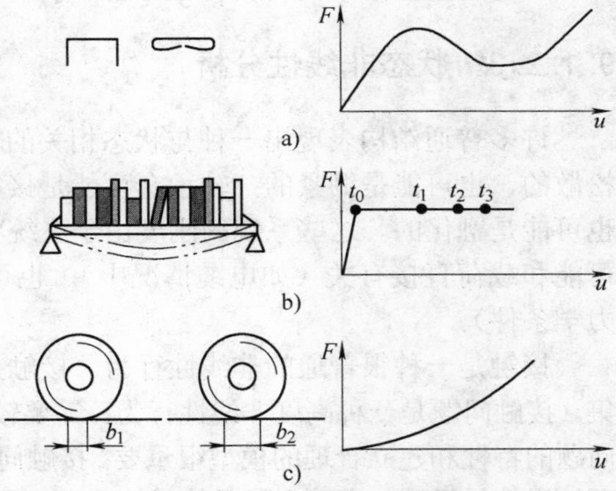

9.1.2 结构非线性分类

非线性问题可分为三大类：几何非线性、材料非线性和状态非线性，下面分别加以介绍。

图 9-1　非线性结构示例
a）订书针　b）木书架　c）轮胎

9.1.2.1 几何非线性

如果结构有大变形，其变化的几何形状可能会引起结构的非线性响应。如图 9-2 所示的钓鱼竿，在轻微的垂向作用下会产生很大的变形。随着垂向载荷的增加，杆不断弯曲以致于动力臂明显地减小，导致杆端显示出在较高载荷下不断增长的刚性。一般来说，随着位移增长，一个有限单元已移动的坐标可以以多种方式改变结构的刚度（两种方式改变：如果这个单元的形状改变，它的单元刚度将改变；如果这个单元的取向改变，它的局部刚度转化到全局部件

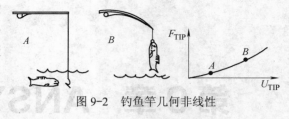

图 9-2　钓鱼竿几何非线性

的刚度也将改变），这类问题总是非线性的，需要进行迭代以获得一个有效的解。

小变形和小应力应变分析假定位移小到足够忽略所得到的刚度改变。这种刚度不变假定意味着使用基于最初几何形状的机构刚度的一次迭代，就可以以计算出小变形分析中的位移。什么时候使用小变形和小应变依赖于特定分析中要求的精度等级。相反，大应变分析说明由单元的形状和取向改变导致的刚度改变。因为刚度受位移影响，反之亦然，所以在大应变分析中需要迭代求解来得到正确的位移。

9.1.2.2　材料非线性分析

非线性的应力-应变关系是结构非线性的常见原因。许多因素可以影响材料的应力-应变性质，包括加载历史（如在弹-塑响应状态下）、环境状况（如温度）、加载的时间总量（如在蠕变响应状态下）。ANSYS 软件的材料非线性分析能力包括弹塑性分析、超弹分析、蠕变分析等。本书只介绍弹塑性分析。

塑性是指在某种给定载荷下，材料产生永久变形的特性。对大多的工程材料来说，当其应力低于比例极限时，应力-应变关系是线性的。另外大多数材料在其应力低于屈服点时，表现为弹性行为，也就是说，当把载荷移走时，其应变也完全消失。由于屈服点和比例极限相差很小，因此在 ANSYS 程序中，假定它们相同。在应力-应变曲线中，低于屈服点的称为弹性部分，超过屈服点的称为塑性部分，或者称为应变强化部分。弹塑性分析就是既考虑弹性部分又考虑塑性区域的材料特性分析。

9.1.2.3　状态非线性分析

许多普通结构表现出一种与状态相关的非线性行为。例如：一根只能拉伸的电缆可能是松散的，也可能是绷紧的；轴承套可能是接触的，也可能是不接触的；冻土可能是冻结的，也可能是融化的。这些系统的刚度由于系统状态的改变在不同的值之间突然变化。状态改变可能和载荷直接有关（如电缆情况中），也可能由某种外部原因引起（如在冻土中的紊乱热力学条件）。

接触是一种很普通的非线性行为。接触是状态变化非线性类型中一个特殊而且重要的子集。接触问题是一种高度非线性行为，需要较大的计算资源，为了进行实际有效的计算，理解问题的特性和建立合理的模型很重要。接触问题存在两个较大的难点：其一，在求解问题之前，不知道接触区域，表面之间是接触还是分开是未知的，突然变化的，随载荷、材料、边界条件和其他因素而定；其二，大多的接触问题需要计算摩擦，摩擦有几种，都是非线性的，且摩擦使问题的收敛性变得困难。接触问题分为两种基本类型：刚体-柔体的接触、柔体-柔体的接触。ANSYS 软件支持点-点、点-面、面-面等接触方式。

（1）点-点接触分析　点-点接触单元主要用于模拟点-点的接触行为，为了使用点-点

接触单元，需要预先知道接触位置，这类接触问题只能适用于接触面之间有很小相对滑动的情况（即使在几何非线性情况下）。如果两个面上的节点一一对应，相对滑动可以忽略不计，两个面扰度保持小量，那么可以用点-点接触单元来求解面-面接触问题。过盈装配问题是一个用点-点的接触来模拟面-面接触的典型例子。ANSYS软件中提供了2种点-点接触单元。

1）CONTACT12：二维点-点的接触单元。这个单元是通过总体坐标系 X-Y 平面内的两个节点来定义的，可以用于二维平面应力、平面应变和轴对段分析中。

2）CONTACT52：三维点-点的接触单元。

（2）点-面接触分析　点-面接触单元主要用于给点-面的接触行为建模，如两个梁的相互接触。如果通过一组节点来定义接触面，生成多个单元，那么可以通过点-面的接触单元来模拟面-面的接触问题，面既可以是刚性体也可以是柔性体。这类接触问题的一个典型例子是把插头插到插座里。ANSYS中点-面的接触是通过跟踪一个表面（接触面）上的点相对于另一表面（目标面）上的线或面的位置来表示，程序使用接触单元来跟踪两个面的相对位置，接触单元的形状为三角形、四面体或锥形，其底面由目标面上的节点组成，而顶点为接触面上的节点。Contact48和Contact49都是点-面的接触单元，Contact26用来模拟柔性点-刚性面的接触。对有不连续的刚性面的问题，不推荐采用Contact26，因为可能导致接触的丢失。在这种情况下，Contact48通过使用伪单元算法能提供较好的建模能力。

（3）面-面接触分析　ANSYS支持刚性-柔性的面-面的接触单元，刚性面被当做目标面，分别用Targe169和Targe170来模拟二维和三维的目标面，柔性体的表面被当做接触面，用Conta171、Conta172、Conta173、Conta174来模拟。一个目标单元和一个接触单元称为一个"接触对"程序，通过一个共享的实常号来识别"接触对"，为了建立一个"接触对"，要给目标单元和接触单元指定相同的实常号。

9.1.3　结构非线性分析步骤

ANSYS 结构非线性分析比结构线性分析更加复杂，但处理方式基本相同，只是在非线性分析的过程中添加了适当的、必需的非线性特性。下面从三个方面来介绍结构非线性分析过程：建模、加载和求解、后处理。

9.1.3.1　建模

非线性分析的建模过程与线性分析十分相似，只是在非线性分析中可能包括特殊的单元或非线性材料性质。如果模型中包含大应变效应，则应力-应变数据必须依据真实应力和真实应变表示。

9.1.3.2　加载和求解

与线性分析相同，在建立好有限元模型之后，将进入 ANSYS 求解器，并根据分析的问题指定新的分析类型。求解问题的非线性特性在 ANSYS 中是通过指定不同的分析选项和控制选项来定义的，下面简单介绍非线性分析中的求解选项。

1. 求解控制

对于一些基本的非线性问题的分析类型，可通过 ANSYS 提供的求解控制对话框中的选项来指定。选择"Main Menu>Solution>Analysis Type>Sol'n Controls"命令,弹出"Solution Controls"对话框,通过"Nonlinear"选项卡设置完成,如图9-3所示。

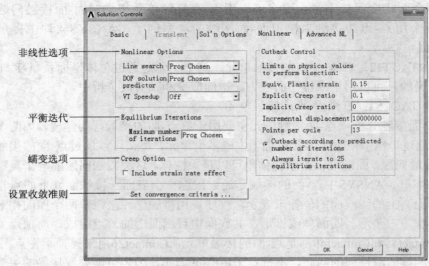

图9-3 "Nonlinear"选项卡

2. 分析选项

根据分析问题的类型选定相应的分析类型并指定分析选项。对于非线性结构分析,指定分析类型的方向和其他有限元分析相同,这里主要讲解非线性分析的分析选项。

选择"Main Menu>Solution>Analysis Type>Analysis Options"命令,弹出"Static or Steady-State Analysis"对话框,其中包括几个非线性选项,如图9-4所示。

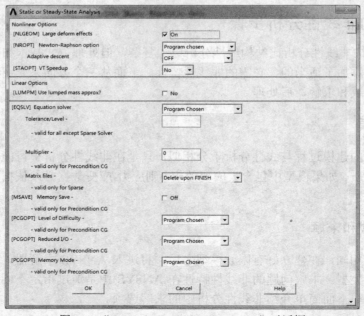

图9-4 "Static or Steady-State Analysis"对话框

"Static or Steady-State Analysis"对话框相关选项如下。

第9章 ANSYS 14.5 结构非线性分析实例

◇ Large deform effects：对于有大变形或大应变的问题，在分析时打开这个选项，程序在进行分析时将会考虑其对结果的影响，否则则关闭这个选项。并不是所有的非线性分析都将产生大变形。

◇ Newton-Raphson option：仅在非线性分析中使用这个选项，它指定在求解期间每隔多久修改一次正切矩阵。

◆ Program chosen：程序基于模型中存在的非线性种类选择用这些选项中的一个，在需要时牛顿-拉普森方法将根据需要自动激活自适应下降。

◆ FULL N-R：程序使用完全的牛顿-拉普森处理方法，在这种方法中每进行一次平衡迭代修改刚度矩阵一次。

◆ Modified N-R：程序使用修正的牛顿-拉普森方法。在这种方法中正切刚度矩阵在每一子步中都被修正，在一个子步的平衡迭代期间矩阵不被改变。这个选项不适用于大变形分析。

◆ Initial stiffness：程序在每一次平衡迭代中都使用初始刚度矩阵这个选项比完全选项似乎较不易发散，但它经常要求更多次的迭代来得到收敛，不适用于大变形分析。

3．普通选项

在进行非线性分析时用到的一些选项在其他类型的有限元分析中同样用到，其主要是一些通用载荷步选项。通过选择"Main Menu>Solution>Load Step Opts>Time/Frequency>Time-Time Step"命令，打开"Time and Time Step Options"对话框，如图9-5所示。

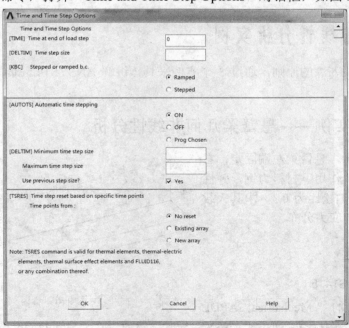

图9-5 "Time and Time Step Options"对话框

"Time and Time Step Options"对话框相关选项参数含义如下。

◇ Time at end of load step：ANSYS 软件借助在每一个载荷步末端给定的 TIME 参数识别出载荷步和载荷子步。

◇ Time step size：非线性分析要求在每一个载荷步内有多个子步，从而ANSYS 软件可以逐渐施加所给定的载荷，从而得到精确的解。NSUBST 和 DELTIM 命令都获得同样的效果（给定载荷步的起始、最小及最大步长）。NSNBST 定义在一个载荷步内将被使用的子步数目，而 DELTIM 明确定义时间步长。如果自动时间步长是关闭的，那么起始子步长用于整个载荷步。默认每个载荷步有一个子步。

◇ Stepped or ramped b.c.：在与应变率无关的材料行为的非线性静态分析中，通常不需要指定这个选项。因为依据默认，载荷将为渐进式的阶跃式载荷。除了在与应变率相关材料行为情况下（蠕变或粘塑性），在静态分析中该参数通常没有意义。

◇ Automatic time stepping：该选项允许程序确定子步间载荷增量的大小和决定在求解期间是增加还是减小时间步长。通过激活自动时间步长，可以让程序决定每一个载荷步内使用多少个时间步。

9.1.3.3 结果后处理

非线性静态分析的结果主要由位移、应力、应变以及反作用力组成，可采用通用后处理器和时间历程后处理器来处理显示结果。

通用后处理器一次仅能读取一个子步，可通过它来检查整个模型在指定时间步（或子步）下的计算结果；而时间历程后处理主要用于非线性分析中特定加载历史下的结果跟踪。无论是通用后处理还是时间历程后处理来检查计算结果，程序的数据库都必须包含求解时相同的计算模型，且结果文件 Jobname.RST 必须可用。

9.2 结构非线性分析实例

本节按照由浅入深的原则，通过 3 个实例来具体讲解 ANSYS14.5 非线性分析的方法和操作步骤。

9.2.1 入门实例——悬臂梁几何非线性分析

如图 7-1 所示，悬臂梁左端固定，右端受载荷 15000N 作用。材料为钢，弹性模量为 210GPa，泊松比为 0.3，求其大载荷作用下的变形和应力分布。

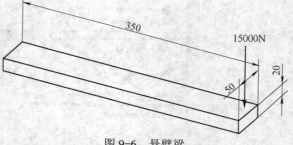

图 9-6 悬臂梁

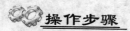

1. 启动 ANSYS14.5

双击桌面上的"Mechanical APDL Product Launcher"图标，弹出"ANSYS 配置"窗口，在"Simulation Environment"选择"ANSYS"，在"license"选择"ANSYS Multiphysics"，然后指定合适的工作目录，单击"Run"按钮，进入 ANSYS 用户界面。

2. 指定工程名和分析标题

1）选择"Utility Menu>File>Change Jobname"命令，弹出"Change Jobname"对话框，

第9章 ANSYS 14.5 结构非线性分析实例

修改工程名称为"beam",如图 9-7 所示。单击"OK"按钮完成修改。

2）选择"Utility Menu>File>Change Title"命令,弹出"Change Title"对话框,修改标题为"Nonliear analysis of cantilever beam",如图 9-8 所示。单击"OK"按钮完成修改。

图 9-7 "Change Jobname"对话框

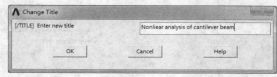

图 9-8 "Change Title"对话框

3）选择"Utility Menu>Plot>Replot"命令,指定的标题"Nonliear analysis of cantilever beam"显示在窗口的左下方。

3. 指定分析类型

选择"Main Menu>Preference"命令,弹出"Preferences for GUI Filtering"对话框,勾选"Structural"选项,如图 9-9 所示。单击"OK"按钮确认。

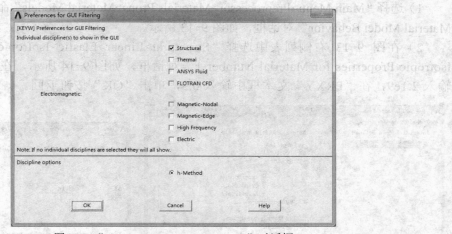

图 9-9 "Preferences for GUI Filtering"对话框

4. 定义单位

在 ANSYS 软件的主界面命令输入窗口中,输入"/UNIT,SI",如图 9-10 所示。然后单击"Enter"键确认。

图 9-10 输入单位命令

5. 定义单元类型

1）选择"Main Menu>Preprocessor>Element Type>Add/Edit/Delete"命令,弹出"Element Types"对话框,如图 9-11 所示。

2）单击"Add..."按钮,弹出"Library of Element Types"对话框,在左边的列表中选择"Solid"选项,即选择实体单元类型,然后在右边列表中选择"Brick 8node 185"单元,如图 9-12 所示。单击"Library of Element Types"对话框的"OK"按钮,返回"Element Types"对话框。

3）单击"Close"按钮关闭"Element Types"对话框,结束单元类型的添加。

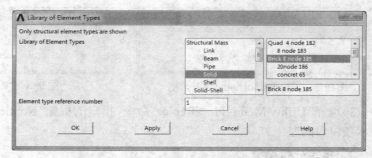

图 9-11 "Element Types" 对话框　　图 9-12 "Library of Element Types" 对话框

6. 定义材料属性

1）选择"Main Menu>Preprocessor>Materials Props>Material Models"命令，弹出"Define Material Model Behavior"对话框，如图 9-13 所示。

2）在图 9-13 右侧列表中选择"Structural>Linear>Elastic>Isotropic"，弹出"Linear Isotropic Properties for Material Number 1"对话框，如图 9-14 所示，在"EX"文本框中输入 2.1e9，在"PRXY"文本框中输入 0.3，单击"OK"按钮返回。

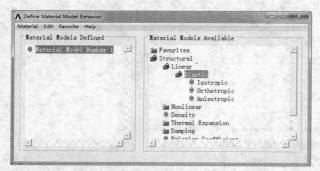
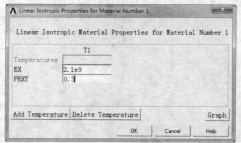

图 9-13 "Define Material Model Behavior" 对话框　　图 9-14 "Linear Isotropic Properties for Material Number 1" 对话框

3）在"Define Material Model Behavior"对话框中选择"Material>Exit"命令，退出材料属性窗口，完成材料模型属性的定义。

7. 建立分析模型

选择"Main Menu>Preprocessor>Modeling>Create>Volumes>Block>By Dimensions"命令，弹出"Create Block by Dimensions"对话框，在"X-coordinates""Y-coordinates"和"Z-coordinates"文本框中输入角点的 X、Y、Z 坐标分别为（0，0，0）、（0.35，0.02，0.05），单击"OK"按钮创建长方体，如图 9-15 所示。

8. 划分网格

1）选择"Main Menu>Preprocessor>Meshing>Mesh Tool"命令，弹出"Mesh Tool"对话框，单击"Global"后的"Set"按钮，弹出"Global Element Sizes"对话框，在"Element

第 9 章　ANSYS 14.5 结构非线性分析实例

edge length"文本框中输入 0.005，单击"OK"按钮完成，如图 9-16 所示。

2）在网格工具中选择分网对象为"Volumes"，网格形状 Shape 为"Hex/Wedge"，选择分网形式为"Sweep"，然后单击"Sweep"按钮，拾取创建长方体，单击"OK"按钮生成网格，如图 9-17 所示。

3）单击"Mesh Tool"对话框中的"Close"按钮关闭网格划分工具。

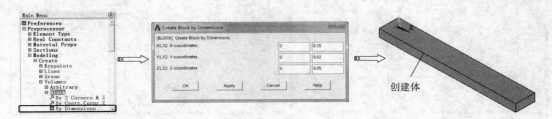

图 9-15　通过对角点生成长方体

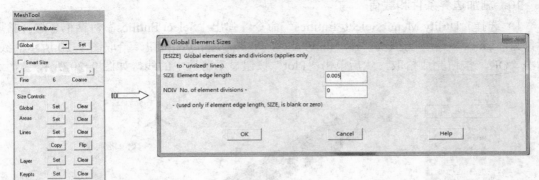

图 9-16　设置单元尺寸

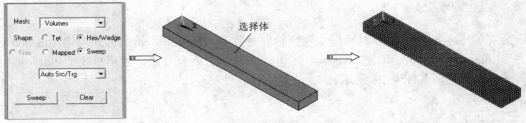

图 9-17　生成扫掠网格

9．设置分析类型和求解控制选项

1）选择"Main Menu>Solution>Analysis Type>New Analysis"命令，弹出"New Analysis"对话框，选中"Static"选项，如图 9-18 所示。单击"OK"按钮确认。

2）选择"Main Menu>Solution>Analysis Type>Sol'n Controls"命令，弹出"Solution Controls"对话框，在"Analysis Options"下拉列表中选择"Large Displacement Static"，设置"Automatic time stepping"为"On"，在"Number of substeps"文本框中输入 100，在"Max.no.of substeps"文本框中输入 1000，在"Min no. of substeps"文本框中输入 1，在"Frequency"下拉列表中选择"Write every substep"选项，如图 9-19 所示。单击"OK"按钮确认。

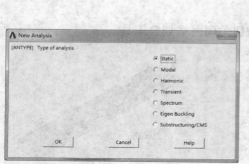

图 9-18 "New Analysis" 对话框　　　　图 9-19　设置求解控制选项

10．施加边界条件和载荷

1）选择"Utility Menu>Select>Entities"命令，弹出"Select Entities"对话框，选择拾取对象为"Lines"，拾取方式为"By Num/Pick"，单击"Apply"按钮，拾取图 9-20 所示的线，单击"OK"按钮完成拾取，然后单击"Plot"按钮显示所选中的线，如图 9-20 所示。

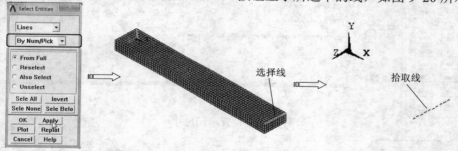

图 9-20　通过位置选取

2）在"Select Entities"对话框中选择拾取对象为"Nodes"，拾取方式为"Attached to"，选中"Lines,all"选项，单击"Apply"按钮，选择线上所有节点，然后单击"Plot"按钮显示所选中的节点，如图 9-21 所示。

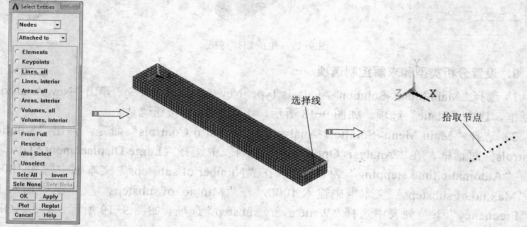

图 9-21　选择节点

第9章 ANSYS 14.5 结构非线性分析实例

3）选择"Main Menu>Solution>Define Loads>Apply>Structural>Force/Moment>On Nodes"命令，弹出实体选取对话框，单击"Pick All"按钮选择当前选择集的所有节点，弹出"Apply F/M on Nodes"对话框，在"Direction of force/mom"下拉列表中选择"FY"，在"Force/moment value"文本框中输入数值-1500，单击"OK"按钮施加力载荷，如图9-22所示。

图9-22 在节点上施加力载荷

4）选择"Utility Menu>Select>Everything"命令，选取所有图元、单元和节点。

5）选择"Utility Menu>Plot>Element"命令，在图形中只显示单元、位移及施加的外载荷。

6）选择"Main Menu>Solution>Define Loads>Apply>Structural>Displacement>On Areas"命令，弹出实体选取对话框，选择左侧端面，单击"OK"按钮，弹出"Apply U,ROT on Areas"对话框，在"DOFs to be constrained"列表框中选择"All DOF"约束类型，在"Displacement value"文本框中输入数值0，单击"OK"按钮完成约束，如图9-23所示。

图9-23 施加自由度约束

11. 求解

1）选择"Main Menu>Solution>Solve>Current LS"命令，弹出图9-24所示的求解信息窗口，其中"/STATUS Command"窗口显示所要计算模型的求解信息和载荷步信息。

2）单击"Solve Current Load Step"对话框中的"OK"按钮，程序开始求解，求解完成后弹出"Note"对话框，如图9-25所示。单击"Close"按钮关闭。

图9-24 求解信息窗口　　　　　图9-25 "Note"对话框

12. 通用后处理显示结果

1)选择"Main Menu>General Postproc>Read Results>Last Set"命令,读取最后一步分析结果。

2)选择"Main Menu>General Postproc>Plot Results>Deformed Shape"命令,弹出"Plot Deformed Shape"对话框,选中"Def+ undef edge"选项,如图9-26所示。

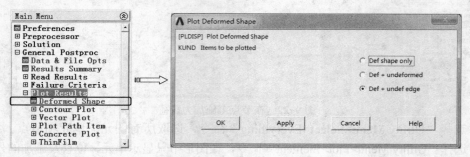

图9-26 启动变形命令

3)单击"OK"按钮显示变形图,如图9-27所示。由图中可见最大变形为0.416869mm,变形很小。

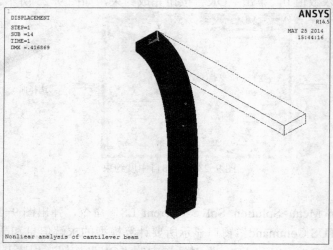

图9-27 变形图

13. 时间历程后处理器

1)选择"Main Menu>TimeHist Postpro"命令,弹出"Time History Variables"对话框,如图9-28所示。

2)单击±按钮,弹出"Add Time-History Variable"对话框,在"Result Item"列表框中依次选择"Nodal Solution>DOF Solution>Y-Component of displacement",如图9-29所示。

3)单击"OK"按钮,弹出节点拾取对话框,选中右端面上的任意节点,单击"OK"按钮,返回到变量定义对话框,显示出定义的变量"TIME"和"UY_2",如图9-30所示。

4)在"Variable List"列表中选择要显示的变量(如UY_2),单击按钮,即可在图形区显示变量的变化曲线,X轴为时间变量TIME,Y轴为显示的变量数据,如图9-31所示。

5)单击工具栏上的 SAVE_DB 按钮,保存数据库文件。

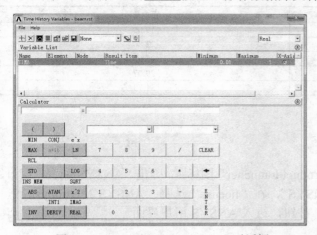

图 9-28 "Time History Variables"对话框

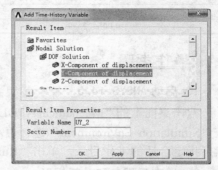

图 9-29 "Add Time-History Variable"对话框

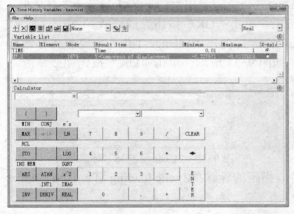

图 9-30 显示出定义的变量"TIME"和"UY_2"

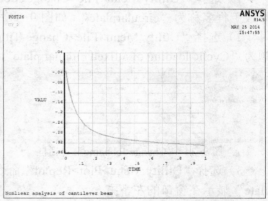

图 9-31 温度随时间变化曲线

9.2.2 提高实例——圆盘结构非线性分析

如图 9-32 所示,圆盘半径 1m,厚度为 0.1mm,圆周固定。圆盘上表面承受均匀压力 $0.125N/m^2$,循环点载荷历程如图 9-33 所示。试求载荷历程下的变形和应力分布。

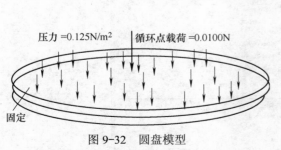

图 9-32 圆盘模型

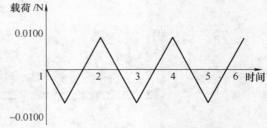

图 9-33 循环点载荷历程

已知圆盘材料弹性模量为 16911.23GPa,泊松比为 0.3,动态硬化塑性数据见表 9-1。

表 9-1 动态硬化塑性数据表

应 变	应力/Pa
0.001123514	19.00
0.001865643	22.80
0.002562402	25.08
0.004471788	29.07
0.006422389	31.73

操作步骤

1. 启动 ANSYS 14.5

双击桌面上的"Mechanical APDL Product Launcher"图标，弹出"ANSYS 配置"窗口，在"Simulation Environment"选择"ANSYS"，在"license"选择"ANSYS Multiphysics"，然后指定合适的工作目录，单击"Run"按钮，进入 ANSYS 用户界面。

2. 指定工程名和分析标题

1）选择"Utility Menu>File>Change Jobname"命令，弹出"Change Jobname"对话框，修改工程名称为"circularplate"，如图 9-34 所示。单击"OK"按钮完成修改。

2）选择"Utility Menu>File>Change Title"命令，弹出"Change Title"对话框，修改标题为"Cyclic loading of a fixed circular plate"，如图 9-35 所示。单击"OK"按钮完成修改。

图 9-34 "Change Jobname"对话框

图 9-35 "Change Title"对话框

3）选择"Utility Menu>Plot>Replot"命令，指定的标题"Cyclic loading of a fixed circular plate"显示在窗口的左下方。

3. 指定分析类型

选择"Main Menu>Preference"命令，弹出"Preferences for GUI Filtering"对话框，勾选"Structural"选项，如图 9-36 所示。单击"OK"按钮确认。

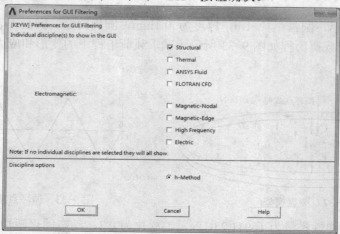

图 9-36 "Preferences for GUI Filtering"对话框

4. 定义单元类型

1) 选择"Main Menu>Preprocessor>Element Type>Add/Edit/Delete"命令,弹出"Element Types"对话框,如图9-37所示。

2) 单击"Add..."按钮,弹出"Library of Element Types"对话框,在左边的列表中选择"Solid"选项,即选择实体单元类型,然后在右边列表中选择"Quad 4 node 182"单元,如图9-38所示。单击"Library of Element Types"对话框的"OK"按钮,返回"Element Types"对话框。

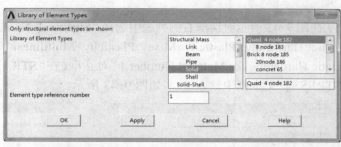

图9-37 "Element Types"对话框   图9-38 "Library of Element Types"对话框

3) 单击图9-39所示的"Element Types"对话框中"Options..."按钮,系统弹出"PLANE182 element type options"对话框,在"Element behavior"下拉列表中选择"Axisymmetric"选项,如图9-40所示。单击"OK"按钮返回。

图9-39 "Element Types"对话框   图9-40 "PLANE182 element type options"对话框

4) 单击"Close"按钮关闭"Element Types"对话框,结束单元类型的添加。

5. 定义材料属性和强化数据表

1) 选择"Main Menu>Preprocessor>Materials Props>Material Models"命令,弹出"Define Material Model Behavior"对话框,如图9-41所示。

2) 在图9-41所示对话框的右侧列表中选择"Structural>Linear>Elastic>Isotropic",弹出"Linear Isotropic Properties for Material Number 1"对话框,在"EX"文本框中输入16911.23,在"PRXY"文本框中输入0.3,如图9-42所示。单击"OK"按钮返回。

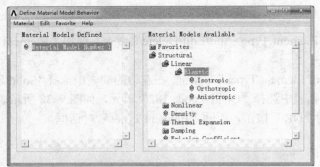
图 9-41 "Define Material Model Behavior"对话框

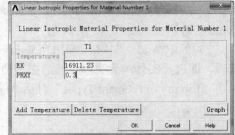
图 9-42 "Linear Isotropic Properties for Material Number 1"对话框

3）在图 9-41 所示对话框右侧列表中选择"Structural>NonLinear>Inelastic>Rate Independent>Kinematic Hardening Plasticity>Mises Plasticity>Multilinear（General）"，弹出"Multilinear Kinematic Hardening for Material Number 1"对话框，在"STRAIN"文本框中输入 0.001123514，在"STRESS"文本框中输入 19，如图 9-43 所示。

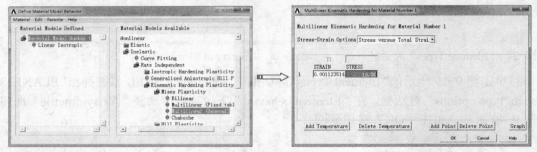
图 9-43 输入硬化塑性

4）单击"Add Point"按钮，输入下一行新数据：0.001865643，22.80，如图 9-44 所示。

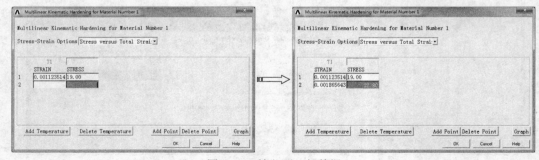
图 9-44 输入下一行数据

5）重复上述步骤，依次输入如下数据：0.002562402，25.08；0.004471788，29.07；0.006422389，31.73，单击"OK"按钮完成数据输入，如图 9-45 所示。

6）在"Define Material Model Behavior"对话框中选择"Material>Exit"命令，退出材料属性窗口，完成材料模型属性的定义。

7）选择"Utility Menu>PlotCtrls>Style>Graphs>Modify Axes"命令，弹出"Axes Modifications for Graph Plots"对话框，在"X-axis label"文本框中输入"Total Strain"，在"Y-axis label"文本框中输入"True Stress"，如图 9-46 所示。单击"OK"按钮完成。

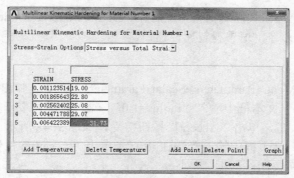

图 9-45 输入其余数据

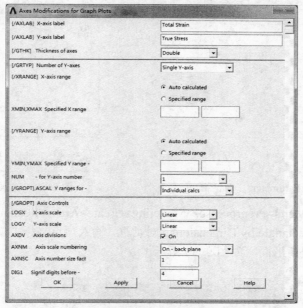

图 9-46 "Axes Modifications for Graph Plots" 对话框

8）选择"Main Menu> Preprocessor> Material Props> Material Models"命令，弹出"Define Material Model Behavior"对话框，双击左侧的"Material Model Number 1>Multilinear Kinematic (General)"，弹出"Multilinear Kinematic Hardening for Material Number 1"对话框，显示应变/应力数据，单击"Graph"按钮，绘制应变/应力图，如图 9-47 所示。

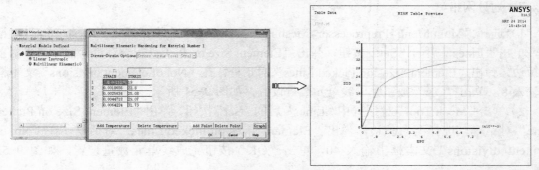

图 9-47 图形显示应变/应力

9)单击"Cancel"按钮关闭对话框,然后在"Define Material Model Behavior"对话框中选择"Material>Exit"命令,退出材料属性窗口。

6. 建立分析模型

1)选择"Utility Menu>Parameters>Scalar Parameters"命令,弹出"Scalar Parameters"对话框,在"Selection"文本框中输入"radius=1.0",输入时不管字母大小写,ANSYS 会将输入字母全部转换为大写,单击"Accept"按钮接受,如图 9-48 所示。

2)在"Selection"文本框中输入"thick=0.1",单击"Accept"按钮接受,如图 9-49 所示。单击"Close"按钮关闭对话框。

图 9-48 "Scalar Parameters"对话框

图 9-49 输入所有参数

3)选择"Main Menu>Preprocessor>Modeling>Create>Areas>Rectangle>By Dimensions"命令,弹出"Create Rectangle by Dimensions"对话框,输入顶点坐标(0,0)、(radius,thick),单击"OK"按钮创建矩形面,如图 9-50 所示。

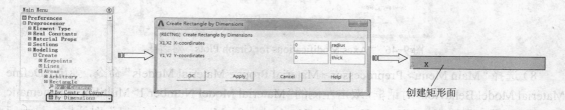
图 9-50 几何尺寸创建矩形面

7. 划分网格

1)选择"Main Menu>Preprocessor>Meshing>Mesh Tool"命令,弹出"Mesh Tool"对话框,单击"Lines"后的"Set"按钮,弹出"Element Size on Picked Line"对话框,选择两条竖短边,弹出"Element Sizes on Picked Lines"对话框,在"No. of element divisions"文本框中输入 8,单击"OK"按钮完成线单元数量设置,如图 9-51 所示。

2)单击"Mesh Tool"对话框中"Lines"后的"Set"按钮,弹出"Element Size on Picked Line"对话框,选择两条长边,弹出"Element Sizes on Picked Lines"对话框,在"No. of element divisions"文本框中输入 40,单击"OK"按钮完成线单元数量设置,如图 9-52 所示。

第9章 ANSYS 14.5 结构非线性分析实例

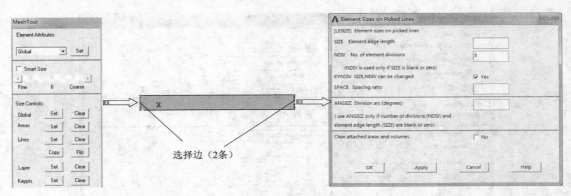

图 9-51 设置线单元数量

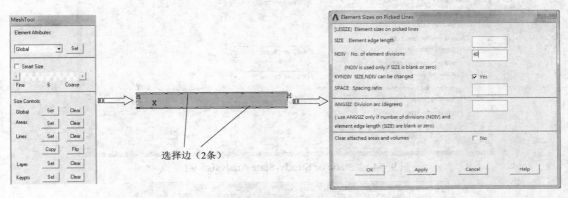

图 9-52 设置线单元数量

3）在网格工具中选择分网对象为"Areas"，网格形状为"Quad"，选择分网形式为"Mapped"，选择"Pick corners"，然后单击"Mesh"按钮，拾取面，单击"Apply"按钮，然后依次选择关键点9、4、3、10，生成网格，如图9-53所示。

图 9-53 生成映射网格

8. 设置求解和输出控制选项

1）选择"Main Menu>Solution>Unabridged Menu"命令，展开菜单命令，然后选择"Main Menu>Solution>Analysis Type>Analysis Options"命令，弹出"Static or Steady-State Analysis"对话框，选中"Large deform effects"为"On"，如图9-54所示。单击"OK"按钮完成。

2）选择"Main Menu>Solution>Load Step Opts>Output Ctrls>DB/Results File"命令，弹出"Controls for Database and Results File Writing"对话框，在"File write frequency"中选中"Every substep"选项，如图9-55所示。单击"OK"按钮确认。

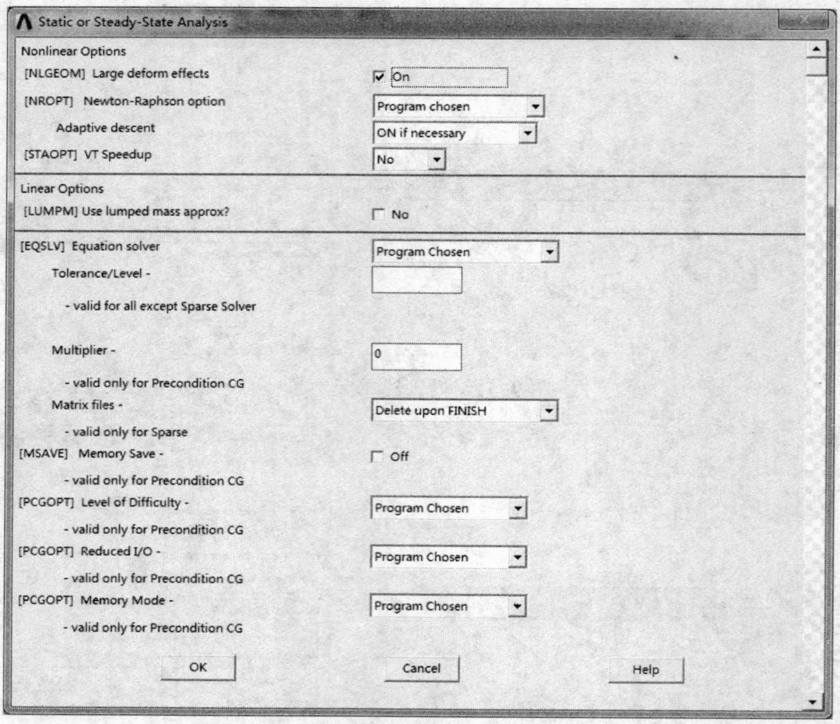

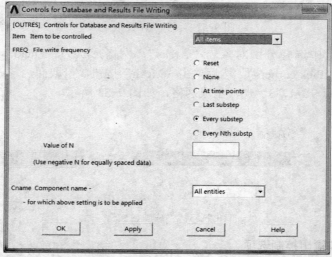

图 9-54 "Static or Steady-State Analysis" 对话框

图 9-55 "Controls for Database and Results File Writing" 对话框

9. 监控位移和力

1) 选择"Utility Menu>Parameters>Scalar Parameters"命令，弹出"Scalar Parameters"对话框，在"Selection"文本框中输入"ntop=node（0，thick，0）"，单击"Accept"按钮接受，如图 9-56 所示。

2) 在"Selection"文本框中输入"nright=node（radius，0.0，0.0）"，单击"Accept"按钮接受，如图 9-57 所示。单击"Close"按钮关闭对话框。

第 9 章 ANSYS 14.5 结构非线性分析实例

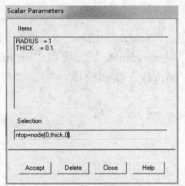
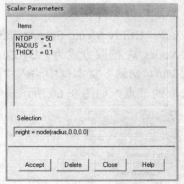

图 9-56 "Scalar Parameters" 对话框   图 9-57 输入所有参数

3）选择"Main Menu>Solution>Load Step Opts>Nonlinear>Monitor"命令，弹出实体选择对话框，输入"ntop"，单击"OK"按钮，弹出"Monitor"对话框，在"Quantity to be monitored"下拉列表中选择"UY"，单击"OK"按钮完成，如图 9-58 所示。

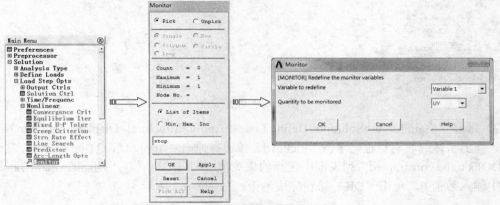

图 9-58 设置位移监控

4）选择"Main Menu>Solution>Load Step Opts>Nonlinear>Monitor"命令，弹出实体选择对话框，输入"nright"，单击"OK"按钮，弹出"Monitor"对话框，在"Variable to redefine"下拉列表中选择"Varible 2"，在"Quantity to be monitored"下拉列表中选择"FY"，单击"OK"按钮完成，如图 9-59 所示。

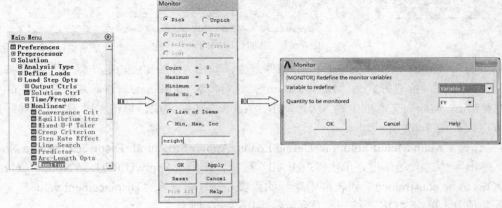

图 9-59 设置力监控

10. 施加边界条件和载荷

1）选择"Utility Menu>Select>Entities"命令，弹出"Select Entities"对话框，选择拾取对象为"Nodes"，拾取方式为"By Location"，选择"X coordinate"选项和"From Full"选项，在"Min, Max"文本框中输入"radius"，单击"Apply"按钮完成，单击"Plot"按钮显示所选取的节点，如图9-60所示。

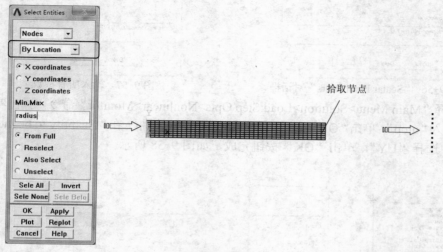

图9-60　选择节点

2）选择"Main Menu>Solution>Define Loads>Apply>Structural>Displacement>On Nodes"命令，弹出实体选取对话框，单击"Pick All"按钮，弹出"Apply U,ROT on Nodes"对话框，在"DOFs to be constrained"列表框中选择约束类型"All DOF"，在"Displacement value"文本框中输入数值0，单击"OK"按钮完成约束，如图9-61所示。

图9-61　施加自由度约束

3）选择"Utility Menu>Select>Entities"命令，弹出"Select Entities"对话框，选择拾取对象为"Nodes"，拾取方式为"By Location"，选择"X coordinate"选项和"From Full"选项，在"Min, Max"文本框中输入0，单击"Apply"按钮完成，单击"Plot"按钮显示所选取的节点，如图9-62所示。

4）选择"Main Menu>Solution>Define Loads>Apply>Structural>Displacement>On Nodes"命令，弹出实体选取对话框，单击"Pick All"按钮，弹出"Apply U,ROT on Nodes"对话框，在"DOFs to be constrained"列表框中选择约束类型"UX"，在"Displacement value"文本框中输入数值0，单击"OK"按钮完成约束，如图9-63所示。

第 9 章　ANSYS 14.5 结构非线性分析实例

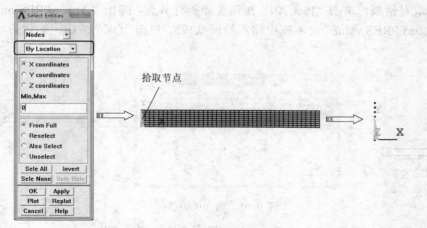

图 9-62　选择节点

图 9-63　施加自由度约束

5）选择"Utility Menu> Select>Entities"命令，弹出"Select Entities"对话框，选择拾取对象为"Nodes"，拾取方式为"By Location"，选择"Y coordinate"选项和"From Full"选项，在"Min，Max"文本框中输入"thick"，单击"Apply"按钮完成，单击"Plot"按钮显示所选取的节点，如图 9-64 所示。

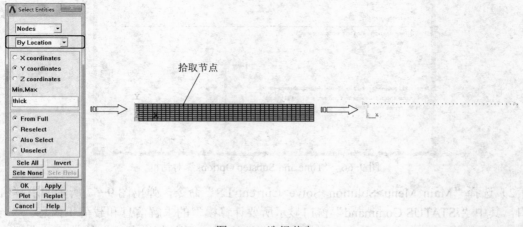

图 9-64　选择节点

6）选择"Main Menu>Solution>Define Loads>Apply>Structural>Pressure>On Lines"命令，

弹出实体选取对话框，单击"Pick All"按钮选择所有节点，弹出"Apply PRES on nodes"对话框，在"Load PRES value"文本框中输入数值 0.125，单击"OK"按钮施加载荷，如图 9-65 所示。

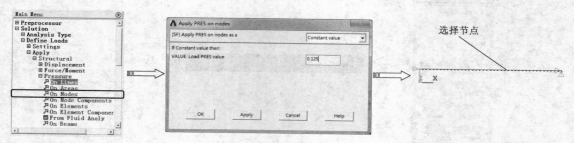

图 9-65 施加压力载荷

7）选择"Utility Menu>Select>Everything"命令，选择所有图元。

11. 求解第一个载荷步

1）选择"Main Menu>Solution>Load Step Opts>Time/Frequenc>Time and Substps"命令，弹出"Time and Substep Options"对话框，在"Number of substeps"文本框中输入 10，在"Maximum no. of substeps"文本框中输入 50，在"Minmum no. of substeps"文本框中输入 5，单击"OK"按钮完成，如图 9-66 所示。

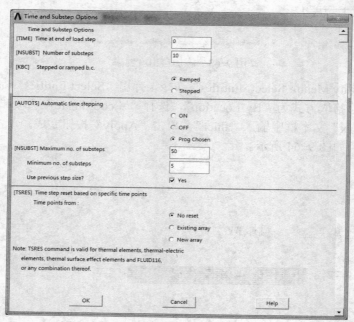

图 9-66 "Time and Substep Options"对话框

2）选择"Main Menu>Solution>Solve>Current LS"命令，弹出图 9-67 所示的求解信息窗口，其中"/STATUS Command"窗口显示所要计算模型的求解信息和载荷步信息。

3）单击"Solve Current Load Step"对话框中的"OK"按钮，程序开始求解，求解完成后弹出"Note"对话框，如图 9-68 所示。单击"Close"按钮关闭。

图 9-67 求解信息窗口

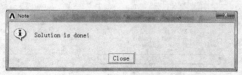
图 9-68 "Note"对话框

4)选择"Utility Menu>Plot>Elements"命令,绘制单元。

12. 求解第二个载荷步

1)选择"Utility Menu>Parameters>Scalar Parameters"命令,弹出"Scalar Parameters"对话框,在"Selection"文本框中输入"f=0.01",单击"Accept"按钮接受,单击"Close"按钮完成并关闭对话框。

2)选择"Main Menu>Solution>Load Step Opts>Time/Frequenc>Time and Substps"命令,弹出"Time and Substep Options"对话框,在"Number of substeps"文本框中输入4,在"Maximum no. of substeps"文本框中输入25,在"Minmum no. of substeps"文本框中输入2,单击"OK"按钮完成,如图 9-69 所示。

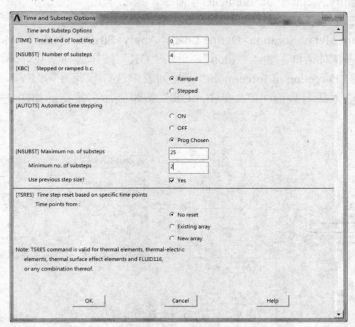
图 9-69 "Time and Substep Options"对话框

3)选择"Main Menu>Solution>Define Loads>Apply>Structural>Force/Moment>On Nodes"命令,弹出实体选取对话框,输入"ntop",单击"OK"按钮选择节点,弹出"Apply F/M on Nodes"对话框,在"Direction of force/mom"下拉列表中选择载荷方向"FY",在"Force/moment value"文本框中输入载荷数值"-f",单击"OK"按钮施加力载荷,如图 9-70 所示。

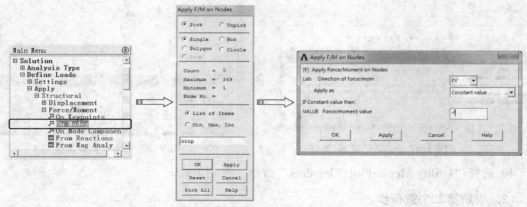

图 9-70 在节点上施加力载荷

4）选择"Main Menu>Solution>Solve>Current LS"命令，弹出求解信息窗口，其中"/STATUS Command"窗口显示所要计算模型的求解信息和载荷步信息。单击"Solve Current Load Step"对话框中的"OK"按钮，程序开始求解，求解完成后弹出"Note"对话框，如图 9-71 所示。单击"Close"按钮关闭。

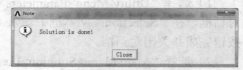

图 9-71 "Note"对话框

5）选择"Utility Menu>Plot>Elements"命令，绘制单元。

13．求解第三个载荷步

1）选择"Main Menu>Solution>Define Loads>Apply>Structural>Force/Moment>On Nodes"命令，弹出实体选取对话框，输入"ntop"，单击"OK"按钮选择节点，弹出"Apply F/M on Nodes"对话框，在"Direction of force/mom"下拉列表中选择载荷方向"FY"，在"Force/moment value"文本框中输入载荷数值"f"，单击"OK"按钮施加力载荷，如图 9-72 所示。

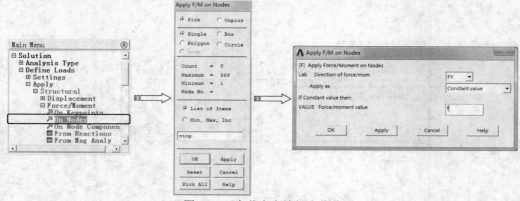

图 9-72 在节点上施加力载荷

2）选择"Main Menu>Solution>Solve>Current LS"命令，将弹出求解信息窗口，其中"/STATUS Command"窗口显示所要计算模型的求解信息和载荷步信息。单击"Solve Current Load Step"对话框中的"OK"按钮，程序开始求解，求解完成后弹出"Note"对话框，如图 9-73 所示。单击"Close"按钮关闭。

3）选择"Utility Menu>Plot>Elements"命令，

图 9-73 "Note"对话框

第 9 章　ANSYS 14.5 结构非线性分析实例

绘制单元。

14．求解第四个载荷步

1）选择"Main Menu>Solution>Define Loads>Apply>Structural>Force/Moment>On Nodes"命令，弹出实体选取对话框，输入"ntop"，单击"OK"按钮选择节点，弹出"Apply F/M on Nodes"对话框，在"Direction of force/mom"下拉列表中选择载荷方向"FY"，在"Force/moment value"文本框中输入载荷数值"-f"，单击"OK"按钮施加力载荷，如图 9-74 所示。

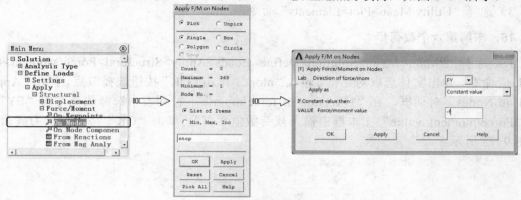

图 9-74　在节点上施加力载荷

2）选择"Main Menu>Solution>Solve>Current LS"命令，弹出求解信息窗口，其中"/STATUS Command"窗口显示所要计算模型的求解信息和载荷步信息。单击"Solve Current Load Step"对话框中的"OK"按钮，程序开始求解，求解完成后弹出"Note"对话框，如图 9-75 所示。单击"Close"按钮关闭。

图 9-75　"Note"对话框

3）选择"Utility Menu>Plot>Elements"命令，绘制单元。

15．求解第五个载荷步

1）选择"Main Menu>Solution>Define Loads>Apply>Structural>Force/Moment>On Nodes"命令，弹出实体选取对话框，输入"ntop"，单击"OK"按钮选择节点，弹出"Apply F/M on Nodes"对话框，在"Direction of force/mom"下拉列表中选择载荷方向"FY"，在"Force/moment value"文本框中输入载荷数值"f"，单击"OK"按钮施加力载荷，如图 9-76 所示。

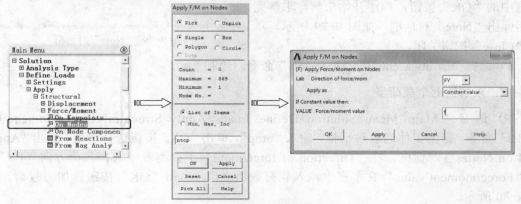

图 9-76　在节点上施加力载荷

2）选择"Main Menu>Solution>Solve>Current LS"命令,弹出求解信息窗口,其中"/STATUS Command"窗口显示所要计算模型的求解信息和载荷步信息。单击"Solve Current Load Step"对话框中的"OK"按钮,程序开始求解,求解完成后弹出"Note"对话框,如图9-77所示。单击"Close"按钮关闭。

图9-77 "Note"对话框

3）选择"Utility Menu>Plot>Elements"命令,绘制单元。

16. 求解第六个载荷步

1）选择"Main Menu>Solution>Define Loads>Apply>Structural>Force/Moment>On Nodes"命令,弹出实体选取对话框,输入"ntop",单击"OK"按钮选择节点,弹出"Apply F/M on Nodes"对话框,在"Direction of force/mom"下拉列表中选择载荷方向"FY",在"Force/moment value"文本框中输入载荷数值"–f",单击"OK"按钮施加力载荷,如图9-78所示。

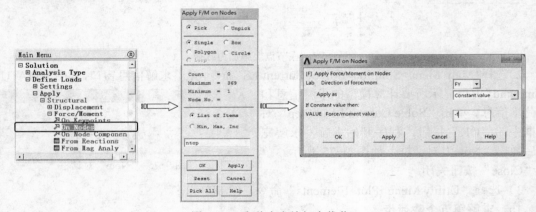

图9-78 在节点上施加力载荷

2）选择"Main Menu>Solution>Solve>Current LS"命令,弹出求解信息窗口,其中"/STATUS Command"窗口显示所要计算模型的求解信息和载荷步信息。单击"Solve Current Load Step"对话框中的"OK"按钮,程序开始求解,求解完成后弹出"Note"对话框,如图9-79所示。单击"Close"按钮关闭。

图9-79 "Note"对话框

3）选择"Utility Menu>Plot>Elements"命令,绘制单元。

17. 求解第七个载荷步

1）选择"Main Menu>Solution>Define Loads>Apply>Structural>Force/Moment>On Nodes"命令,弹出实体选取对话框,输入"ntop",单击"OK"按钮选择节点,弹出"Apply F/M on Nodes"对话框,在"Direction of force/mom"下拉列表中选择载荷方向"FY",在"Force/moment value"文本框中输入载荷数值"f",单击"OK"按钮施加力载荷,如图9-80所示。

第 9 章 ANSYS 14.5 结构非线性分析实例

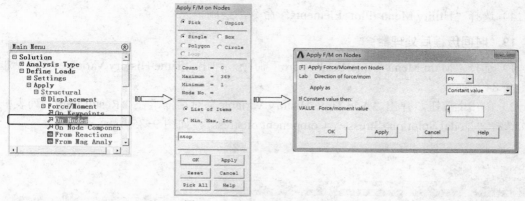

图 9-80 在节点上施加力载荷

2）选择"Main Menu>Solution>Solve>Current LS"命令，弹出求解信息窗口，其中"/STATUS Command"窗口显示所要计算模型的求解信息和载荷步信息。单击"Solve Current Load Step"对话框中的"OK"按钮，程序开始求解，求解完成后弹出"Note"对话框，如图 9-81 所示。单击"Close"按钮关闭。

图 9-81 "Note"对话框

3）选择"Utility Menu>Plot>Elements"命令，绘制单元。

18．后处理显示结果

1）选择"Main Menu>General Postproc>Read Results>Last Set"命令，读取最后载荷步。

2）选择"Main Menu>General Postproc>Plot Results>Deformed Shape"命令，弹出"Plot Deformed Shape"对话框，选中"Def+ undef edge"单选按钮，单击"OK"按钮显示变形图，如图 9-82 所示。由图中可见最大变形为 0.001167mm，变形很小。

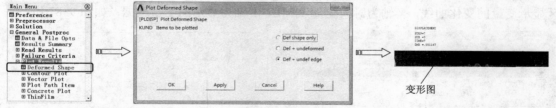

图 9-82 绘制变形图

3）选择"Main Menu>General Postproc>Plot Results>Contour Plot>Nodal Solu"命令，弹出"Contour Nodal Solution Data"对话框，选中"von Mises stress"选项，单击"OK"按钮显示应力等值线图，如图 9-83 所示。

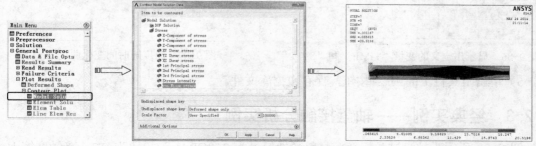

图 9-83 绘制应力等值线图

4）选择"Utility Menu>Plot>Elements"命令，绘制单元。

19. 时间历程后处理器

1）选择"Main Menu>TimeHist Postpro"命令，弹出"Time History Variables"对话框，如图9-84所示。

2）单击±按钮，弹出"Add Time-History Variable"对话框，在"Result Item"列表框中依次选择"Nodal Solution>Stress>Y-Component of stress"，如图9-85所示。

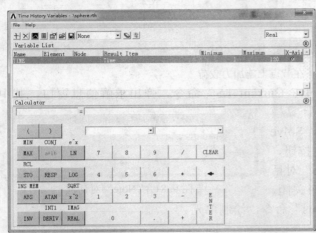
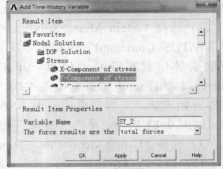

图9-84 "Time History Variables"对话框　　图9-85 "Add Time-History Variable"对话框

3）单击"OK"按钮，弹出节点拾取对话框，输入"ntop"后单击"OK"按钮，返回到变量定义对话框，显示出定义的变量"TIME"和"SY_2"，如图9-86所示。

4）在"Variable List"列表中选择要显示的变量（如SY_2），单击按钮，即可在图形区显示变量的变化曲线，X轴为时间变量TIME，Y轴为显示的变量数据，如图9-87所示。

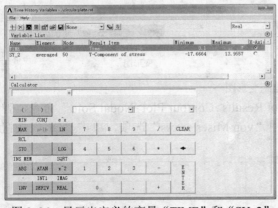
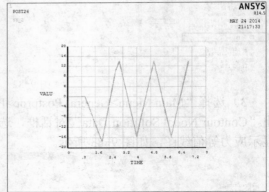

图9-86 显示出定义的变量"TIME"和"SY_2"　　图9-87 温度随时间变化曲线

5）单击工具栏上的 SAVE_DB 按钮，保存数据库文件。

9.2.3 经典实例——轴盘接触分析实例

图9-88所示为轴盘过盈配合，材料弹性模量为210GPa，泊松比为0.3，接触摩擦因数

第9章 ANSYS 14.5 结构非线性分析实例

为 0.2，求解轴盘的接触应力和从盘中拔出轴时的接触应力情况。

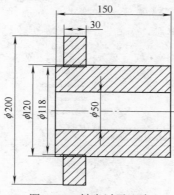

图 9-88 轴盘过盈配合

操作步骤

1. 启动 ANSYS 14.5

双击桌面上的"Mechanical APDL Product Launcher"图标，弹出"ANSYS 配置"窗口，在"Simulation Environment"选择"ANSYS"，在"license"选择"ANSYS Multiphysics"，然后指定合适的工作目录，单击"Run"按钮，进入 ANSYS 用户界面。

2. 指定工程名和分析标题

1）选择"Utility Menu>File>Change Jobname"命令，弹出"Change Jobname"对话框，修改工程名称为"shaftdisc"，如图 9-89 所示。单击"OK"按钮完成修改。

2）选择"Utility Menu>File>Change Title"命令，弹出"Change Title"对话框，修改标题为"Contact Analysis of shaft and disc"，如图 9-90 所示。单击"OK"按钮完成修改。

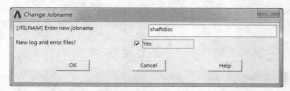

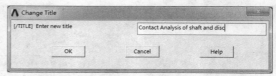

图 9-89 "Change Jobname"对话框   图 9-90 "Change Title"对话框

3）选择"Utility Menu>Plot>Replot"命令，指定的标题"Contact Analysis of shaft and disc"显示在窗口的左下方。

3. 指定分析类型

选择"Main Menu>Preference"命令，弹出"Preferences for GUI Filtering"对话框，勾选"Structural"选项，如图 9-91 所示。单击"OK"按钮确认。

4. 定义单位

在 ANSYS 软件的主界面命令输入窗口中，输入"/UNIT,SI"，如图 9-92 所示。然后单击"Enter"键确认。

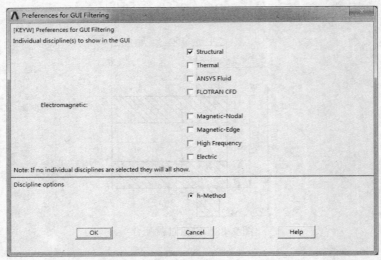

图 9-91 "Preferences for GUI Filtering"对话框

图 9-92 输入单位命令

5. 定义单元类型

1)选择"Main Menu>Preprocessor>Element Type>Add/Edit/Delete"命令,弹出"Element Types"对话框,如图 9-93 所示。

2)单击"Add…"按钮,弹出"Library of Element Types"对话框,在左边的列表中选择"Solid"选项,即选择实体单元类型,然后在右边列表中选择"Brick 8node 185"单元,如图 9-94 所示。单击"Library of Element Types"对话框的"OK"按钮,返回"Element Types"对话框。

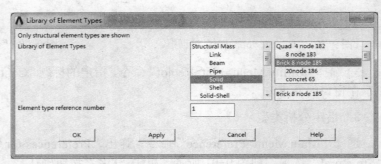

图 9-93 "Element Types"对话框　　　图 9-94 "Library of Element Types"对话框

3)单击"Close"按钮关闭"Element Types"对话框,结束单元类型的添加。

6. 定义材料属性

1)选择"Main Menu>Preprocessor>Materials Props>Material Models"命令,弹出"Define

Material Model Behavior"对话框,如图 9-95 所示。

2)在图 9-95 右侧列表中选择"Structural>Linear>Elastic>Isotropic",弹出"Linear Isotropic Properties for Material Number 1"对话框,在"EX"文本框中输入 2.1e5,在"PRXY"文本框中输入 0.3,如图 9-96 所示。单击"OK"按钮返回。

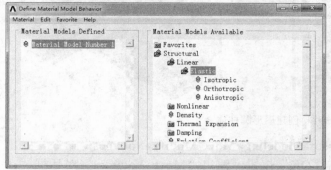

图 9-95 "Define Material Model Behavior"对话框   图 9-96 "Linear Isotropic Properties for Material Number 1"对话框

3)在"Define Material Model Behavior"对话框中选择"Material>Exit"命令,退出材料属性窗口,完成材料模型属性的定义。

7. 建立分析模型

1)选择"Main Menu>Preprocessor>Modeling>Create>Volumes>Cylinder>Partial Cylinder"命令,弹出"Partial Cylinder"对话框,在"WP X"和"WP Y"文本框中输入底面中心 X、Y 坐标(0,0),在"Rad-1"和"Rad-2"文本框中分别输入圆柱的内、外半径为 59 和 100,在"Theta-1"和"Theta-2"文本框中输入圆柱截面的起止角度 0 和 90,在"Depth"文本框中输入高度 30,单击"OK"按钮创建扇形圆柱体,如图 9-97 所示。

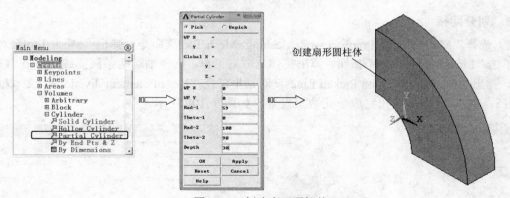

图 9-97 创建扇形圆柱体

2)选择"Main Menu>Preprocessor>Modeling>Create>Volumes>Cylinder>Partial Cylinder"命令,弹出"Partial Cylinder"对话框,在"WP X"和"WP Y"文本框中输入底面中心 X、Y 坐标(0,0),在"Rad-1"和"Rad-2"文本框中分别输入圆柱的内、外半径为 25 和 60,在"Theta-1"和"Theta-2"文本框中输入圆柱截面的起止角度为 0 和 90,在"Depth"文本框中输入高度 150,单击"OK"按钮创建扇形圆柱体,如图 9-98 所示。

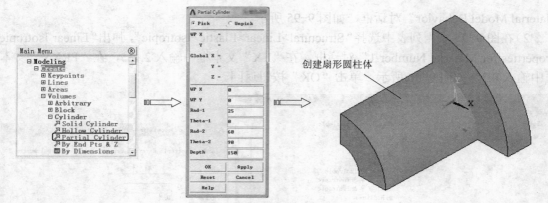

图 9-98 创建扇形圆柱体

3)选择"Main Menu>Preprocessor>Modeling>Move/Modify>Volumes"命令,弹出实体选取对话框,选择轴实体,单击"OK"按钮,弹出"Move Volumes"对话框,在"Z-offset in active CS"文本框中输入-20,单击"OK"按钮移动 Z 方向位置,如图 9-99 所示。

图 9-99 移动实体位置

8. 划分网格

1)选择"Main Menu> Preprocessor>Meshing>Mesh Tool"命令,弹出"Mesh Tool"对话框,单击"Lines"后的"Set"按钮,弹出实体选取对话框,选择轴端两条圆弧线,单击"OK"按钮,弹出"Element Sizes on Picked Lines"对话框,在"No. of element divisions"文本框中输入 15,单击"OK"按钮完成单元数量设置,如图 9-100 所示。

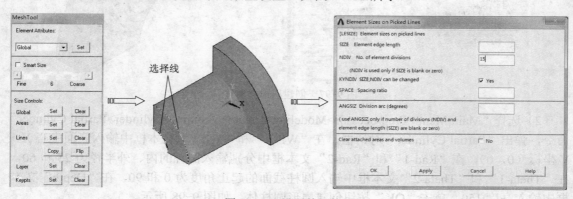

图 9-100 设置单元数量

2）选择"Main Menu>Preprocessor>Meshing>Mesh Tool"命令，弹出"Mesh Tool"对话框，单击"Lines"后的"Set"按钮，弹出实体选取对话框，选择轴端两条径向线，单击"OK"按钮，弹出"Element Sizes on Picked Lines"对话框，在"No. of element divisions"文本框中输入4，单击"OK"按钮完成单元数量设置，如图9-101所示。

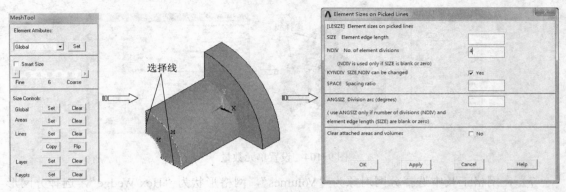

图9-101　设置单元数量

3）在网格工具中选择分网对象为"Volumes"，网格形状为"Hex/Wedge"，选择分网形式为"Sweep"，然后单击"Sweep"按钮，拾取轴体，单击"OK"按钮生成网格，如图9-102所示。

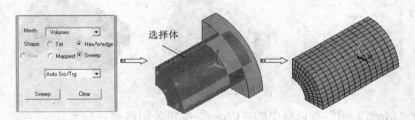

图9-102　生成扫掠网格

4）选择"Utility Menu>Plot>Volumes"命令，在图形区显示实体。

5）选择"Main Menu>Preprocessor>Meshing>Mesh Tool"命令，弹出"Mesh Tool"对话框，单击"Lines"后的"Set"按钮，弹出实体选取对话框，选择盘端两条圆弧线，单击"OK"按钮，弹出"Element Sizes on Picked Lines"对话框，在"No. of element divisions"文本框中输入12，单击"OK"按钮完成单元数量设置，如图9-103所示。

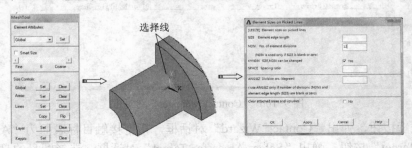

图9-103　设置单元数量

6）选择"Main Menu>Preprocessor>Meshing>Mesh Tool"命令，弹出"Mesh Tool"对话框，单击"Lines"后的"Set"按钮，弹出实体选取对话框，选择盘端两条径向线，单击"OK"按钮，弹出"Element Sizes on Picked Lines"对话框，在"No. of element divisions"文本框中输入6，单击"OK"按钮完成单元数量设置，如图9-104所示。

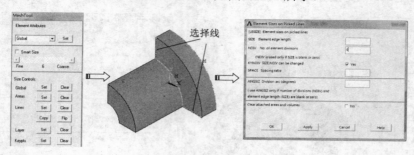

图9-104 设置单元数量

7）在网格工具中选择分网对象为"Volumes"，网格形状为"Hex/Wedge"，选择分网形式为"Sweep"，然后单击"Sweep"按钮，拾取盘体，单击"OK"按钮生成网格，如图9-105所示。

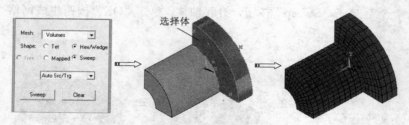

图9-105 生成扫掠网格

8）单击"Mesh Tool"对话框中的"Close"按钮关闭网格划分工具。

9. 创建接触对

1）选择"Main Menu>Modeling>Create>Contact Pair"命令，弹出"Contact Manager"对话框，如图9-106所示。

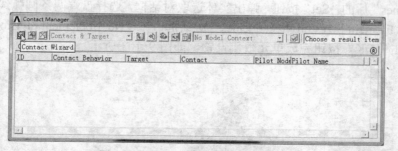

图9-106 "Contact Manager"对话框

2）单击 按钮，弹出"Contact Wizard"对话框，指定接触目标表面为"Areas"，然后单击"Pick Target"按钮，弹出"Select Areas for Target"对话框，选择圆盘的盘心面，然后单击"OK"按钮返回，如图9-107所示。单击"Contact Wizard"对话框中的"Next"按钮进入下一步。

3）在"Contact Wizard"对话框中指定接触表面为"Areas",然后单击"Pick Contact"按钮,弹出"Select Areas for Contact"对话框,选择轴外表面,然后单击"OK"按钮返回,如图 9-108 所示。单击"Contact Wizard"对话框中的"Next"按钮进入下一步。

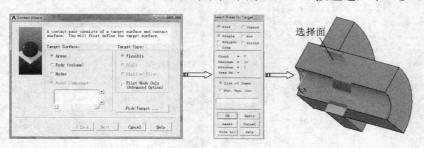

图 9-107 选择目标面

图 9-108 选择接触面

4）在"Contact Wizard"对话框中勾选"Include initial penetration"选项,使分析中包括初始渗透。在"Material ID"框中选择 1,在"Coefficient of Friction"文本框中输入 0.2,如图 9-109 所示。

5）单击"Optional settings…"按钮,弹出"Contact Properties"对话框,在"Basic"选项卡中设置"Normal Penalty Stiffness"(正则处罚刚度)为 0.1,如图 9-110 所示。然后单击"Friction"选项卡,在"Stiffness matrix"下拉列表中选择"Unsymmetric",单击"OK"按钮完成,如图 9-111 所示。

6）单击"Contact Wizard"对话框中"Create"按钮,ANSYS 软件根据前面的设置来创建接触对,然后弹出图 9-112 所示的对话框,单击"Finish"按钮关闭对话框。在 ANSYS 的接触管理器的接触对列表框中列出刚定义的接触对,其实常数为 3。关闭接触管理器,在图形输出窗口中显示接触对,如图 9-113 所示。

图 9-109 设置接触对属性

7）选择"Utility Menu>Plot>Areas"命令,以面形式显示模型。

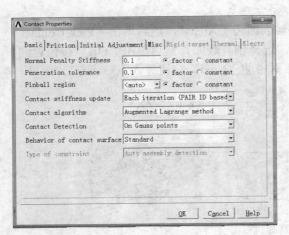
图 9-110 "Basic" 选项卡

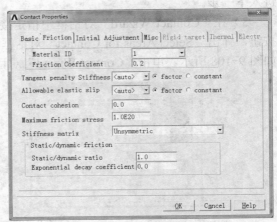
图 9-111 "Friction" 选项卡

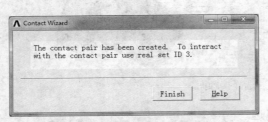
图 9-112 完成接触创建信息

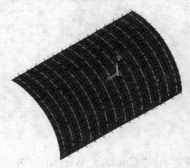
图 9-113 定义的接触对

10．施加边界条件和载荷

1）选择"Main Menu>Solution>Define Loads>Apply>Structural>Displacement>Symmetry B.C.>On Areas"命令，弹出实体选取对话框，用鼠标选择盘、轴的四个径向面后，单击"OK"按钮完成对称约束，如图 9-114 所示。

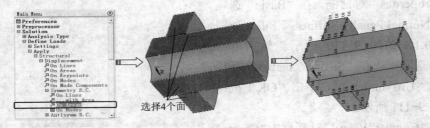
图 9-114 在面上施加对称约束

2）选择"Main Menu>Solution>Define Loads>Apply>Structural>Displacement>On Areas"命令，弹出实体选取对话框，拾取盘的外表面，单击"OK"按钮，弹出"Apply U,ROT on Areas"对话框，在"DOFs to be constrained"列表框中选择约束类型"All DOF"，在"Displacement value"文本框中输入数值 0，单击"OK"按钮完成约束，如图 9-115 所示。

第9章 ANSYS 14.5 结构非线性分析实例

图 9-115 施加自由度约束

11. 求解第一个载荷步

1）选择"Main Menu>Solution>Analysis Type>New Analysis"命令，弹出"New Analysis"对话框，选中"Static"选项，如图 9-116 所示。单击"OK"按钮确认。

2）选择"Main Menu>Solution>Analysis Type>Sol'n Controls"命令，弹出"Solution Controls"对话框，选中"Large Displacement Static"分析选项，在"Time at end of loadstep"文本框中输入 100，选择"Automatic time stepping"为"Off"，如图 9-117 所示。单击"OK"按钮确认。

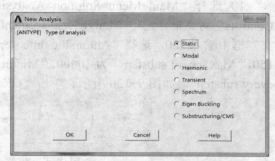

图 9-116 "New Analysis"对话框

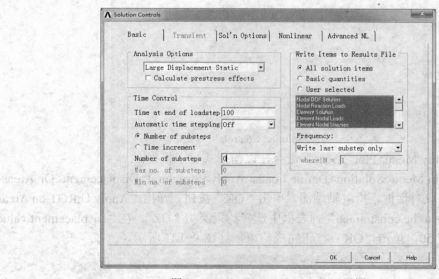

图 9-117 "Solution Controls"对话框

3）选择"Main Menu>Solution>Solve>Current LS"命令，弹出图 9-118 所示的求解信息窗口，其中"/STATUS Command"窗口显示所要计算模型的求解信息和载荷步信息。

4）单击"Solve Current Load Step"对话框中的"OK"按钮，程序开始求解，求解完成后弹出"Note"对话框，如图 9-119 所示。单击"Close"按钮关闭。

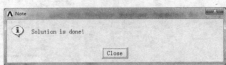

图 9-118　求解信息窗口　　　　　图 9-119　"Note"对话框

12. 定义求解第二个载荷步

1）选择"Main Menu>Solution>Analysis Type>Sol'n Controls"命令，弹出"Solution Controls"对话框，选中"Large Displacement Static"分析选项，在"Time at end of loadstep"文本框中输入 250，选择"Automatic time stepping"为"On"，设置"Number of substeps"为 150，"Max. no. of substeps"为 10000，"Min no. of substeps"为 10，选择"Frequency"为"Write every substep"，如图 9-120 所示。单击"OK"按钮确认。

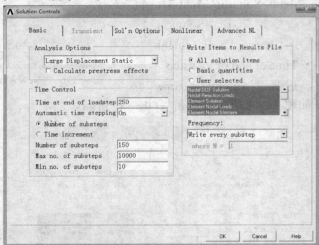

图 9-120　"Solution Controls"对话框

2）选择"Utility Menu>Plot>Areas"命令，以面形式显示模型。

3）选择"Main Menu>Solution>Define Loads>Apply>Structural>Displacement>On Areas"命令，弹出实体选取对话框，拾取轴端面，单击"OK"按钮，弹出"Apply U,ROT on Areas"对话框，在"DOFs to be constrained"列表框中选择约束类型"UZ"，在"Displacement value"文本框中输入数值 50，单击"OK"按钮完成约束，如图 9-121 所示。

图 9-121　施加自由度约束

第 9 章　ANSYS 14.5 结构非线性分析实例

4) 选择"Main Menu>Solution>Solve>Current LS"命令，弹出图 9-122 所示的信息窗口，其中"/STATUS Command"窗口显示所要计算模型的求解信息和载荷步信息。

5) 打击"Solve Current Load Step"对话框中的"OK"按钮，程序开始求解，求解完成后弹出"Note"对话框，如图 9-123 所示。单击"Close"按钮关闭。

图 9-122　求解信息窗口

图 9-123　"Note"对话框

13. 后处理显示结果

1) 选择"Utility Menu>PlotCtrls>Style>Symmetry Expansion>Periodic/Cyclic Symmetry"命令，弹出"Periodic/Cyclic Symmetry Expansion"对话框，选择"1/4 Dihedral Sym"选项，单击"OK"按钮，将 1/4 模型扩转到三维整体模型，如图 9-124 所示。

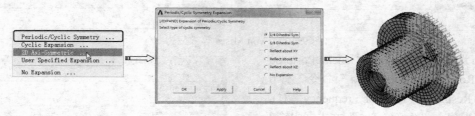

图 9-124　三维扩展模型

2) 选择"Main Menu>General Postproc>Read Results>By Load Step"命令，弹出"Read Results by Load Step Number"对话框，保持默认设置，单击"OK"按钮，读取第一个载荷步的最后一个载荷子步的结果，如图 9-125 所示。

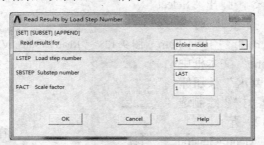

图 9-125　"Read Results by Load Step Number"对话框

3) 选择"Main Menu>General Postproc>Plot Results>Contour Plot>Nodal Solu"命令，弹出"Contour Nodal Solution Data"对话框，选中"von Mises stress"选项，如图 9-126 所示。

4) 单击"OK"按钮显示应力等值线图，如图 9-127 所示。

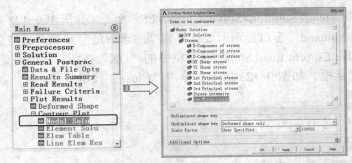

图 9-126　启动绘制应力等值线命令

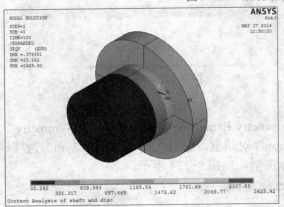
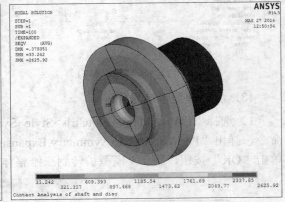

图 9-127　Von Mises 等效应力图

5）选择"Main Menu>General Postproc>Read Results>By Time/Freq"命令，弹出"Read Results by Time or Frequency"对话框，在"Value of time or freq"文本框中输入120，单击"OK"按钮，读取120s时的结果，如图9-128所示。

6）选择接触单元。选择"Utility Menu>Select>Entities"命令，弹出"Select Entities"对话框，选择拾取对象为"Elements"，拾取方式为"By Elem Name"，在"Element name"文本框中输入坐标值174，单击"OK"按钮完成单元选取。单击"Plot"按钮绘制选中的接触单元，如图9-129所示。

7）选择"Main Menu>General Postproc>Plot Results>Contour Plot>Nodal Solu"命令，弹出"Contour Nodal Solution Data"对话框，选中"Nodal Solution>Contact>Contact pressure"选项，如图9-130a所示；单击"OK"按钮绘制接触

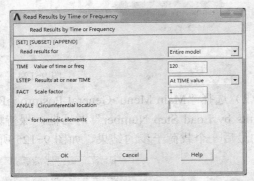

图 9-128　"Read Results by Time or Frequency"对话框

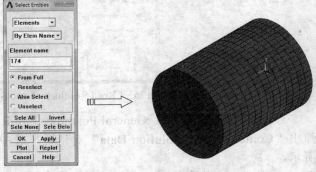

图 9-129　选择接触单元

压力分布云图，如图 9-130b 所示。

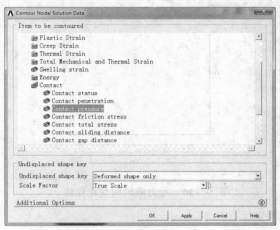
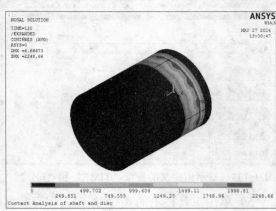

a)　　　　　　　　　　　　　　　　b)

图 9-130　接触压力云图

8）选择"Utility Menu>Select>Everything"命令，选择所有有限元元素。

14．时间历程后处理器

1）选择"Main Menu>TimeHist Postpro"命令，弹出"Time History Variables"对话框，如图 9-131 所示。

2）单击 按钮，弹出"Add Time-History Variable"对话框，在"Result Item"列表框中依次选择"Reaction Forces>Structure Forces>Z-Component of Force"，如图 9-132 所示。

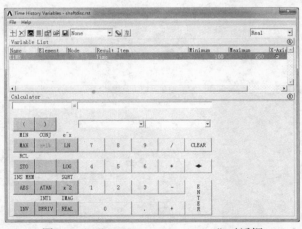

图 9-131　"Time History Variables"对话框　　　图 9-132　"Add Time-History Variable"对话框

3）单击"OK"按钮，弹出节点拾取对话框，选中左端轴端面上的任意节点，单击"OK"按钮，返回到变量定义对话框，显示出定义的变量"TIME"和"FZ_2"，如图 9-133 所示。

4）在"Variable List"列表中选择要显示的变量（如 FZ_2），单击 按钮，即可在图形区显示变量的变化曲线，X 轴为时间变量 TIME，Y 轴为显示的变量数据，如图 9-134 所示。

 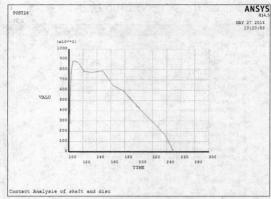

图 9-133　显示出定义的变量 "TIME" 和 "FZ_2"　　　图 9-134　反力随时间变化曲线

5）单击工具栏上的 SAVE_DB 按钮，保存数据库文件。

9.3　本章小结

本章通过典型案例对结构非线性的一般分析步骤进行了详细讲解，包括指定分析类型、定义单元类型、定义材料属性、建立分析模型、划分网格、施加边界条件和载荷、求解和后处理等。其中，求解载荷步比较复杂，读者学习时候需要反复理解，以达到学懂、学透的目的。

第10章 ANSYS 14.5 流体动力学分析实例

流体动力学是通过数值计算，模拟流体流动时的各种物理现象，包括流动、热传导、声场等。ANSYS FLOTRAN 模块可进行层流或紊流分析、可压缩或不可压缩分析、传热或绝热分析、牛顿流或非牛顿流分析、多组分传输分析。本章将对 ANSYS FLOTRAN 流体动力学分析模块进行详细的讲解，并通过典型案例对流体动力学的分析方法和操作步骤进行详细介绍。

10.1 流体动力学分析概述

流体动力学是流体力学的分支，流体动力学分析是研究流体力学的不可或缺的重要手段，在工业、教育、科技等行业发挥着不可替代的作用。

10.1.1 流体动力学分析简介

计算流体动力学（Computational Fluid Dynamics，CFD）是通过计算机数值计算和图像显示，对包含有流体流动和热传导等相关物理现象的系统所做的分析。

CFD 的基本思想可以归结为：把原来在时间域及空间域上连续的物理量的场，如速度场和压力场，用一系列有限个离散点上的变量值的集合来替代，通过一定的原则和方式建立起关于这些离散点上场变量之间关系的代数方程组，然后求解代数方程组，获得场变量的近似值。CFD 可以看做是在流体基本方程（质量守恒定律、动量守恒定律、能量守恒定律）控制下对流动的数值模拟。通过 CFD 可以得到极其复杂的流场内各个位置上的基本物理量（如速度、压力、温度、浓度等）的分布，以及这些物理量随时间的变化情况，确定漩涡分布特性、空化特性及脱流区等，如旋转式流体机械的转矩、水力损失和效率等。

CFD 方法与传统的单纯理论分析方法、单纯实验测试方法组成了研究流体流动问题的完整体系，如图 10-1 所示。

理论分析方法的优点在于所得结果具有普遍性，各种影响因素清晰可见，是指导实验研究和验证新的数值计算方法的理论基础。但是，它往往要求对计算对象进行抽象和简化，

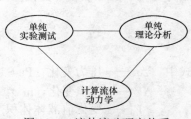

图 10-1 流体流动研究体系

才有可能得出理论解。对于非线性情况，只有少数流动才能给出解析结果。

通过实验测量方法得到的实验结果真实可信，它是理论分析和数值计算方法的基础，其重要性不容低估。然而，实验往往受到模型尺寸、流场扰动、人身安全和测量精度的限制，有时很难通过实验方法得到结果。此外，实验还会遇到许多困难，如经费、人力、周期等限制。

而 CFD 方法恰好克服了前面两种方法的弱点，在计算机上实现一个特定的计算，就好像在计算机上做一次物理实验。例如，机翼的绕流，通过计算并将其结果在屏幕上显示，就可以看到流场的各种细节，如：激波的运动、强度，涡的生成与传播，流动的分离，表面的压力分布，受力大小及其随时间的变化等。数值模拟可以形象地再现流动情景，与做实验没什么区别。

目前，CFD 有了很大的发展，替代了经典流体力学的一些近似计算法和图解法。过去的一些典型教学实验，如雷诺实验，现在完全可以借助 CFD 手段在计算机上实现。CFD 不仅作为一个研究工具，而且还作为设计工具在水利工程、土木工程、环境工程、食品工程、海洋结构工程、工业制造等领域发挥作用。对这些问题的处理，过去主要借助于基本的理论分析和大量的物理模型实验，而现在大多采用 CFD 的方式加以分析和解决。目前，CFD 技术完全可以用于分析三维黏性湍流及旋涡运动等复杂问题。

10.1.2 流体动力学基本理论

流体做机械运动时遵循物理学及力学中的质量守恒定律、能量守恒定律和动量守恒定律，下面分别加以介绍。

1. 流体的性质

（1）密度　单位体积流体的质量称为密度（density）

$$\rho = \frac{m}{V}$$

式中　ρ——密度（kg/m²）；

　　　m——流体质量（kg）；

　　　V——流体体积（m³）。

（2）可压缩性　流体因所受压力增高而发生体积缩小的性质称为流体的可压缩性。可压缩性可用体积压缩系数 k 表示。

若压力为 P_0 时液体的体积为 V_0。当压力增加 Δp，液体的体积减小 ΔV，则液体在单位压力变化下的体积相对变化量为液体的压缩率 k

$$k = -\frac{1}{\Delta p}\frac{\Delta V}{V_0}$$

式中　Δp——压力变化（Pa）；

　　　ΔV——体积变化（m³）；

　　　V_0——变化前液体体积（m³）。

（3）黏性　流体在外力作用下流动时，因分子间的内聚力存在而产生一种阻碍液体分子之间进行相对运动的内摩擦力,流体的这种产生内摩擦力的性质称为黏性。

黏性的大小可用黏度来衡量,黏度是选择液压用流体的主要指标,是影响流体流动的重要物理性质。流体的黏度通常有2种:动力黏度 μ 和运动黏度 v。

2. 系统和控制体

在分析流体运动时,主要有两种方式:第一种是描述流场中每一个点的流动细节;另一种是针对一个有限区域,通过研究某物理量流入和流出的平衡关系来确定总的作用效果,如作用在这个区域上的力、力矩、能量交换等。其中前一种方法也称为微分方法,而后者可称为积分方法或"控制体"方法。

力学的基本物理定律都是针对一定的物质对象来陈述的。在流体力学中,这个对象就是系统(System)。所谓系统,是指某些确定的物质集合。系统以外的物质称为环境。系统的边界定义为把系统和环境分开的假想表面,在边界上可以有力的作用和能量的交换,但没有质量的通过。系统的边界随着流体一起运动。

所谓控制体(Control Volume),是指被流体流过的、固定在空间的一个任意体积。占据控制体的流体是随时间改变的。控制体的边界称为控制面,它总是封闭的表面。根据研究对象的运动情况,控制体主要有三种类型,分别为静止、运动和可变形,其中前两种控制体为固定形状。

3. 流体运动描述方法

目前,研究流体运动有两种不同的观点,因而形成两种不同的方法:一种方法是从分析流体各个质点的运动着手,即跟踪流体质点来研究整个流体的运动,称为拉格朗日法;另一种方法则是从分析流体所占据的空间中各固定点处的流体的运动着手,即设立观察站来研究流体在整个空间里的运动,称为欧拉法。

(1)拉格朗日(Lagrange)法 用拉格朗日法研究流体运动时,着眼点是流体质点。即研究个别流体质点的速度、加速度、压力和密度等参数随时间 t 的变化,以及由某一流体质点转向另一流体质点时这些参数的变化,然后再把全部流体质点的运动情况综合起来,就得到整个流体的运动情况。此法实质上是质点动力学研究方法的延续。

通常用初始时刻流体质点的坐标来标注不同流体质点的坐标。设初始时刻流体质点的坐标是 (a, b, c),于是 t 时刻任意流体质点的位置在空间的坐标可表示为

$$x = f_1(a,b,c,t), \quad y = f_2(a,b,c,t), \quad z = f_3(a,b,c,t)$$

因此任一流体质点的速度和加速度可表示为

$$v_x = \frac{\partial x}{\partial t} = \frac{\partial f_1(x,y,z,t)}{\partial t}, \quad v_y = \frac{\partial y}{\partial t} = \frac{\partial f_2(x,y,z,t)}{\partial t}, \quad v_z = \frac{\partial z}{\partial t} = \frac{\partial f_3(x,y,z,t)}{\partial t}$$

$$a_x = \frac{\partial V_x}{\partial t} = \frac{\partial^2 f_1(x,y,z,t)}{\partial t^2}, \quad a_y = \frac{\partial V_y}{\partial t} = \frac{\partial^2 f_2(x,y,z,t)}{\partial t^2}, \quad a_z = \frac{\partial V_z}{\partial t} = \frac{\partial^2 f_3(x,y,z,t)}{\partial t^2}$$

(2)欧拉(Euler)法 欧拉法研究流体运动,其着眼点是流场中的空间点或着眼于控制体。即研究运动流体所占空间中某固定空间点流体的速度、压力和密度等物理量随时间的变

化；找出任意相邻空间点之间这些物理量的变化关系，分析由空间某一点转到另一点时流动参数的变化，从而得出整个流体的运动情况。

任一个流体质点的位置变量 x、y、z 是时间 t 的函数，即

$$x = x(t)，\quad y = y(t)，\quad z = z(t)$$

设 v_x、v_y 和 v_z 分别代表流体质点的速度 v 在 x、y、z 轴上的分量，则

$$v_x = \frac{dx}{dt} = v_x(x,y,z,t)、\quad v_y = \frac{dy}{dt} = v_y(x,y,z,t)、\quad v_z = \frac{dz}{dt} = v_z(x,y,z,t)$$

4．层流和湍流

1883 年，英国物理学家雷诺通过观察水在圆管中流动，发现液体有两种状态：层流和湍流。层流时，如果质点没有横向脉动，不会引起液体质点混杂，而是层次分明，能够维持恒定的流束状态；如果液体流动时质点具有脉动速度，引起流层间质点相互错杂交换，这种流动称为湍流。

流体流动时究竟是层流还是湍流，须用雷诺数来判别。实验证明，液体在圆管中的流动状态不仅与管内的平均流速 v 有关，还和管径 d、液体的运动黏度 ν 有关。但是，真正决定液流状态的，是由这三个参数所组成的一个称为雷诺数 Re 的无量纲纯数

$$Re = \frac{vd}{\nu}$$

液流的雷诺数如相同，它的流动状态也相同，常规圆管的临界雷诺数为 2000。

5．质量守恒方程（连续性方程）

物质体（或系统）的质量恒定不变——质量守恒假设。质量守恒假设对于很多流动问题是良好的近似，分子热运动引起的系统与外界的物质交换可忽略不计。在此假设下，对物质体 τ 有 $\frac{d}{dt}\int_\tau \rho d\tau = 0$。根据雷诺输运定理，设 t 时刻该系统所占控制体为 CV，对应控制面为 CS，则质量守恒方程积分形式为

$$\int_{CV} \frac{\partial \rho}{\partial t} d\tau + \oiint_{CS} \rho \vec{v} d\vec{s} = 0$$

上式亦表明，CV 内单位时间内的质量减少等于 CS 上的质量通量。由奥高公式得 $\oiint_{CS} \rho \vec{v} d\vec{s} = \int_{CV} \nabla(\rho \vec{v}) d\tau$，于是有质量守恒方程微分形式为

$$\frac{d\rho}{dt} + \rho \nabla \vec{v} = 0$$

6．动量守恒方程（运动方程）

一个正六面体形状的流体微团在 t 时刻其所占控制体为 CV，边界为 CS，其动量的时间变化率等于作用于其上的外力合力，即

$$\rho \frac{d\vec{V}}{dt} = \rho \vec{F} + \frac{\partial \vec{p}_x}{\partial x} + \frac{\partial \vec{p}_y}{\partial y} + \frac{\partial \vec{p}_z}{\partial z}$$

分量形式为

$$\begin{cases} \rho\dfrac{\mathrm{d}v_x}{\mathrm{d}t} = \rho F_x + \dfrac{\partial p_{xx}}{\partial x} + \dfrac{\partial p_{yx}}{\partial y} + \dfrac{\partial p_{zx}}{\partial z} \\ \rho\dfrac{\mathrm{d}v_y}{\mathrm{d}t} = \rho F_y + \dfrac{\partial p_{xy}}{\partial x} + \dfrac{\partial p_{yy}}{\partial y} + \dfrac{\partial p_{zy}}{\partial z} \\ \rho\dfrac{\mathrm{d}v_z}{\mathrm{d}t} = \rho F_z + \dfrac{\partial p_{xz}}{\partial x} + \dfrac{\partial p_{yz}}{\partial y} + \dfrac{\partial p_{zz}}{\partial z} \end{cases}$$

7. 能量守恒方程

在 t 时刻,流体微团 τ 所占控制体为 CV,边界为 CS,能量平衡关系式:系统能量增加率=外力的功率+单位时间内通过边界流入的热量+单位时间从外界吸收的其他能量。

故能量方程积分形式为

$$\frac{\mathrm{d}}{\mathrm{d}t}\int_\tau \rho(U+\frac{V^2}{2})\delta\tau = \int_{CV}\rho\vec{F}\vec{V}\delta\tau + \oiint_{CS}\bar{p}_n\vec{V}\delta s + \oiint_{CS}k\nabla T\delta\bar{s} + \int_\tau \rho q\delta\tau$$

能量方程微分形式为

$$\rho\frac{\mathrm{d}}{\mathrm{d}t}(U+\frac{V^2}{2}) = \rho\vec{F}\vec{V} + \nabla(P\vec{V}) + \nabla k\nabla T + \rho q$$

10.1.3 FLOTRAN CFD 分析类型

FLOTRAN 模块可进行层流或湍流分析、可压缩或不可压缩分析、传热或绝热分析、牛顿流或非牛顿流分析、多组分传输分析。这些分析类型并不相互排斥。例如,一个层流分析可以是传热或绝热的,一个湍流分析可以是可压缩的或不可压缩的。

(1) 层流分析与湍流分析 层流中的速度场都是平滑而有序的,高黏性流体(如石油)的低速流动就通常是层流。湍流分析用于处理那些由于流速足够高和黏性足够低从而引起湍流流动的流体流动情况。ANSYS软件中的二方程湍流模型可计算在平均流动下的湍流速度波动的影响。如果流体的密度在流动过程中保持不变或当流体压缩时只消耗很少的能量,该流体就可以认为是不可压缩的。不可压缩流的温度方程将忽略流体动能的变化和黏性耗散。

(2) 热分析 流体分析中通常还会求解流场中的温度分布情况。如果流体性质不随温度而变,可不解温度方程。在共轭传热问题中,要在同时包含流体区域和非流体区域(即固体区域)的整个区域上求解温度方程;在自然对流传热问题中,由于温度分布的不均匀性而导致流体密度分布的不均匀性,从而引起流体的流动。与强迫对流问题不同的是,自然对流通常都没有外部的流动源。

(3) 可压缩流分析 对于高通气流,由很强的压力梯度引起的流体密度的变化将显著地影响流场的性质,ANSYS软件对于这种流动情况会使用不同的解算方法。

(4) 非牛顿流分析 应力与应变率之间呈线性关系的这种理论并不能足以解释很多流体的流动,对于这种非牛顿流体,ANSYS提供了三种黏性模式和一个用户自定义子程序。

(5) 多组传输分析 这种分析通常用于研究有毒流体物质或大气中污染气体的传播情况;同时,它也用于研究有多种流体同时存在(但被固体相互隔开)的热交换分析。

10.1.4 FLOTRAN CFD 分析步骤

一个典型的 FLOTRAN 分析包括以下 7 个步骤。

1．确定问题的区域

用户必须确定所分析问题的范围，将问题的边界设置在条件已知范围内。如果并不知道精确的边界条件而必须做假定时，就不要将分析的边界设定在靠近感兴趣区域的地方，也不要将边界设在求解变量变化梯度大的地方。有时，用户不知道要求问题中哪个地方梯度变化最大，需要先做一个试探性的分析，然后根据结果来修改分析区域。

2．确定流体的状态

用户要估计流体的特征。流体的特征是流体性质、几何边界以及流场的速度幅值的函数。FLOTRAN 能求解的流体包括气流和液流，其性质可随温度而发生显著变化，但 FLOTRAN 中的气流只能是理想气流，用户需自己确定温度对流体的密度、黏性和热导率的影响是否是很重要。在大多数情况下，可近似认为流体性质是常数，即不随温度而变化，均可得到足够精确的解。

通过用雷诺数可判别流体是层流或湍流，因为雷诺数反映了惯性力和黏性力的相对强度。通常用马赫数来判别流体是否可压缩。流场中任意一点的马赫数是该点流体速度与该点音速之比值。当马赫数大于 0.3 时，就应考虑用可压缩算法来进行求解；当马赫数大于 0.7 时，可压缩算法与不可压缩算法之间就会有极其明显的差异。

3．生成有限元网格

用户必须先确定流场中哪个地方流体的梯度变化较大，从而在这些地方对网格进行适当调整。例如：如果用了湍流模型，靠近壁面的区域网格密度必须比层流模型密得多，如果太粗，该网格就不能在求解中捕捉到由于巨大的变化梯度对流动造成的显著影响；相反，那些长边与低梯度方向一致的单元可以有很大的长宽比。

为了得到精确的结果，应使用映射网格划分，因其能在边界上更好地保持恒定的网格特性。有些情况下，用户希望用六面体单元去捕捉高梯度区域的细节，而在非关键区域使用四面体单元，这时可令 ANSYS 软件在界面处自动生成金字塔单元。

对流动分析，尤其是湍流，在近壁处使用金字塔单元可能导致错误的结果，因此不应使用这种单元。楔形单元有利于划分三角形网格然后拖动生成复杂的曲面。快速求解时，可在近壁处使用楔形单元；但准确求解时，应使用六面体单元。

4．施加边界条件

可在划分网格之前或之后对模型施加边界条件，此时要将模型所有的边界条件都考虑进去，如果与某个变量相关的边界条件没有加上去，则该变量沿边界的法向值的梯度将被假定为零。求解中，可在重启动之前改变边界条件的值；如果需改变边界条件的值或不小心忽略了某个边界条件，可不必重启，除非改变导致分析的不稳定性。

5．设置 FLOTRAN 分析参数

使用湍流模型或求解温度方程等选项之前，用户必须激活它们。流体性质等特定项目的设置与所求解的流体问题类型相关。

6．求解

通过观察求解过程相关变量的改变率，可以监控求解的收敛性及稳定性。这些变量包括

第10章 ANSYS 14.5 流体动力学分析实例

速度、压力、温度、动能（ENKE 自由度）和动能耗散率（ENDS 自由度）等湍流量以及有效黏性（EVIS）。注意一个分析通常需要多次重启动。

7. 检查结果

可对输出结果进行后处理，也可在打印输出文件里对结果进行检查，此时用户应根据工程经验来估计所用的求解手段、所定义的流体性质以及所加的边界条件的可信度。

10.1.5 FLOTRAN CFD 分析设置

单击"Main Menu>Solution>FLOTRAN Set Up"下的相关命令，显示 FLOTRAN 分析设置，如图 10-2 所示。FLOTRAN 分析设置是 FLOTRAN 分析的重要组成部分，了解每种命令的功能和操作会为以后实例分析打好基础。下面仅介绍常用设置命令。

1. 求解控制命令——Solution Options

选择"Main Menu>Solution>FLOTRAN Set Up>Solution Options"命令，弹出"FLOTRAN Solution Options"对话框，如图 10-3 所示。下面仅介绍常用选项。

- ◇ Steady state or transient?：求解稳态或非稳态选项，默认为稳态。
- ◇ Solve flow equations?：是否求解流动方程选项，默认为 Yes，即求解流动方程。
- ◇ Adiabatic or thermal?：是否求解温度方程选项，默认为绝热（不求解温度方程）。
- ◇ Laminar or turbulent?：层流或湍流选项，默认为层流。
- ◇ Incompress or compress?：不可压缩或可压缩选项，默认为不可以压缩流。
- ◇ Axisymmetric with swirl?：求解轴对称旋流选项，默认为 No，不求解。
- ◇ Multiple species transport：求解多组分输送选项，默认为 No，不求解。

图 10-2 FLOTRAN 分析设置命令　　图 10-3 "FLOTRAN Solution Options"对话框

2. 执行及输出控制命令（稳态控制参数设置）——Execution Ctrl

选择"Main Menu>Solution>FLOTRAN Set Up>Execution Ctrl"命令，弹出"Steady State Control Settings"对话框，用于设置稳态流迭代及输出控制，如图 10-4 所示。

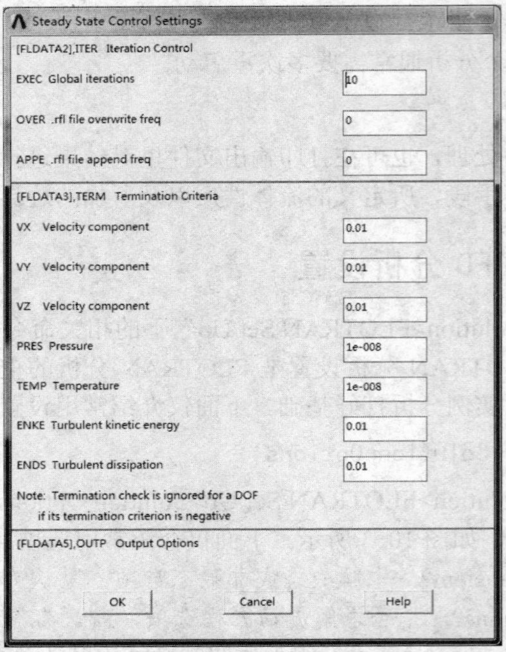

图 10-4 "Steady State Control Settings"对话框

"Steady State Control Settings"对话框主要选项含义如下。

- Global iterations: 总体迭代次数，默认为 10 次。
- .rfl file overwrite freq: 结果文件覆盖频率（每隔该值迭代），默认为 0。
- .rfl file append freq: 结果文件附加频率（每隔该值迭代），默认为 0。
- TERM Termination Criteria: 用于设置速度、压力和温度的收敛准则，其中"Pressure"为压力收敛准则，默认为 10^{-8}；"Temperature"为温度收敛准则，默认为 10^{-8}。

3. 执行及输出控制命令（瞬态控制参数设置）——Execution Ctrl

瞬态分析时，选择"Main Menu>Solution>FLOTRAN Set Up>Execution Ctrl"命令，弹出"Time Step Controls"对话框，如图 10-5 所示。

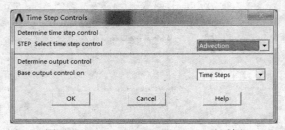

图 10-5 "Time Step Controls"对话框

"Time Step Controls"对话框中，"Select time step control"项用于指定程序定义时间步长（Advection）还是自定义时间步长（User defined），"Base output control on"项用于定义是基于瞬态分析的时间步长（Time Steps），还是时间值（Time Values），或是二者兼顾（Both），以求解及对输出进行控制。

单击"Time Step Controls"对话框中的"OK"按钮，弹出"Transient Controls"对话框，

如图10-6所示。

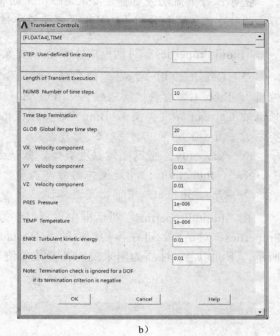

图 10-6 "Transient Controls" 对话框
a) 程序定义时间步长的瞬态控制参数设置　b) 用户自定义时间步长的瞬态控制参数设置

"Transient Controls" 对话框相关选项含义如下。

◆ STEP User-defined time step: 可输入-1、-2、-3 或-4 四值之一，其中-1 表示时间步长会小到在单一的任何一个时间步长内，流场中任意一点的运动距离都不会大于一个单元的长度; -2 表示只用于可压缩流分析，它使时间步长会小到在单一的任何一个时间步长内，流场中压力信号的传输距离都不会大于一个单元长度; -3 表示只用于可压缩流分析，它使时间步长取上面-1 和-2 项中的最小值; -4 表示只用于纯传热分析 (不计算流场方程)，它使时间步长会小到在单一的任何一个时间步长内，任何一个"热点"的传导或对流距离都不会大于一个单元长度。

◆ ISTEP Initial time step value: 指定初始时间步长，仅在时间步长由程序定义时有效，默认为 0。

◆ NUMB Number of time steps: 指定时间步长的数目，默认为 10。

◆ GLOB Global iter per time step: 指定每一时间步的总体迭代数，默认为 20。

◆ VX Velocity component、VY Velocity component、VZ Velocity component: 指定速度收敛准则，默认为 0.01。

◆ PRES Pressure: 指定压力收敛准则，默认为 10^{-6}。

◆ TEMP Temperature: 指定温度收敛准则，默认为 10^{-6}。

4. 流体特性控制——Fluid Properties

选择"Main Menu>Solution>FLOTRAN Set Up>Fluid Properties"命令，弹出"Fluid Properties"对话框，如图 10-7 所示。

提示：每个流动分析都需要流体性质中的密度和黏度，热分析还需要流体的热导率及比热容，此外，流体容积分析（VOF）还需要流体性质中的表面张力系数和壁面静力接触角。

"Fluid Properties"对话框中主要选项含义如下。

 ◇ Density：用于指定流体类型，默认为常值。可选择 Gas（气体性质）、Liquid（流体性质）、Table（由材料性质表输入）、POWL（非牛顿流的 Power Law 黏度类型）、Carr（非牛顿流的 Carreau 黏度类型）、Bing（非牛顿流的 Bingham 黏度类型）、User（用户自定义黏度类型）、Air（国际单位制空气性质）等。
 ◇ Viscosity：指定流体黏度类型，默认为常值。
 ◇ Conductivity：指定流体热导率类型，默认为常值。
 ◇ Specific heat：用于指定流体比热容类型，默认为常值。

在"Fluid Properties"对话框中设置好参数类型后，单击"OK"按钮，弹出"CFD Flow Properties"对话框，可在各参数后的"Constant value"文本框中输入对应参数值，如图 10-8 所示。下面以 Air 性质为例来说明各参数数值单位，见表 10-1。

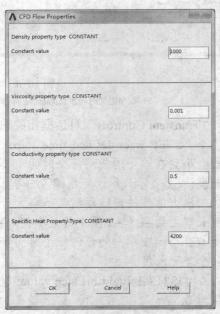

图 10-7 "Fluid Properties"对话框　　　　图 10-8 "CFD Flow Properties"对话框

表 10-1 Air 性质类型的单位

性　　质	单　　位	压 力 单 位	密 度 单 位	黏 度 单 位
AIR	m·kg·s	Pa	kg/m^3	kg/(m·s)
AIR-SI	m·kg·s	Pa	kg/m^3	kg/(m·s)
AIR-CM	cm·kg·s	Dyn/cm^2	g/cm^3	g/(cm·s)
AIR-MM	mm·kg·s	Pa	g/mm^3	g/(mm·s)
AIR-FT	ft·slug·s	lbf/ft^2	slug/ft^3	slug/(ft·s)
AIR-IN	in·(lbf·s^2/in)·s	psi	lbf·s^2/in^4	lbf·s/in^2

第 10 章 ANSYS 14.5 流体动力学分析实例

5. 流动环境设置——Flow Environment

（1）参考条件——Reference Conditions 选择"Main Menu>Solution>FLOTRAN Set Up>Flow Environment>Ref Conditions"命令，弹出"Reference Conditions"对话框，可设置参考条件，如图10-9所示。

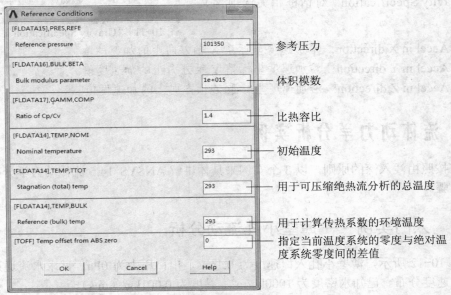

图10-9 "Reference Conditions"对话框

（2）旋转坐标系——Rotating Coords 选择"Main Menu>Solution>FLOTRAN Set Up>Flow Environment> Rotating Coords"命令，弹出"Rotating Coordinates"对话框，可设置旋转坐标系，如图10-10所示。

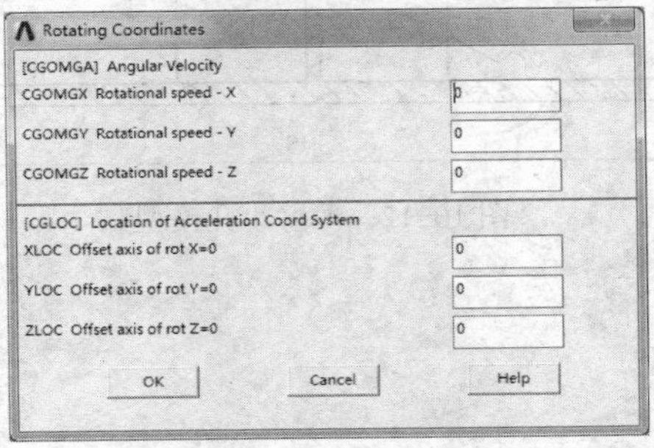

图10-10 "Rotating Coordinates"对话框

"Rotating Coordinates"对话框相关选项含义如下。

- ◇ Rotational speed-X：关于总体坐标系 X 轴的旋转速度。
- ◇ Rotational speed-Y：关于总体坐标系 Y 轴的旋转速度。
- ◇ Rotational speed-Z：关于总体坐标系 Z 轴的旋转速度。
- ◇ Offset axis of rot X=0：加速度坐标系原点在总体笛卡儿坐标系中的 X 坐标值。
- ◇ Offset axis of rot Y=0：加速度坐标系原点在总体笛卡儿坐标系中的 Y 坐标值。
- ◇ Offset axis of rot Z=0：加速度坐标系原点在总体笛卡儿坐标系中的 Z 坐标值。

（3）重力加速度——Gravity 选择"Main Menu>Solution>FLOTRAN Set Up>Flow Environment>Gravity"命令，弹出"Gravity Specification"对话框，可设置重力加速度，如图10-11所示。

"Gravity Specification"对话框相关选项含义如下。

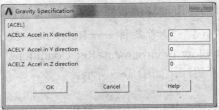

图10-11 "Gravity Specification"对话框

- Accel in X direction：沿加速度坐标系X轴方向上的加速度值。
- Accel in Y direction：沿加速度坐标系Y轴方向上的加速度值。
- Accel in Z direction：沿加速度坐标系Z轴方向上的加速度值。

10.2 流体动力学分析实例

本节按照由浅入深的原则，以3个实例来具体讲解ANSYS 14.5流体动力学分析的方法和操作步骤。

10.2.1 入门实例——薄壁小孔流动分析

如图10-12所示，薄壁小孔入口速度为0.1m/s，出口压力为0Pa，试求水流通过小孔时的压力和速度分布。已知水密度为1000kg/m^3，黏度为0.001kg/（m·s）。

本例是一个工程上常见的薄壁小孔问题，水流过薄壁小孔后出现漩涡，因此需要用湍流方式来求解该问题。

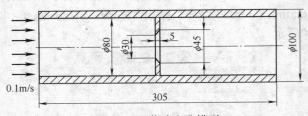

图10-12 薄壁小孔模型

操作步骤

1. 启动ANSYS 14.5

双击桌面上的"Mechanical APDL Product Launcher"图标，弹出"ANSYS 配置"窗口，在"Simulation Environment"选择"ANSYS"，在"license"选择"ANSYS Multiphysics"，然后指定合适的工作目录，单击"Run"按钮，进入ANSYS用户界面。

2. 指定工程名和分析标题

1）选择"Utility Menu>File>Change Jobname"命令，弹出"Change Jobname"对话框，修改工程名称为"hole"，如图10-13所示。单击"OK"按钮完成修改。

第 10 章　ANSYS 14.5 流体动力学分析实例

图 10-13　"Change Jobname"对话框

2）选择"Utility Menu>File>Change Title"命令，弹出"Change Title"对话框，修改标题为"Flow Analysis in a small hole"，如图 10-14 所示。单击"OK"按钮完成修改。

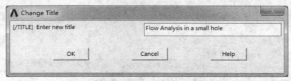

图 10-14　"Change Title"对话框

3）选择"Utility Menu>Plot>Replot"命令，指定的标题"Flow Analysis in a small hole"显示在窗口的左下方。

3. 指定分析类型

选择"Main Menu>Preference"命令，弹出"Preferences for GUI Filtering"对话框，勾选"FLOTRAN CFD"选项，如图 10-15 所示。单击"OK"按钮确认。

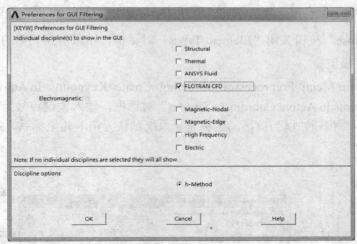

图 10-15　"Preferences for GUI Filtering"对话框

4. 定义单位

在 ANSYS 软件的主界面命令输入窗口中，输入"/UNIT，SI"，如图 10-16 所示。然后单击"Enter"键确认。

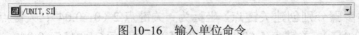

图 10-16　输入单位命令

5. 定义单元类型

1）选择"Main Menu>Preprocessor>Element Type>Add/Edit/Delete"命令，弹出"Element

Types"对话框,如图 10-17 所示。

2)单击"Add..."按钮,弹出"Library of Element Types"对话框,在左边的列表中选择"FLOTRAN CFD"选项,选择流体单元类型,然后在右边列表中选择"2D FLOTRAN 141"单元,如图 10-18 所示。单击"Library of Element Types"对话框的"OK"按钮,返回"Element Types"对话框。

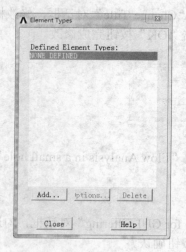

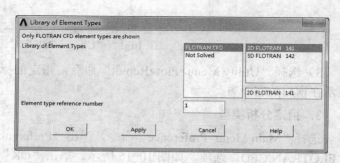

图 10-17 "Element Types"对话框　　图 10-18 "Library of Element Types"对话框

3)单击"Close"按钮关闭"Element Types"对话框,结束单元类型的添加。

6. 建立分析模型

1)选择"Main Menu>Preprocessor>Modeling>Create>Keypoints>In Active CS"命令,弹出"Create Keypoints in Active Coordinate System"对话框,输入关键点号为 1 和坐标值(0,0,0),单击"OK"按钮,以当前活动坐标系(系统默认为笛卡儿坐标系)定义一个关键点,如图 10-19 所示。

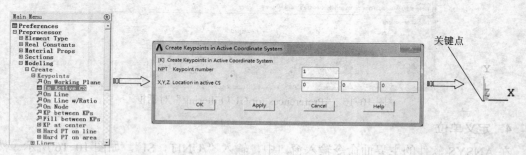

图 10-19 在活动坐标系中定义关键点 1

2)重复上述步骤分别创建关键点,坐标为:关键点 2(0,0.04);关键点 3(0.15,0.04);关键点 4(0.15,0.015);关键点 5(0.155,0.0225);关键点 6(0.155,0.04);关键点 7(0.305,0.04);关键点 8(0.305,0)。

3)选择"Utility Menu>PlotCtrls>Numbering"命令,弹出"Plot Numbering Controls"对话

框，选中"Keypoint numbers"复选框，单击"OK"按钮，显示所创建的关键点，如图10-20所示。

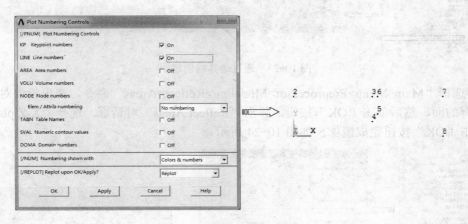

图10-20 显示所创建的关键点

4）选择"Main Menu> Preprocessor> Modeling> Create> Lines> Straight Line"命令，弹出"Create Straight Line"对话框，在图形区选择关键点1和2，或直接输入两点编号"1，2"绘制直线L1，然后单击"OK"按钮创建直线，如图10-21所示。

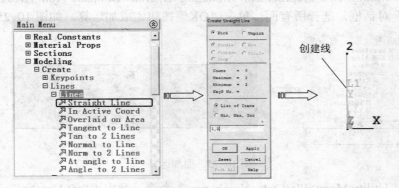

图10-21 创建直线

5）重复上述步骤创建线，分别连接关键点2和3，3和4，4和5，5和6，6和7，7和8，8和1，如图10-22所示。

图10-22 创建其余直线

6）选择"Main Menu>Preprocessor>Modeling>Create>Areas>Arbitrary>By Lines"命令，弹出"Create Area By Lines"对话框，选择"Loop"选项，选择任一条所创建的直线，系统自动选择所有线，成一个封闭区域，然后单击"OK"按钮创建面，如图10-23所示。

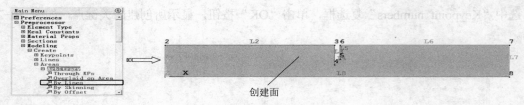

图 10-23　通过边界线创建面

7）选择"Main Menu>Preprocessor>Modeling>Reflect>Areas"命令，弹出拾取对话框，选择所有的面，然后单击"OK"按钮，弹出"Reflect Areas"对话框，选择"X-Z plane"选项，单击"OK"按钮完成镜像，如图10-24所示。

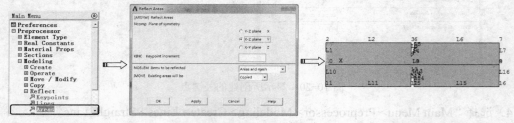

图 10-24　镜像面

8）选择"Main Menu>Preprocessor>Modeling>Operate>Boolean>Add>Areas"命令，弹出"Add Areas"对话框，选择所有面，单击"OK"按钮完成加运算，如图10-25所示。

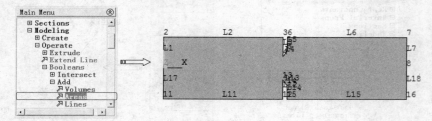

图 10-25　面加运算

9）选择"Utility Menu>PlotCtrls>Numbering"命令，弹出"Plot Numbering Controls"对话框，取消"Keypoint numbers"复选项，单击"OK"按钮，此时隐藏显示关键点和线号。

7. 划分网格

1）选择"Main Menu>Preprocessor>Meshing>Mesher Opts"命令，弹出"Mesher Option"对话框，在"Midside node placement"选项中选择"No midside nodes"，单击"OK"按钮，弹出"Set Element Shape"对话框，在"2D Shape key"选项中选择"Quad"，单击"OK"按钮完成，如图10-26所示。

2）选择"Main Menu>Preprocessor>Meshing>Size Cntrls>Global>Size"命令，弹出"Global Element Sizes"对话框，在"Element edge length"文本框中输入0.005，单击"OK"按钮完成单元尺寸设置，如图10-27所示。

3）在网格工具中选择分网对象为"Areas"，网格形状为"Quad"，选择分网形式为"Free"，单击"Mesh"按钮，拾取面，单击"OK"按钮，生成网格，如图10-28所示。

第 10 章 ANSYS 14.5 流体动力学分析实例

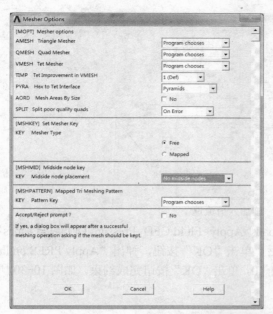
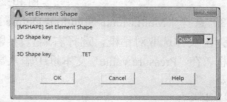

图 10-26 设置网格选项和单元形状

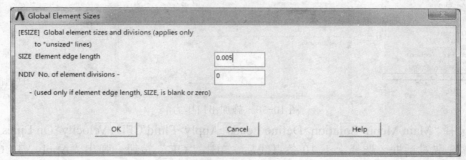

图 10-27 设置单元尺寸

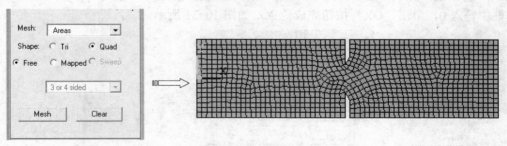

图 10-28 生成映射网格

8. 施加边界条件

1）选择"Utility Menu>Plot>Lines"命令，显示直线和曲线。

2）选择"Main Menu>Solution>Define Loads>Apply>Fluid/CFD>Velocity>On Lines"命令，弹出实体选取对话框，选择左端竖直线后，单击"OK"按钮，弹出"Apply VELO, load on lines"对话框，在"Apply VX load as a"文本框中输入数值 0.1，在"Apply VY load as a"文本框中输入 0，单击"OK"按钮完成约束，如图 10-29 所示。

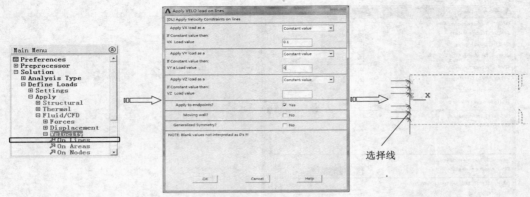

图 10-29　施加入口流速

3）选择"Main Menu>Solution>Define Loads>Apply>Fluid/CFD>Pressure DOF>On Lines"命令，弹出实体选取对话框，选择右端竖直线后，单击"OK"按钮，弹出"Apply PRES on lines"对话框，在"Pressure value"文本框中输入数值 0，单击"OK"按钮完成约束，如图 10-30 所示。

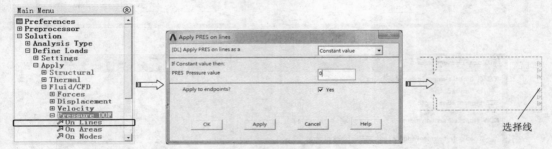

图 10-30　施加出口压力

4）选择"Main Menu>Solution>Define Loads>Apply>Fluid/CFD>Velocity>On Lines"命令，弹出实体选取对话框，选择上下 10 条直线后，单击"OK"按钮，弹出"Apply VELO, load on lines"对话框，在"Apply VX load as a"文本框中输入数值 0，在"Apply VY load as a"文本框中输入 0，单击"OK"按钮完成约束，如图 10-31 所示。

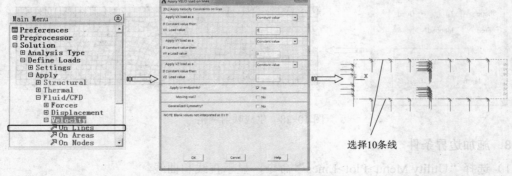

图 10-31　施加无滑移边界条件

9. 定义流体性质

1）选择"Main Menu>Solution>FLOTRAN Setup>Fluid Properties"命令，弹出"Fluid Properties"对话框，在"Density"下拉列表中选择"Constant"，在"Viscosity"下拉列表中

第 10 章　ANSYS 14.5 流体动力学分析实例

选择"Constant",如图 10-32 所示。单击"OK"按钮完成。

2)系统弹出"CFD Flow Properties"对话框,在"Density property type"后面文本框中输入 1000,在"Viscostiy property type"文本框中输入 0.001,如图 10-33 所示。单击"OK"按钮完成。

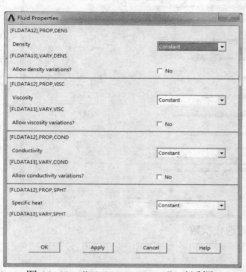 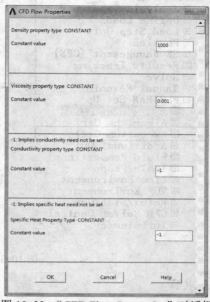

图 10-32　"Fluid Properties"对话框　　　　图 10-33　"CFD Flow Properties"对话框

10. 设置求解控制选项

1)选择"Main Menu>Solution>FLOTRAN Set Up>Solution Options"命令,弹出"FLOTRAN Solution Options"对话框,在"Laminar or turbulent"下拉列表中选择"Turbulent",如图 10-34 所示。单击"OK"按钮完成。

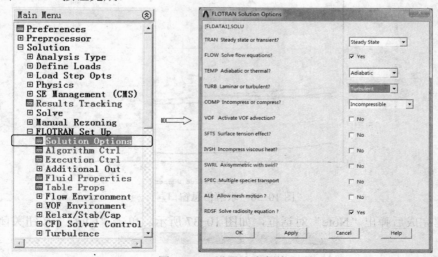

图 10-34　设置湍流条件

2)选择"Main Menu>Solution>FLOTRAN Set Up>Execution Ctrl"命令,弹出"Steady State Control Settings"对话框,在"Global iterations"文本框中输入 30,如图 10-35 所示。

单击"OK"按钮完成。

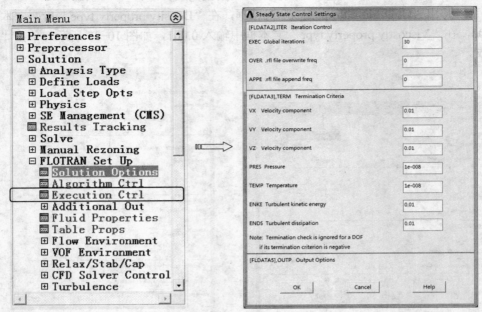

图 10-35　设置迭代次数

11．求解

1）选择"Main Menu>Solution>Run FLOTRAN"命令，开始求解，并在求解信息窗口中显示迭代过程曲线，如图 10-36 所示。

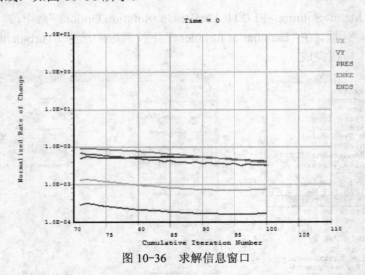

图 10-36　求解信息窗口

2）求解完成后弹出"Note"对话框，如图 10-37 所示。单击"Close"按钮关闭。

图 10-37　"Note"对话框

12. 后处理显示结果

1）选择"Main Menu>General Postproc>Read Results>Last Set"命令，读取最后一个迭代计算结果。

2）绘制流场速度分布图。选择"Main Menu>General PostProc>Plot Results>Vector>Predefined"命令，弹出"Vector Plot of Predefined Vectors"对话框，选择"DOF solution>Velocity V"选项，单击"OK"按钮绘制流场分布图，如图10-38所示。

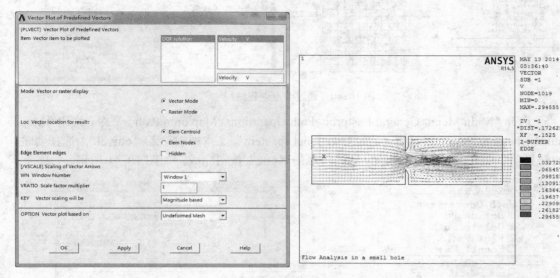

图10-38 流场速度分布图

3）绘制总压力（动压和静压）分布图。选择"Main Menu>General PostProc>Plot Results>Contour Plot>Nodal Solution"命令，弹出"Contour Nodal Solution Data"对话框，选择"Nodal Solution>Other FLOTRAN Quantities>Total stagnation pressure"选项，单击"OK"按钮绘制流场总压分布图，如图10-39所示。

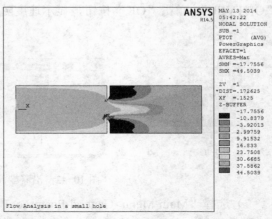

图10-39 流场总压分布图

4）选择"Main Menu>General Postproc>Path Operations>Define Path>By Nodes"命令，

弹出"By Nodes"对话框，选择出口处所有节点，单击"OK"按钮，弹出"By Nodes"对话框，在"Define Path Name"文本框中输入路径名称"velocity"，单击"OK"按钮创建路径，如图10-40所示。

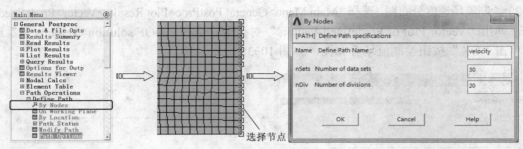

图10-40　通过节点创建路径

5）选择"Main Menu>General Postproc>Path Operations>Map onto Path"命令，弹出"Map Result Items onto Path"对话框，在"User label for item"文本框中输入"outvel"，选择要映射的结果项"DOF solution>Velocity VX"，单击"OK"按钮完成，如图10-41所示。

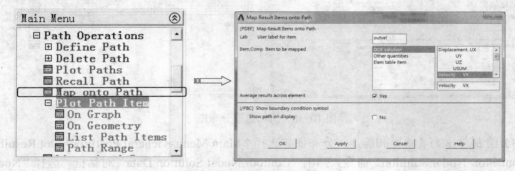

图10-41　映射路径数据

6）选择"Main Menu>General Postproc>Path Operation>Plot Path Item>On Graph"命令，弹出"Plot of Path Items on Graph"对话框，在"Path items to be graphed"列表中选择路径"OUTVEL"，单击"OK"按钮，显示速度随距离的变化，如图10-42所示。

图10-42　沿着端面的速度分布曲线图

7）选择"Main Menu>General Postproc>Path Operation>Plot Path Item>On Geometry"命令，弹出"Plot of Path Items on Geometry"对话框，在"Path items to be graphed"列表中选择路径"OUTVEL"，单击"OK"按钮，显示速度随距离的变化云图，如图10-43所示。

第 10 章 ANSYS 14.5 流体动力学分析实例

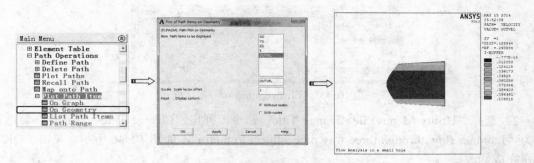

图 10-43 沿着端面的速度分布云图

10.2.2 提高实例——三通流动分析（温度）

如图 10-44 所示，三通小孔入口处水流速度为 5m/s，温度为 80℃，另一个小孔入口处水流速度为 2m/s，温度为 10℃，出口压力为 0Pa，试求水流通过三通时的温度、压力和速度分布。已知水密度为 1000kg/m³，黏度为 0.001kg/(m·s)，热导率为 0.5W/(m·K)，比热容 4200J/(kg·K)。

本例是一个工程中常见的 FLOTRAN 热分析问题，通过流体分析求解流场中温度的分布情况。

图 10-44 三通模型

操作步骤

1. 启动 ANSYS 14.5

双击桌面上的 "Mechanical APDL Product Launcher" 图标，弹出 "ANSYS 配置"窗口，在 "Simulation Environment" 选择 "ANSYS"，在 "license" 选择 "ANSYS Multiphysics"，然后指定合适的工作目录，单击 "Run" 按钮，进入 ANSYS 用户界面。

2. 指定工程名和分析标题

1）选择 "Utility Menu>File>Change Jobname" 命令，弹出 "Change Jobname" 对话框，修改工程名称为 "threeway"，如图 10-45 所示。单击 "OK" 按钮完成修改。

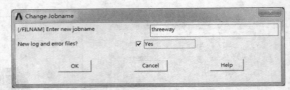

图 10-45 "Change Jobname" 对话框

2）选择 "Utility Menu>File>Change Title" 命令，弹出 "Change Title" 对话框，修改标题为 "Laminar flow through three way pipe subject to therm"，如图 10-46 所示。单击 "OK" 按钮完成修改。

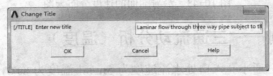

图 10-46 "Change Title" 对话框

3）选择 "Utility Menu>Plot>Replot" 命令，指定的标题 "Laminar flow through three way pipe subject to therm" 显示在窗口的左下方。

3．指定分析类型

选择 "Main Menu>Preference" 命令，弹出 "Preferences for GUI Filtering" 对话框，勾选 "FLOTRAN CFD" 选项，如图 10-47 所示。单击 "OK" 按钮确认。

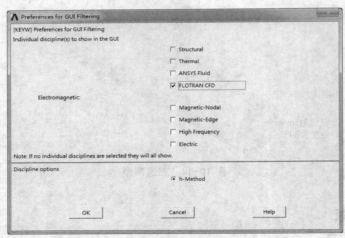

图 10-47 "Preferences for GUI Filtering" 对话框

4．定义单位

在 ANSYS 软件的主界面命令输入窗口中，输入 "/UNIT, SI"，如图 10-48 所示。然后单击 "Enter" 键确认。

图 10-48 输入单位命令

5．定义单元类型

1）选择 "Main Menu>Preprocessor>Element Type>Add/Edit/Delete" 命令，弹出 "Element

Types"对话框,如图10-49所示。

2)单击"Add..."按钮,弹出"Library of Element Types"对话框,在左边的列表中选择"FLOTRAN CFD"选项,选择流体单元类型,然后在右边列表中选择"2D FLOTRAN 141"单元,如图10-50所示。单击"Library of Element Types"对话框的"OK"按钮,返回"Element Types"对话框。

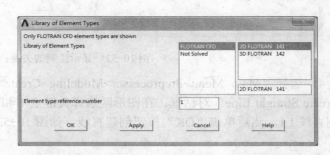

图10-49 "Element Types"对话框   图10-50 "Library of Element Types"对话框

3)单击"Close"按钮关闭"Element Types"对话框,结束单元类型的添加。

6. 建立分析模型

1)选择"Main Menu>Preprocessor>Modeling>Create>Keypoints>In Active CS"命令,弹出"Create Keypoints in Active Coordinate System"对话框,输入关键点号为1和坐标值(0,0,0),单击"OK"按钮,以当前活动坐标系(系统默认总是笛卡儿坐标系)定义一个关键点,如图10-51所示。

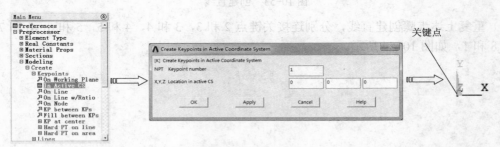

图10-51 在活动坐标系中定义关键点1

2)重复上述步骤分别创建关键点,坐标为:关键点2(0.2,0);关键点3(0.2,0.05);关键点4(0.115,0.05);关键点5(0.115,0.125);关键点6(0.085,0.125);关键点7(0.085,0.05);关键点8(0,0.05)。

3)选择"Utility Menu>PlotCtrls>Numbering"命令,弹出"Plot Numbering Controls"对话框,选中"Keypoint numbers"复选框,单击"OK"按钮,此时显示所创建的关键点,如图10-52所示。

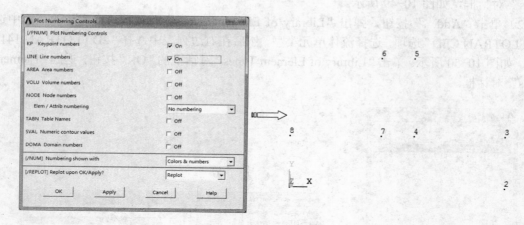

图 10-52 显示绘制的关键点

4）选择"Main Menu>Preprocessor>Modeling>Create>Lines>Straight Line"命令，弹出"Create Straight Line"对话框，在图形区选择关键点 1 和 2，或直接输入两点编号"1，2"绘制直线 L1，然后单击"OK"按钮创建直线，如图 10-53 所示。

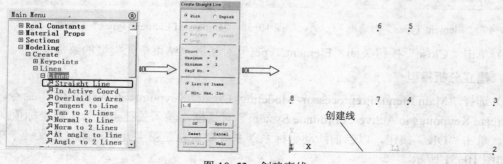

图 10-53 创建直线

5）重复上述步骤创建直线，分别连接关键点 2 和 3，3 和 4，4 和 5，5 和 6，6 和 7，7 和 8，8 和 1，如图 10-54 所示。

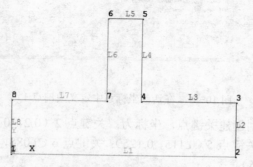

图 10-54 创建其余直线

6）选择"Main Menu>Preprocessor>Modeling>Create>Areas>Arbitrary>By Lines"命令，弹出"Create Area By Lines"对话框，选择"Loop"选项，选择任一条所创建的直线，系统

自动选择所有线，成一个封闭区域，然后单击"OK"按钮创建面，如图10-55所示。

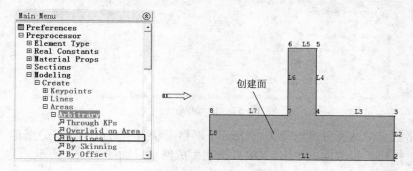

图10-55　通过边界线创建面

7）选择"Utility Menu>PlotCtrls>Numbering"命令，弹出"Plot Numbering Controls"对话框，取消"Keypoint numbers"选项，单击"OK"按钮，此时隐藏显示关键点和线号。

7. 划分网格

1）选择"Main Menu>Preprocessor>Meshing>Mesher Opts"命令，弹出"Mesher Option"对话框，在"Midside node placement"选项中选择"No midside nodes"，单击"OK"按钮，弹出"Set Element Shape"对话框，在"2D Shape key"选项中选择"Quad"，单击"OK"按钮完成设置，如图10-56所示。

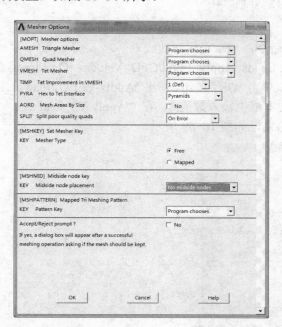

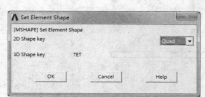

图10-56　设置网格选项和单元形状

2）选择"Main Menu>Preprocessor>Meshing>Size Cntrls>Global>Size"命令，弹出"Global Element Sizes"对话框，在"Element edge length"文本框中输入0.005，单击"OK"按钮完成设置，如图10-57所示。

图 10-57　设置单元尺寸

3）在网格工具中选择分网对象为"Areas"，网格形状为"Quad"，选择分网形式为"Free"，单击"Mesh"按钮，拾取面，单击"OK"按钮生成网格，如图 10-58 所示。

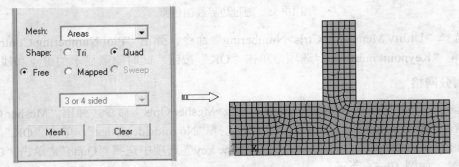

图 10-58　生成映射网格

8. 施加边界条件

1）选择"Utility Menu>Plot>Lines"命令，显示直线和曲线。

2）选择"Main Menu>Solution>Define Loads>Apply>Fluid/CFD>Velocity>On Lines"命令，弹出实体选取对话框，选择左端竖直线后，单击"OK"按钮，弹出"Apply VELO, load on lines"对话框，在"Apply VX load as a"下的文本框中输入数值 5，在"Apply VY load as a"下的文本框中输入 0，单击"OK"按钮完成约束，如图 10-59 所示。

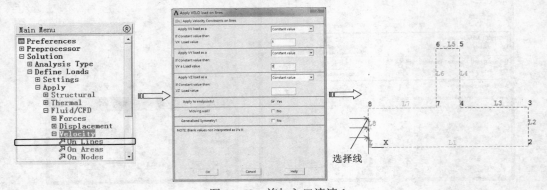

图 10-59　施加入口流速 1

3）选择"Main Menu>Solution>Define Loads>Apply>Fluid/CFD>Velocity>On Lines"命令，弹出实体选取对话框，选择上面水平线后，单击"OK"按钮，弹出"Apply VELO, load on lines"对话框，在"Apply VX load as a"下的文本框中输入数值 0，在"Apply VY load as a"下的文本框中输入-2，单击"OK"按钮完成约束，如图 10-60 所示。

第10章 ANSYS 14.5 流体动力学分析实例

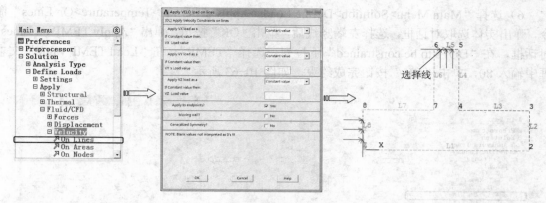

图 10-60　施加入口流速 2

4）选择 "Main Menu>Solution>Define Loads>Apply>Fluid/CFD>Pressure DOF>On Lines" 命令，弹出实体选取对话框，选择右端竖直线后，单击"OK"按钮，弹出"Apply PRES on lines"对话框，在"Pressure value"文本框中输入数值 0，单击"OK"按钮完成约束，如图 10-61 所示。

图 10-61　施加出口压力

5）选择 "Main Menu>Solution>Define Loads>Apply>Fluid/CFD>Velocity>On Lines" 命令，弹出实体选取对话框，选择其余没有施加速度和压力的所有 5 条直线后，单击"OK"按钮，弹出"Apply VELO, load on lines"对话框，在"Apply VX load as a"下的文本框中输入数值 0，在"Apply VY load as a"下的文本框中输入 0，单击"OK"按钮完成约束，如图 10-62 所示。

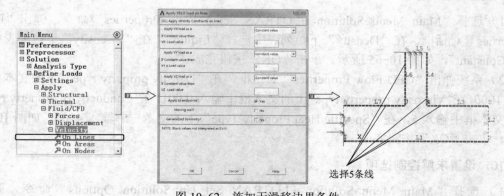

图 10-62　施加无滑移边界条件

6）选择"Main Menu>Solution>Define Loads>Apply>Thermal>Temperature>On Lines"命令，弹出实体选取对话框，选择左端竖线后，单击"OK"按钮，弹出"Apply TEMP on Lines"对话框，在"DOFs to be constrained"下拉列表选择"TEMP"，在"Load TEMP value"文本框中输入80，单击"OK"按钮完成约束，如图10-63所示。

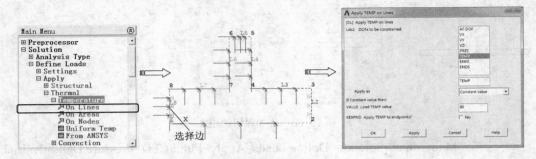

图10-63　在线上施加温度

7）选择"Main Menu>Solution>Define Loads>Apply>Thermal>Temperature>On Lines"命令，弹出实体选取对话框，选择左端竖线后，单击"OK"按钮，弹出"Apply TEMP on Lines"对话框，在"DOFs to be constrained"下拉列表选择"TEMP"，在"Load TEMP value"文本框中输入10，单击"OK"按钮完成约束，如图10-64所示。

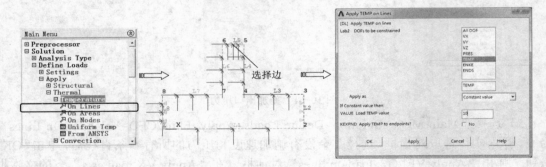

图10-64　在线上施加温度

9．定义流体性质

1）选择"Main Menu>Solution>FLOTRAN Setup>Fluid Properties"命令，弹出"Fluid Properties"对话框，在"Density"下拉列表中选择"Liquid"，在"Viscosity"下拉列表中选择"Constant"，如图10-65所示。单击"OK"按钮完成。

2）系统弹出"CFD Flow Properties"对话框，在"Density property type"下的文本框中输入1000，在"Viscosity property type"下的文本框中输入0.001，在"Conductivity property type"下的文本框中输入5，在"Specific Heat Property Type"下的文本框中输入4200，如图10-66所示。单击"OK"按钮完成。

10．设置求解控制选项

1）选择"Main Menu>Solution>FLOTRAN Set Up>Solution Options"命令，弹出

"FLOTRAN Solution Options"对话框,在"Adiabatic or thermal"下拉列表中选择"Thermal",如图 10-67 所示。单击"OK"按钮完成温度条件设置。

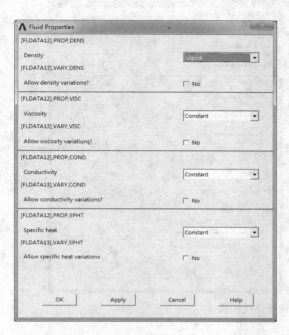

图 10-65 "Fluid Properties"对话框   图 10-66 "CFD Flow Properties"对话框

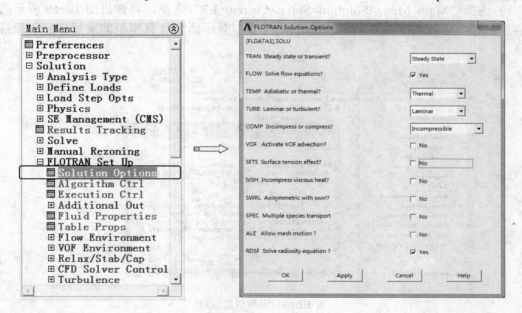

图 10-67 设置温度条件

2)选择"Main Menu>Solution>FLOTRAN Set Up>Execution Ctrl"命令,弹出"Steady

State Control Settings"对话框,在"Global iterations"文本框中输入 30,如图 10-68 所示。单击"OK"按钮完成迭代次数设置。

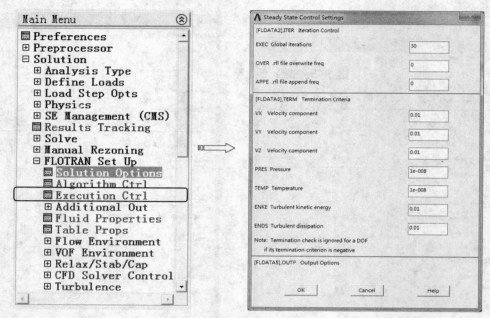

图 10-68　设置迭代次数

11. 求解

1)选择"Main Menu>Solution>Solve>Current LS"命令,将弹出图 10-69 所示的求解信息窗口,其中"Solve Current Load Step"窗口显示所要计算模型的求解信息和载荷步信息。

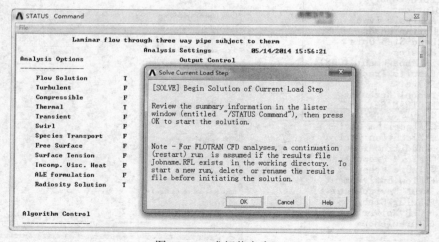

图 10-69　求解信息窗口

2)单击"Solve Current Load Step"对话框中的"OK"按钮,程序开始求解,显示求解曲线,如图 10-70 所示。求解完成后弹出"Note"对话框,如图 10-71 所示。单击"Close"按钮关闭。

3）选择"Main Menu>Solution>Run FLOTRAN"命令，开始求解，并在窗口中显示迭代过程曲线，如图10-72所示。

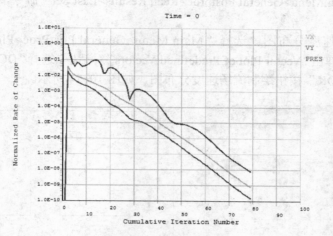

图10-70　求解迭代曲线

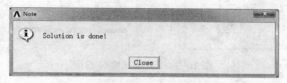

图10-71　"Note"对话框

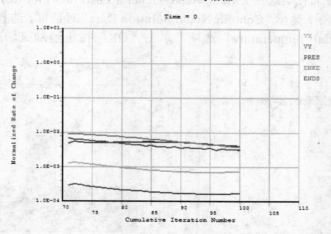

图10-72　迭代过程曲线

4）求解完成后弹出"Note"对话框，如图10-73所示。单击"Close"按钮关闭。

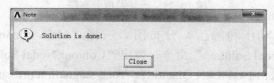

图10-73　"Note"对话框

12. 后处理显示结果

1）选择"Main Menu>General Postproc>Read Results>Last Set"命令，读取最后一个迭代计算结果。

2）绘制流场速度分布图。选择"Main Menu>General PostProc>Plot Results>Vector>Predefined"命令，弹出"Vector Plot of Predefined Vectors"对话框，选择"DOF solution>Velocity V"选项，单击"OK"按钮绘制流场速度分布图，如图10-74所示。

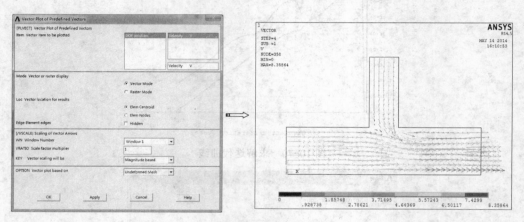

图10-74 流场速度分布图

3）绘制温度分布图。选择"Main Menu>General PostProc>Plot Results>Contour Plot>Nodal Solution"命令，弹出"Contour Nodal Solution Data"对话框，选择"Nodal Solution>DOF Solution>Nodal Temperature"选项，单击"OK"按钮绘制流场温度分布图，如图10-75所示。

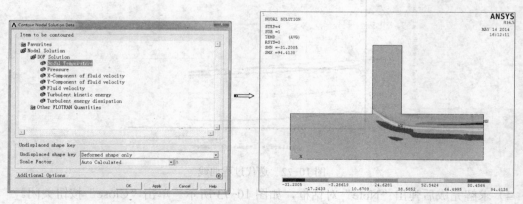

图10-75 流场温度分布图

4）绘制总压力（动压和静压）分布图。选择"Main Menu>General PostProc>Plot Results>Contour Plot>Nodal Solution"命令，弹出"Contour Nodal Solution Data"对话框，选择"Nodal Solution>Other FLOTRAN Quantities>Total stagnation pressure"选项，单击"OK"按钮绘制流场总压力分布图，如图10-76所示。

第 10 章 ANSYS 14.5 流体动力学分析实例

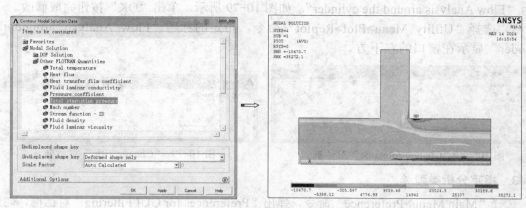

图 10-76 流场总压力分布图

10.2.3 经典实例——圆柱绕流三维流场分析

如图 10-77 所示,直径为 10mm 圆柱,左端空气速度为 100m/s,右端压力为 0Pa,试求空气流过圆柱时的流场分布。

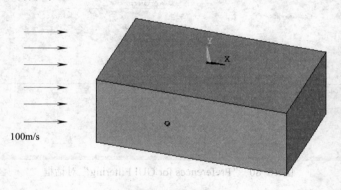

图 10-77 圆柱绕流模型

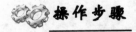

1. 启动 ANSYS 14.5

双击桌面上的"Mechanical APDL Product Launcher"图标,弹出"ANSYS 配置"窗口,在"Simulation Environment"选择"ANSYS",在"license"选择"ANSYS Multiphysics",然后指定合适的工作目录,单击"Run"按钮,进入 ANSYS 用户界面。

2. 指定工程名和分析标题

1)选择"Utility Menu>File>Change Jobname"命令,弹出"Change Jobname"对话框,修改工程名称为"cylinder",如图 10-78 所示。单击"OK"按钮完成修改。

2)选择"Utility Menu>File>Change Title"命令,弹出"Change Title"对话框,修改标

题为"Flow Analysis around the cylinder",如图 10-79 所示。单击"OK"按钮完成修改。

3）选择"Utility Menu>Plot>Replot"命令,指定的标题"Flow Analysis around the cylinder"显示在窗口的左下方。

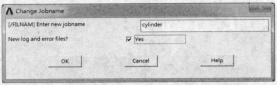

图 10-78 "Change Jobname"对话框

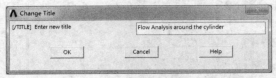

图 10-79 "Change Title"对话框

3. 指定分析类型

选择"Main Menu>Preference"命令,弹出"Preferences for GUI Filtering"对话框,勾选"FLOTRAN CFD"选项,如图 10-80 所示。单击"OK"按钮确认。

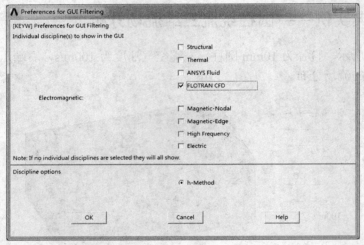

图 10-80 "Preferences for GUI Filtering"对话框

4. 定义单位

在 ANSYS 软件的主界面命令输入窗口中,输入"/UNIT,SI",如图 10-81 所示。然后单击"Enter"键确认。

图 10-81 输入单位命令

5. 定义单元类型

1）选择"Main Menu>Preprocessor>Element Type>Add/Edit/Delete"命令,弹出"Element Types"对话框,如图 10-82 所示。

2）单击"Add…"按钮,弹出"Library of Element Types"对话框,在左边的列表中选择"FLOTRAN CFD"选项,选择流体单元类型,然后在右边列表中选择"3D FLOTRAN 142"单元,如图 10-83 所示。单击"Library of Element Types"对话框的"OK"按钮,返回"Element Types"对话框。

3）单击"Close"按钮,关闭"Element Types"对话框,结束单元类型的添加。

第 10 章 ANSYS 14.5 流体动力学分析实例

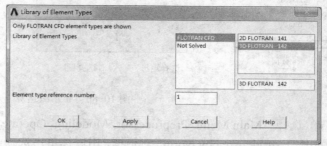

图 10-82 "Element Types" 对话框   图 10-83 "Library of Element Types" 对话框

6. 建立分析模型

1) 选择 "Main Menu>Preprocessor>Modeling>Create>Areas>Circle>Solid Circle" 命令，弹出 "Solid Circular Area" 对话框，在 "WP X" 和 "WP Y" 文本框中输入圆中心为 (0, 0)，在 "Radius" 文本框中输入圆半径 0.01，单击 "OK" 按钮创建圆面，如图 10-84 所示。

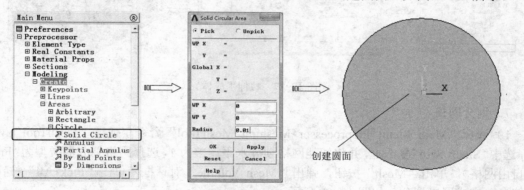

图 10-84 创建圆面

2) 选择 "Main Menu>Preprocessor>Modeling>Create>Areas>Rectangle>By Dimensions" 命令，弹出 "Create Rectangle by Dimensions" 对话框，输入顶点坐标分别为 (-0.3, -0.15)，(0.5, 0.15)，单击 "OK" 按钮创建矩形面，如图 10-85 所示。

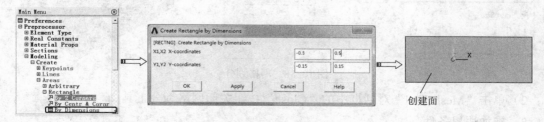

图 10-85 几何尺寸创建矩形面

3) 选择 "Main Menu>Preprocessor>Modeling>Operate>Subtract>Areas" 命令，弹出 "Subtract Areas" 对话框，用鼠标单击矩形，选中矩形单击 "OK" 按钮，再次弹出 "Subtract Areas"

对话框，用鼠标选择圆，然后再次单击"OK"按钮完成布尔减运算，如图10-86所示。

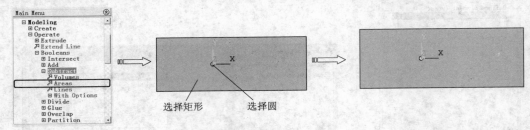

图10-86 布尔减运算

4）选择"Main Menu>Preprocessor>Modeling>Operate>Extrude>Areas>Along Normal"命令，弹出"Extrude Area by Norm"对话框，用鼠标单击选择面，单击"OK"按钮，弹出"Extrude Area along Normal"对话框，在"Length of extrusion"文本框中输入0.5，单击"OK"按钮完成面拉伸生成体，如图10-87所示。

图10-87 拉伸生成体

7. 划分网格

1）选择"Main Menu>Preprocessor>Meshing>MeshTool"命令，弹出"MeshTool"对话框，选中"Smart Size"复选框，并将智能网格划分水平调整为1，选择网格划分器类型为"Free"（自由网格），单击"Mesh"按钮，弹出"Mesh Volume"对话框，单击"Pick All"按钮，系统自动完成网格划分，如图10-88所示。

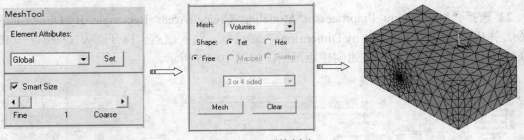

图10-88 网格划分

2）单击"Mesh Tool"对话框中的"Close"按钮关闭网格划分工具。

8. 施加边界条件

1）选择"Utility Menu>Plot>Areas"命令，显示直线和曲线。

2）选择"Main Menu>Solution>Define Loads>Apply>Fluid/CFD>Velocity>On Areas"命令，弹出实体选取对话框，选择左端面后，单击"OK"按钮，弹出"Apply VELO, load on areas"

第 10 章 ANSYS 14.5 流体动力学分析实例

对话框，在"VX load value"文本框中输入数值 100，在"VY a load value"文本框中输入 0，在"VZ load value"文本框中输入 0，单击"OK"按钮完成约束，如图 10-89 所示。

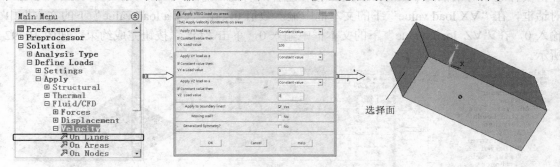

图 10-89 施加入口流速

3) 选择"Main Menu>Solution>Define Loads>Apply>Fluid/CFD>Velocity>On Lines"命令，弹出实体选取对话框，选择"Circle"拾取方式拾取圆孔的所有面，单击"OK"按钮，弹出"Apply VELO, load on areas"对话框，在"VX load value"文本框中输入数值 0，在"VY a load value"文本框中输入 0，在"VZ load value"文本框中输入 0，单击"OK"按钮完成约束，如图 10-90 所示。

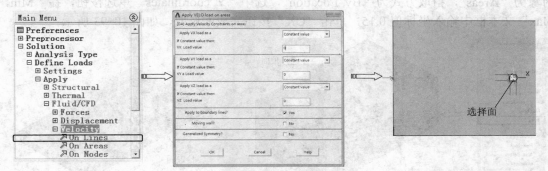

图 10-90 施加无滑移边界条件

4) 选择"Utility Menu>Select>Entities"命令，弹出"Select Entities"对话框，选择拾取对象为"Areas"，拾取方式为"By Location"，选中"Y coordinates"单选按钮，在"Min, Max"文本框中输入坐标值 –0.15，单击"OK"按钮完成面选取，如图 10-91 所示。

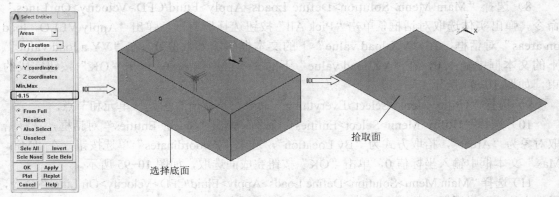

图 10-91 通过位置拾取面

5) 选择 "Main Menu>Solution>Define Loads>Apply>Fluid/CFD>Velocity>On Lines" 命令，弹出实体选取对话框，单击 "Pick All" 按钮选择所有面，弹出 "Apply VELO, load on areas" 对话框，在 "VX load value" 下的文本框中输入数值 0，在 "VY a load value" 下的文本框中输入 0，在 "VZ load value" 下的文本框中输入 0，单击 "OK" 按钮完成约束，如图 10-92 所示。

图 10-92 施加无滑移边界条件

6) 选择 "Utility Menu>Select>Everything" 命令，选取所有图元、单元和节点。

7) 选择 "Utility Menu>Select>Entities" 命令，弹出 "Select Entities" 对话框，选择拾取对象为 "Areas"，拾取方式为 "By Location"，选中 "Y coordinates" 单选按钮，在 "Min, Max" 文本框中输入坐标值 0.15，单击 "OK" 按钮完成面选取，如图 10-93 所示。

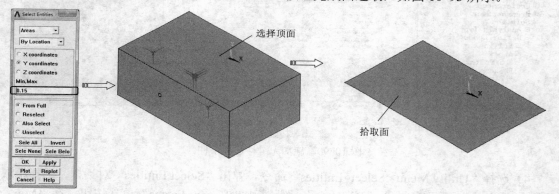

图 10-93 通过位置拾取面

8) 选择 "Main Menu>Solution>Define Loads>Apply>Fluid/CFD>Velocity>On Lines" 命令，弹出实体选取对话框，单击 "Pick All" 按钮选择所有面，弹出 "Apply VELO, load on areas" 对话框，在 "VX load value" 下的文本框中输入数值 0，在 "VY a load value" 下的文本框中输入 0，在 "VZ load value" 下的文本框中输入 0，单击 "OK" 按钮完成约束，如图 10-94 所示。

9) 选择 "Utility Menu>Select>Everything" 命令，选取所有图元、单元和节点。

10) 选择 "Utility Menu>Select>Entities" 命令，弹出 "Select Entities" 对话框，选择拾取对象为 "Areas"，拾取方式为 "By Location"，选中 "Z coordinates" 单选按钮，在 "Min, Max" 文本框中输入坐标值 0，单击 "OK" 按钮完成面选取，如图 10-95 所示。

11) 选择 "Main Menu>Solution>Define Loads>Apply>Fluid/CFD>Velocity>On Lines" 命令，弹出实体选取对话框，单击 "Pick All" 按钮选择所有面，弹出 "Apply VELO, load on areas"

第10章 ANSYS 14.5流体动力学分析实例

对话框,在"VX load value"下的文本框中输入数值0,在"VY a load value"下的文本框中输入0,在"VZ load value"下的文本框中输入0,单击"OK"按钮完成约束,如图10-96所示。

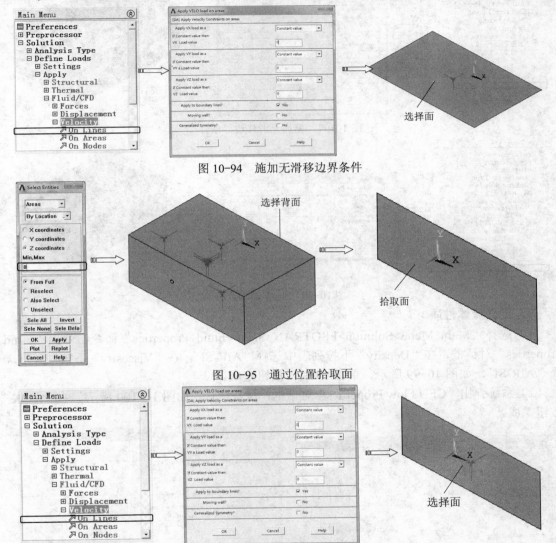

图10-94 施加无滑移边界条件

图10-95 通过位置拾取面

图10-96 施加无滑移边界条件

12)选择"Utility Menu> Select>Everything"命令,选取所有图元、单元和节点。

13)选择"Main Menu>Solution>Define Loads>Apply>Fluid/CFD>Velocity>On Lines"命令,弹出实体选取对话框,选择前面,单击"OK"按钮,弹出"Apply VELO, load on areas"对话框,在"VX load value"下的文本框中输入数值0,在"VY a load value"下的文本框中输入0,在"VZ load value"下的文本框中输入0,单击"OK"按钮完成约束,如图10-97所示。

14)选择"Main Menu>Solution>Define Loads>Apply>Fluid/CFD>Pressure DOF>On Areas"命令,弹出实体选取对话框,选择右侧端面后,单击"OK"按钮,弹出"Apply PRES on areas"对话框,在"Pressure value"文本框中输入数值0,单击"OK"按钮完成约束,如图10-98所示。

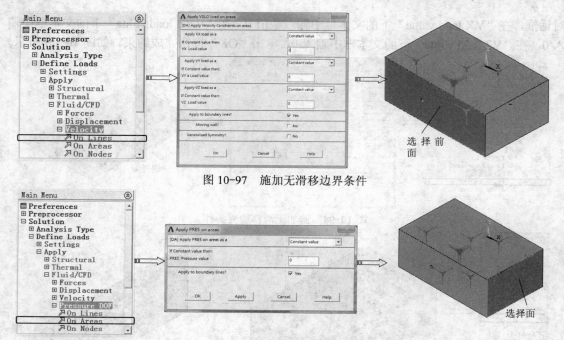

图 10-97 施加无滑移边界条件

图 10-98 施加出口压力

9．定义流体性质

1）选择"Main Menu>Solution>FLOTRAN Setup>Fluid Properties"命令，弹出"Fluid Properties"对话框，在"Density"下拉列表中选择"AIR-SI"，在"Viscosity"下拉列表中选择"AIR-SI"，如图 10-99 所示。单击"OK"按钮完成。

2）系统弹出"CFD Flow Properties"对话框，保持默认，如图 10-100 所示。单击"OK"按钮完成。

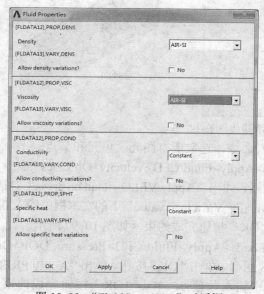

图 10-99 "Fluid Properties"对话框

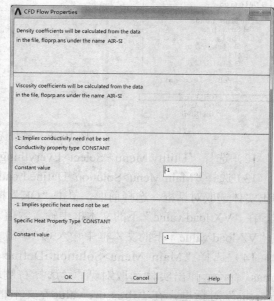

图 10-100 "CFD Flow Properties"对话框

第 10 章 ANSYS 14.5 流体动力学分析实例

10．设置求解控制选项

选择"Main Menu>Solution>FLOTRAN Set Up>Execution Ctrl"命令，弹出"Steady State Control Settings"对话框，在"Global iterations"文本框中输入 60，如图 10-101 所示。单击"OK"按钮完成迭代次数设置。

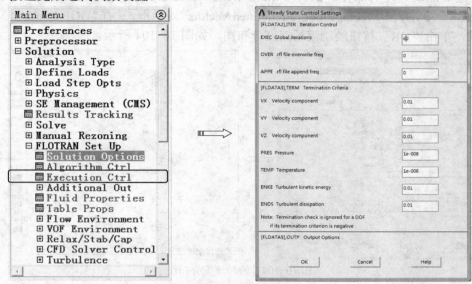

图 10-101 设置迭代次数

11．求解

1）选择"Main Menu>Solution>Run FLOTRAN"命令，开始求解，并在窗口中显示迭代过程曲线，如图 10-102 所示。

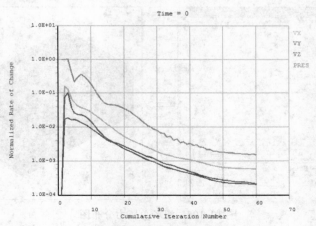

图 10-102 迭代过程曲线

2）求解完成后弹出"Note"对话框，如图 10-103 所示。单击"Close"按钮关闭。

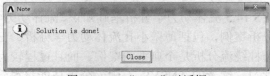

图 10-103 "Note"对话框

401

12. 后处理显示结果

1）选择"Main Menu>General Postproc>Read Results>Last Set"命令，读取最后一个迭代计算结果。

2）绘制流场速度分布图。选择"Main Menu>General PostProc>Plot Results>Vector>Predefined"命令，弹出"Vector Plot of Predefined Vectors"对话框，选择"DOF solution>Velocity V"选项，单击"OK"按钮绘制流场速度分布图，如图10-104所示。

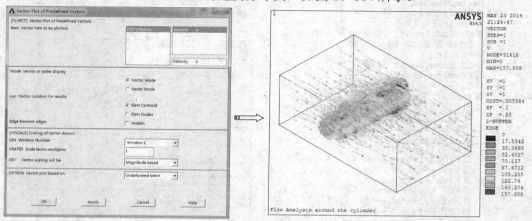

图 10-104 流场速度分布图

3）绘制总压力（动压和静压）分布图。选择"Main Menu>General PostProc>Plot Results>Contour Plot>Nodal Solution"命令，弹出"Contour Nodal Solution Data"对话框，选择"Nodal Solution>Other FLOTRAN Quantities>Total stagnation pressure"选项，单击"OK"按钮绘制流场总压力分布图，如图10-105所示。

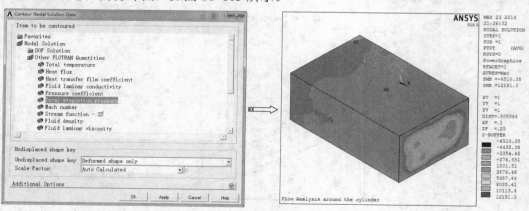

图 10-105 流场总压力分布图

10.3 本章小结

本章先讲解了 ANSYS 14.5 流体动力学分析基础知识、流体动力学分析流程和分析设置，然后介绍了 3 个有限元分析案例，包括薄壁小孔流体动力学分析、三通流体动力学分析以及圆柱绕流分析。其中，圆柱绕流分析是个典型的案例，而且过程较为复杂，希望读者学习时候要有耐心。通过本章学习，读者的 ANSYS 有限元分析技能将得到进一步提高。

参 考 文 献

[1] 张建伟，白海波．ANSYS 14.0 超级学习手册[M]．北京：人民邮电出版社，2013．
[2] 胡国良，任继文．ANSYS 11.0 有限元分析入门与提高[M]．北京：国防工业出版社，2009．
[3] 刘涛，杨凤鹏．精通 ANSYS[M]．北京：清华大学出版社，2002．
[4] 叶先磊．ANSYS 工程分析软件应用实例[M]．北京：清华大学出版社，2003．
[5] 谭建国．使用 ANSYSY 6.0 进行有限元分析[M]．北京：北京大学出版社，2002．

参考文献

[1] 张朝晖. 扫描电镜 ANSYS 3D 有限元分析[M]. 北京：机械工业出版社, 2013.
[2] 张朝晖. 李树奎. ANSYS 11.0 结构分析工程应用实例解析[M]. 北京：机械工业出版社, 2009.
[3] 孙明. 周进雄. 张陵. ANSYS[M]. 北京：科学出版社, 2005.
[4] 尚晓江. ANSYS 结构有限元高级分析方法[M]. 北京：中国水利水电出版社, 2007.
[5] 王新敏. 李义强. ANSYS 结构分析单元与应用[M]. 北京：人民交通出版社, 2011.